기억은 미래를 향한다

Original title: Das geniale Gedächtnis
by Hannah Monyer, Martin Gessmann

기억은 미래를 향한다

뇌과학과 철학으로 보는 기억에 대한 새로운 이야기

한나 모니어 · 마르틴 게스만 지음
전대호 옮김

문예출판사

우리의 부모님께 바칩니다.

기억은 과거의 미래다.
—폴 발레리

일러두기

* 옮긴이 주는 〔 〕로 표시했습니다.

서문

"물고기와 새가 서로 좋아할 수도 있겠지. 하지만 같이 살 보금자리를 어디에 마련하지?" 우리가 함께 책을 쓸 생각이 있다고 지나가는 말로 언급했을 때, 한 동료는 이런 상식적인 지혜의 말로 우리의 승부욕을 부추겼다. 물론 옳은 말이다. 철학과 신경생물학은 학문적 삶의 동반자로서는 그리 어울리지 않는다는 것이 정설이다. 알다시피 철학은 추상적으로 생각하면서 크고 높은 개념을 통해 문제에 접근하기를 좋아한다. 반면에 신경생물학은 의학과 마찬가지로 대상에 직접 다가갈뿐더러 말하자면 맨 밑바닥에서 연구대상의 가장 작은 구성요소들에 관심을 기울인다는 특징이 있다. 이 특징은 '신경생물학'이라는 이름에서 벌써 드러난다. 이 학문이 연구하는 '신경', 곧 신경세포는 생물학과 의학을 아우른 우주의 가장 기초적인 원자라고 할 수 있다. 사정이 이러하니, 한쪽에서 철학자는 기본적으로 대상들 위에서 떠돌고, 다른 한쪽에서 신경생물학자는 항상 이미 대상 속에 들어가 있는 듯 보이는 것도 납득할 만한 일이다. 양편은 이를테면 연구를 잠시 멈추고 쉴 때나 스치듯이 만날 수 있지, 그 이상의 만남은 기대하기 어렵다는 생각이 절로 든다.

그러나 신경과학이 뇌 연구에 관심을 집중하기 시작한 이래로 철학과 신경생물학은 서로 접근할 수밖에 없는 운명이다. 원래부터 철학은 인간의 정신이 무엇이고 어떻게 작동하는지 연구하려 애썼다. 그런데 뇌과학은 그 연구가 구체적으로 어떻게 이루어져야 하는지에 관한—특정 현상들을 설명하려면 뇌에서 어떤 과정들이 일어난다고 전제해야 하는지에 관한—제안들을 내놓았다. 이제 우리는 예컨대 의식의 본질이나 논리적 사고의 기원을 묻는 거대한 고전적 질문들에 두 방향에서 접근할 수 있다.

하지만 신경과학에 관한 이제까지의 문헌들은 파편의 수준에 머물러 있다. 그리고 그럴 만한 이유가 충분히 있다. 개별적이고 특수한 주제에 관한 연구 성과는 어느새 풍부하게 축적되었다. 그 성과들에 이르기 위한 실험들이 얼마나 정교하게 설계되었는지를 우리는 이 책의 본문 전체에 걸쳐 때로는 열광하면서 설명할 것이다. 그러나 매우 특수한 수많은 개별 성과들을 정리하고 조립하면서 큰 전체를 숙고하는 포괄적인 관점은 여전히 등장하지 않았다. 반대로 철학도 의학과 실험적 뇌 연구에 별로 도움을 주지 못했다. 주로 영어권 철학에서 나온 인간 정신에 관한 이론들은 기본적으로 너무 낡았다. 이제는 생각을 뒤집을 때가 되었다.

그리하여 각각 신경생물학자와 철학자인 우리는 오늘날 뇌과학과 철학이 긴급한 질문들에 답하면서도 자잘한 개별 성과들에 매몰되지 않고 거대한 모험을 감행하려 한다면, 이 두 학문이 어디에서 만나야 하는지를 고민했다. 그리고 이 조건을 충분히 채울 만큼 포괄적인 현상은 단 하나뿐이라는 결론에 신속하게 도달했다. 그 현상은 우리의 기억이다. 일반인들의 통념과 달리, 기억은 우리가 개별 내용이나 솜씨를—나중에 필요할 때 써먹기 위해서—쌓아두는 창고에 불과하지 않다. 기억은 우리의 기억 내용이 처리되고 수정되는 과정에서 놀라운 일들이 벌어지는 공간이기도 하다. 그리고 그 일들을 끝까지 추적하다 보면, 우리의 기억이 결정적인 예비 보조 작업을 해주지 않을 경우, 우리의 생각과 느낌과 숙고와 계획은 원리적으로 전혀 불가능하다는 것을 금세 깨닫게 된다. 비유하자면 기억은 인형의 실을 조종하는 막후 실력자라고 할 만하다. 물론 무대 위에 선 우리는 모든 것을 즉석에서 결정하고 별다른 준비 없이 문제들을 해결한다고 여기지만 말이다.

우리는 각자의 독립적인 연구에서 벌써 오래전에 이 결론에 도달했다.

한나 모니어Hannah Monyer는 뇌에서 일어나는 어떤 과정들이 우리의 공간 기억을 가능케 하는지를 열정적으로 연구해왔다. 그리하여 그녀가 얻은 핵심적인 통찰 하나는, 우리의 공간 기억을 단순히 지도 창고 정도로 생각하면 안 되고 오히려 매우 역동적인 내비게이션 시스템으로 보아야 한다는 것이다. 이 통찰에 따르면 기억은 되돌아보는 능력일뿐더러 그보다 먼저 우리가 가고자 하는 곳을 내다보는 능력이다.

마르틴 게스만Martin Gessmann은 오랫동안 전혀 다른 방향으로 나아갔다. 그는 과거의 (위대한) 문헌과 기술을 해석하는 전문가였다. 그러나 과거를 연구하면 할수록, 그도 한나 모니어와 유사하게, 우리의 문화는 내다보기(예상하기)를 감행할 때 비로소 과거를 이야기하기 시작한다는 결론에 점점 더 확고하게 도달했다. 우리가 과거와 그 속의 우리를 이해하고자 한다면, 우리는 미래를 내다봐야 한다.

나아간 방향은 둘이었으나, 도달한 곳은 하나였다. 앞서 언급한 동료의 냉소적인 반문 덕분에 이 사실을 확실히 깨달은 우리가 할 일은 모든 것을 남김없이 기록하는 것뿐이었다. 어쩌면 이것은 마침내 우리가 공유할 학문적 보금자리를 꾸미기 시작하는 일일지도 모른다.

차례

들어가는 말

기억은 미래지향적이며
창조적인 능력이다

누구나 이런 경험을 해본 적이 있다. 우리는 힘든 결정을 내려야 하는 상황이나 난감한 상황에 처한다. 우리는 모든 것을 숙고했고 생각을 이리저리 뒤집고 또 뒤집었다. 나는 이 길을 가야 할까, 아니면 저 길을 가야 할까? 결혼해야 할까, 아니면 조금 더 기다려야 할까? 이 학과를 선택해야 할까, 아니면 저 학과를 선택해야 할까? 이런 상황은 무수히 많다. 심지어 다음번 휴가 여행을 어디로 갈지 결정하는 것과 같은 일상적인 문제들도 이런 상황을 유발한다. 또한 우리는 누구나 이런 상황이 결국 이상할 정도로 간단하게 해결되는 것을 경험해본 적이 있다. 정확히 알지 못하는 어떤 이유 때문에 우리는 불현듯 진정으로 원하는 바를 명확하게 깨닫는다. 이 현상을 가장 잘 보여주는 사례로 이런 경우를 들 수 있다. 때때로 사람들은 어떤 문제를 품고 잠드는데, 이튿날 깨어나면 제대로 정신을 차리기도 전에 그 문제의 해답이 눈앞에 떠오른다. 아무런 노력도 안 했는데 불현듯 해답을 깨닫는다. 어제까지만 해도 난해하게 보였던 문제의 해답을 너무나 쉽게 얻는 것이다. 정말 마법 같은 일이고, 우리는 그런 일을 경험하면서 깜짝 놀라기도 한다. 대개의 경우, 이런 갑작스러운 통찰에 반발하지 않는 것이 이롭다. 실제로 우리는 나중에 돌이켜보면서 그 상황에서는 바로 그 통찰을 따르는 것이 옳았다는 것을, 우리가 그보다 더 이로운 결정을 내릴 수는 없었다는 것을 깨닫곤 한다. 그 통찰을 따르지 않으면, 설령 결과가 나쁘지 않더라도, '내면의 목소리를 따라야 했던 것이 아닐까?'라는 의문이 손톱 밑의 가시처럼 아프게 남는다.

그런데 그런 통찰은 어디에서 유래하는 것일까? 그런 통찰을 제공하는 독특한 힘은 대체 무엇이기에 그토록 조용하면서도 효과적으로 우리의 삶을 결정할까? 절망적인 상황도 타개할 수 있는 천재의 한 수처럼 보이는 그 조언을 우리는 어디에서 얻는 것일까?

우리는 이 책에서 후보 하나를 제시하고자 한다. 짐작하는 사람이 그리 많지 않았던 그 후보는 우리의 기억이다. 거의 모든 경우에 우리는 기억을 다른 현상들과 관련짓는다. 예컨대 초대를 받아 친구의 집에 갔는데 그 집 아이들의 이름이 생각나지 않아 당황하거나 난처할 때처럼 무언가가 제때에 생각나지 않을 때, 우리는 기억을 들먹인다. 그러나 기억은 우리 삶에 훨씬 더 크게 기여한다. 이제껏 사람들은 이 사실을 확실히 깨닫지 못했다. 알츠하이머병을 비롯한 노인성 치매의 사례들이 증가하기 시작한 이래로 우리는 기억의 기능이 온전하지 않고, 차츰 퇴화하여 결국 완전히 정지하면 얼마나 많은 것들이 불가능해지는지 비로소 깨닫는 중이다. 치매 사례들에서 우리는 기억이 망가지면 우리의 삶에서 원리적으로 모든 것이 불가능해진다는 사실을 생생하게 확인한다. 결국 남는 것은 커다랗고 비인간적인 공허뿐이다.

뇌과학자들에게 길을 보여주고 전진을 가능케 한 것은 거의 항상 병에 걸리거나 부상을 당한 환자들이었다. 기억이 삶의 성취들에 어느 정도로 기여하는가를 환자들이 알려주었다. 잘 알려진 사례로 2008년에 사망한 환자 헨리 몰레이슨(과거에는 H. M.으로 알려졌다)이 있다.[1] 그는 뇌전증에 몹시 시달리는 환자였으므로, 1950년대 초에 의료진은 뇌수술을 통해 그의 양쪽 관자엽 중앙부를 절제하기로 결정했다. 그 수술로 해마의 일부도 제거되었는데, 이후 그 해마라는 구역은 신경과학계의 주요 관심사로 떠올랐다. 수술 후 몰레이슨은 새로운 기억을 형성하는 능력을 잃었다. 즉 수술 후에 경험한 바를 기억할 수 없게 되었다. 수술 후에 처음 만난 사람은 아무리 만나도 그에게는 늘 처음 만난 사람이었다. 그는 그 사람을 이미 만난 적이 있다는 것을 기억하지 못했다. 몰레이슨의 사례는 매우 인상적이어서 심지어 그런 환자가 등장하는 영화까지 제작되었다. 그 영화(〈이터널 선샤인Eternal Sunshine of the Spotless Mind〉)의 주인공들은 과거에 오랫동안 함께 살았음에도 불구하고 처음 만난 사람들처럼 다시 사귀어야 한다.

지난 몇 십 년 동안 기억 연구는 엄청나게 도약했다. 왜냐하면 고도로 발전한 연구 방법과 기술 덕분에 개별 뇌세포와 그것의 전기신호를 탐구할 수 있게 되었기 때문이다. 게다가 전 세계에 퍼져 있는 과학자들이 연결망을 이룬 것도 기억에 대한 체계적이고 포괄적인 연구를 가능케 한 주요 원인의 하나다. 기억 연구의 규모가 얼마나 성장했는지 보여주는 사례를 하나만 들겠다. 훗날 노벨상을 받은 에릭 캔들Eric Richard Kandel은 약 50년 전에 캘리포니아 군소(바다 달팽이의 일종)를 대상으로 삼아 가장 단순한 기억들을 연구하기 시작했다. 학명이 '아플리시아 캘리포니카Aplysia californica'인 그 군소가 지닌 신경세포는 약 2만 개다. 게다가 캔들은 단순한 반사행동 하나만을 탐구했다. 오늘날에는 (8장에서 보겠지만) 캔들의 연구 대상과 유사한 인간 뇌 모형 하나를 컴퓨터를 이용해서 만드는 일에 유럽에서만 10억 유로가 넘는 연구비가 투입된다. 현재 그 기능을 파악할 필요가 있다고 여겨지는 인간 신경세포의 개수는 약 1000억 개, 그 신경세포들 간 연결의 개수는 100조 개다.

오랫동안 사람들은 기초연구에 큰 가치를 부여했다. 관건은 기억의 최소 요소들이 세포 수준에서 어떻게 발생하는지 이해하는 것이었다. 그러나 20년 전부터 더 복잡한 맥락에 대한 관심이 높아지는 추세다. 즉 특정한 정신적 능력과 신경 연결망 사이의 관계를 검사하는 일이 주요 연구 과제로 부상하고 있다. 이 변화에 발맞춰 기억도 기존에 사람들이 기억의 과제로 간주한 것을 해결하는 능력 그 이상의 것으로 여겨지는 추세다. 다시 말해 기억은 이제 우리의 기억 내용들이 쌓이는 저장소에 불과하지 않다. 오히려 기억이 우리의 삶 전반에 어떻게 기여하는가 하는 것이 기억 연구자들의 주요 질문이다.

이 책에서 우리는 기억의 가치를 새롭게 평가할 때가 되었다는 것을 보여주고자 한다. 기억은 이제껏 과소평가되었으며 전혀 새로운 관점에서 기억에 접근할 필요가 있다는 주장을 설득력 있게 펼치고자 한다. 그 관점에서 기억은 과거뿐 아니라 미래와도 관련이 있다. 기억은 경험을 그저 서랍 속에 넣어 보존하기 위해서가 아니라 경험을 항상 새롭게 재처리하여 미래를 위해 유용하게 만들기 위해서 존재한다. 기억이 따르는 논리는 기본적으로 앞을 내다본다. 그 논리는 우리가 이미 경험했고 오래전에 처리가 끝났다고 여기는 것들을 다룰 때에도(또한 바로 그럴 때에) 앞을 내다본다. 요컨대 우리는 기억에 대한 이해를 철저히 뒤집어 혁명적으로 바꿔야 한다. 기억의 주요 과제는 계획 수립이라는 점, 따라서 계획 수립만큼 복잡하고 끊임없이 변화하는 과제들을 담당하는 별도의 능력은 아마도 존재하지 않는다는 점을 이해하는 것이 관건이다. 그리고 최종 목표는 어떻게 잡다한 과거 경험으로부터 추구할 만한 미래의 전망이 발생하는지 이해하는 것이다.

1장에서 우리는 기억 연구에서 나온 어떤 새로운 통찰들이 그런 사고의 전환을 촉구하는가라는 매우 근본적인 질문을 탐구할 것이다. 가장 단순한 학습 과정들을 출발점으로 삼을 것이며 일단 형성된 기억 흔적이 나중에 어떻게 되는지 추적할 것이다. 그 흔적은 최초 경험되고 곧이어 저장된 대로 머물까? 우리가 나중을 위해 저장했던 것을 정확히 그대로 불러낸다고 확신할 수 있을까? 컴퓨터 사용에 익숙한 우리는 그렇게 생각하기를 좋아하지만, 진실은 그렇지 않다는 것이 기억 처리의 첫 단계들에서부터 드러난다. 컴퓨터를 사용할 때와 달리 우리는 예컨대 버튼 하나만 눌러서 순식간에 책 데이터 전체를 내려받을 수 없다. 오히려 우리는 여러 제약들을 주목해야 하며, 그 제약들은 학습 과정에서의 시간 관리와 관련이 있다. 사람은 얼마나 많은 정보 단위들을 동시에 머릿속에 보유할 수 있을까? 우리의 기억 능력은 언제부터 과부하를 느낄까? 우리는 이 질문들에 대답할 뿐 아니라 왜 그런 대답이 나올 수밖에 없는지 설명할 것이다. 또한 1장 말미에서 우리는 과감히 첫 번째 전망을 내놓을 것이다. 큰 그림을 염두에 둘 때, 즉 우리의 기억이 일반적으로 어떻게 저장되고 처리되는가라는 문제에 관심을 집중할 때, 기억 연구에서 나온 새로운 통찰들은 무엇을 의미할까? 그 통찰들을 통해 드러난 기억의 작동 방식은 우리의 삶에 어떤 도움이 될까? 가장 중요한 질문은 이것이다. 우리가 과거를 다루는 방식에서 특별히 인간적인 측면은 무엇일까?

2장에서 우리는 학습과 기억의 낮-측면에서 밤-측면으로 옮겨갈 것이다. 즉 다양한 유형의 꿈을 다룰 것이다. 기억이 항상 비밀 많은 사람처럼 뒷전에 머물면서 힘을 발휘한다면, 한번쯤 무대 뒤편을 들여다보면서 기억이 거침없이 자신의 업무를 수행하는 모습을 관찰하는 것은 적잖이 유익한 작업일 것이다. 바로 이 작업을 연구자들은 꿈에 관여하는 뇌 구역들에 일종의 전선을 연결해놓고 실시간으로 꿈을 구경하는 새로운 기법으로 시도한다. 일단 이 정도는 말해둬도 좋을 것이다. 우리가 주관적인 수면 경험을 근거로 삼아 짐작하면, 수면 중에는 그리 많은 일이 일어나지 않는 듯하다. 그러나 수면 중에(특히 숙면 중에) 일어나는 일은 우리가 짐작하는 정도보다 훨씬 더 많다. 또한 수면과 꿈이라는 수수께끼 같은 현상들이 학습(최소한 그 결과가 오래

지속하는 학습) 과정과 밀접한 관련이 있다는 말도 미리 해둘 수 있다.

그런 논의에 이어서 우리는 흔히 생생하게 기억되고 따라서 까마득한 과거부터 특별한 해석의 대상이 되어온 유형의 꿈을 다룰 것이다. 곧 보겠지만, 이 분야에서도 새로운 연구 결과들은 사고의 전환을 촉구한다. 때로는 몹시 기괴하더라도 꿈은 철저히 내재적으로 고찰되어야 하지 않을까? 우리는 적어도 그래야 할 이유들이 있음을 보여주려 애쓸 것이다.

하지만 그것으로 꿈에 대한 논의를 마무리하지는 않을 것이다. 뇌과학은 우리의 일상적인 꿈을 바꿔놓을 만한 기술을 발견했다. 즉 뇌과학은 우리가 꿈의 공동 연출자가 되는 것을 가능케 하는 방법들을 연구하는 중이다. 일부 숙련된 사람들은 기술의 도움 없이도 자신의 꿈을 조종할 수 있다. 하지만 새로운 기술은 평범한 사람들에게 새로운 가능성들을 제공한다. 우리는 이제껏 우리가 무력하게 노출되어온 꿈 상황에 개입할 수 있게 될 것이다. 이 가능성이 어떤 전망들을 열어줄지에 대한 논의는 3장에서 진행될 것이다. 하나만 미리 말해두자면, 운동선수가 손가락 하나 까딱하지 않고 꿈꾸면서 훈련할 수 있게 될 가능성이 거론될 것이다.

꿈속에서 사람들은 현실에서 전혀 일어나지 않은 일을 상상할 수 있다. 하지만 낮에 의식이 온전한 상태에서도 그런 상상이 가능할까? 4장에서 우리는 거짓 기억이라는 현상을 탐구할 것이다. 중요한 것은 우연한 실수나 자연스럽게 발생하는 오류가 아니다. 오히려 기억을 의도적으로 위조하는 것이 가능하냐가 우리의 질문이다. 사람이 자기 자신을 집요하게 설득하여 결국 자신의 거짓말을 믿게 만들 수 있을까? 뇌과학을 통해 기억에 대한 지식이 축적됨에 따라, 기억이 매우 다양한 연결망들에 의해 형성되며 기억 능력은 단일한 능력일 수 없다는 것이 점점 더 명확히 드러나는 중이다. 5장에서는 과거의 잔재인 출현하는 형태의 감정 기억을 다룰 것이다. 즉 감정이 우리의 기억 속에 머무는 방식들을 다룰 것이다. 부정적인 경험에서 벗어나기가 무척 어려운 이유, 우리가 영원히 떨쳐내기를 간절히 바라는 기억이 계속 다시 떠오르는 이유는 무엇일까? 왜 우리는 실연의 아픔을 이토록 뼈저리게 느껴야 할까? 어째서 우리는 트라우마성 경험을 간단히 털어내지 못할까? 다른 한편으로 매우 긍정적인 경험에 대한 기억도 당연히 있다. 예컨대 어린 시절의 즐거운 일에 대한 기억이 그러하다. 그런 기억을 떠올릴 때, 우리 안에서 어떤 일이 일어날까? 어떻게 그런 기억은 우리를 오래전의 기분으로 되돌려놓을 수 있을까? 그럴 때 우리는 시간여행을 떠나서 작가 마르셀 프루스트Marcel Proust가 묘사한 흔적들을 추적한다. 혹시 사람들은 과거의 냄새를 맡을 수 있을까?

그러나 수면 중의 학습과 어린 시절로의 시간 여행은 기껏해야 기억 연구의 부산물일 뿐이다. 기억 연구는 훨씬 더 큰 과제들에 도전해야 한다. 이를테면 다음 질문에 답해야 한다. 우리의 기억 능력은 삶의 과정에서 어떻게 발달하여 노년까지 유지될까? 이 질문을 탐구하다 보면, 우리의 일상에서 상투성이 막강한 힘을 발휘한다는 것, 그리고 우리가 기억의 힘을 턱없이 과소평가한다는 것이 가장 뚜렷하게 드러난다. 물론 사람들은 독서용 안경이 필요한 나이에 접어들자마자 기억력이 감퇴한다고 여긴다. 열쇠를 놔둔 장소를 잊어버려서 한참 찾아 헤매는 경험을 한 번만 하면, 즉시 인터넷을 뒤져 믿을 만한 기억력 검사를 물색한다. 약속 시간을 깜빡하고 나면, 은퇴할 날까지 시간이 얼마나 남았는지 다시 확인한다. 옆자리의 동료가 구내식당에서 함께 먹은 점심이 어떠했느냐고 물으면, 대충 두루뭉술하게 답변하면서도 속으로는 정확히 무엇을 먹었는지 벌써 잊어버린 자신에 대해서 심한 부끄러움을 느낀다. 우리는 흔히 태만이나 기억 결함의 결과로 여겨지는 이런 사례들이 사소한 일에 불과하며 아예 고민거리로 삼지 않는 것이 최선이라는 점을 보여주려 애쓸 것이다. 혹은 이런 사례들은 우리의 기억이 열쇠를 놔둔 장소나 여러 약속 시간들 중 하나, 또는 추측하건대 그저 평범해서 특별히 기억할 가치가 없었을 점심 메뉴의 맛보다 더 중요한 무언가에 역량을 집중하고 있다는 증거라고 여기는 편이 더 낫다.

한마디로 정리하면 이러하다. 기억은 우리의 참된 필요에 매우 효율적으로 적응한다. 우리가 나이를 먹고 우리의 과제들이 더 까다로워지면, 우리의 기억도 새롭게 중요해진 대상들로 눈을 돌린다. 이제 숙고하고 기억할 가치가 있는 것은 큰 맥락들이다.

요컨대 노화를 다루는 6장은 우리에게 용기를 준다. 오늘날 뇌과학이 알려주듯이, 필요한 자원은 노년에도 갖춰져 있다. 중요한 것은 그 자원으로 무엇을 하는가라는 문제다. 우리는 노년에 기억 능력을 온전히 발휘하는 데 필요한 모든 조건을 제시하고 통상적인 조언자들이 기억 훈련의 핵심 요소 하나를 간과하는 경우가 많음을 보여줄 것이다. 그 요소는 계획과 바람이다. 기억이 온전하려면, 여전히 인생 계획이 있고 정말로 바라는 바가 있어야 한다. 진정한 동기가 없으면, 다시 한 번 참된 창조력을 발휘하고 기억 능력을 향상시키기 어렵다.

7장에서 우리는 새로운 영역으로 발을 내디딜 것이다. 신경생물학에 기초한 뇌과학은 기억 연구의 새로운 차원을 이제 막 열기 시작했다. 그 차원을 대표하는 연구 주제는 '집단 기억collective memory'이다. 우리는 한 개인의 기억이 다른 개인의 기억과 어떤 관련이 있는지, 혹시 개인들의 기억이 하나로 결합되는 것이 아닌지 논할 것이다. 만일 그런 결합이 일어난다면, 우리의 개인적인 기억은 한 차원 높은 포괄적 연결망(말하자면 '초超기억Supergedächtnis')의 한 부분일 것이다. 이 생각의 매혹적인 측면은, 우리가 능동적으로 학습하지 않은 것들을 알 가능성, 우리가 스스로 습득하지 않은 것들이 모종의 방식으로 우리 안에 들어 있을 가능성을 열어놓는다는 점이다. 동화 〈빨간 모자〉를 읽은 적이 없더라도 사람들은 누구나 '빨간 모자'가 누구인지 이야기할 수 있다. 우리는 이런 일이 어떻게 일어나는지 설명할 것이다.

마지막 장에서는 현재의 뇌과학에 어떤 놀라운 미래 잠재력이 들어 있는지, 어떻게 하면 그 잠재력을 합리적으로 다룰 수 있는지 논할 것이다. 어떤 이들은 기술을 동원하여 우리의 기억 능력을 향상시키고, 결국 우리의 기억 전체를 기계로 전송하는 것이 가능해지리라고 내다본다. 이와 관련한 가장 대담한 예측들은 미국 소프트웨어 개발자들과 작가들의 펜에서 나온다. 그들은 인간 정신이 로봇들의 형태로 떼 지어 우주를 날아다니면서 우리의 노하우와 문화를 온 우주에 선사하는 광경을 생생하게 상상한다. 반면에 독일 사람들은 더 조심스럽고 무엇보다도 더 회의적이다. 그들은 기억 로봇들이 머지않아 독자적인 삶을 영위하기 시작하지 않을까 염려한다. 그런 변화는 우리에게 꼭 이롭지만은 않을 것이다. 우리는 이 생각을 추적하고 우리 자신의 견해를 덧붙일 것이다.

이 책의 내용에 대한 언급은 여기까지다. 우리의 의도는 뇌과학의 현 상태를 서술하는 것에 국한되지 않는다(뇌과학의 개별 실험들은 이미 괄목할 만한 수준에 도달했다). 우리가 가장 원하는 바는 기억에 대한, 기억의 본성과 과제에 대한 전혀 새로운 관점을 여는 것이다. 우리는 이제껏 기억이 오해되었다고 과감하게 주장한다. 기억이 일차적으로 과거를(즉 데이터와 내용의 저장을) 담당한다는 견해는 틀렸다. 이 오해에 맞서 우리는 이렇게 주장한다. 기억의 임무는 미래를 계획하고 우리의 나중 행동을 준비하는 것이다. 다시 말해 기억의 본분은 저장된 내용을 나중에 불러내기 위해 그저 예비해두는 것을 넘어서 끊임없이 새롭게 처리하고 다듬는 것이다. 즉 당면 과제와 이후 삶의 계획에 맞게 기억 내용을 재구성하는 것이다.

여기까지는 간단하다. 하지만 우리는 한 걸음 더 나아가 이렇게 주장한다. 기억은 우리가 구상한 계획에 맞는 기억 내용을 제공하는 서비스 제공자에 불과하지 않다. 거꾸로 기억에서 일어나는 내용의 조직화가 비로소 우리로 하여금 무언가를 원하게 만든다. 비록 우리는 우리 자신이 완전히 자발적으로 또한 저절로 그것을 원하게 되었다고 여기지만 말이다. 기억은 예비 작업을 통해 의사 결정의 토대를 마련하고 개별 사항들을 특정한 방식으로 준비해놓는다. 기억은 어떤 길을 가는 것이 가능하고 과거 경험에 비춰볼 때 어떤 길에서 난관과 저항을 예상해야 하는지를 실험을 통해 탐구한다. 비유하자면, 기억이 먼저 짧은 세로줄을 긋고 그 다음에 우리가 그 위에 점을 찍어서 철자 i를 완성한다. 마지막으로 똑같은 생각을 뒤집어서 적용할 수 있다. 우리 삶의 미래 전망이 예컨대 노화나 질병 때문에 좁아지면, 기억의 작동 방식도 달라진다. 즉 기억은 미래를 내다보고 계획하기보다는 한때 가능한 미래였던 것을 더 많이 돌아본다. 구체적으로 말하면, 어린 시절에 대한 기억이 중요해진다. 이후의 삶 전체가 발원한 시초에 대한 기억이 중요해지는 것이다. 그런 기억은 우리를 세계가 우리 앞에 열려 있던 과거로 되돌려놓는다.

요컨대 기억에 대한 이 같은 새로운 관점은 기억을 기본적으로 미래지향적이며 창조적인 능력으로 보는 것을 함축한다. 우리는 이 관점에 맞게 기억의 성격을 새롭게 규정해야 한다. 이때 특히 유의할 것은 우리가 기억의 창조 활동을 대개 알아채지 못하며 그 은밀한 활동의 결과물 앞에서 다소 놀란다는 점이다. 이런 기억을 어떻게 설명하는 것이 적당할까? 이 질문 앞에서 우리에게 유용한 것은 철학이다.

200여 년 전에 쾨니히스베르크의 철학자 임마누엘 칸트는 '대체 무엇이 예술가를 예술가로 만드는가라'는 질문을 던졌다. 그리고 예술가가 작품을 생산할 수 있게 해주는 아주 특별한 정신Geist이 존재해야 한다는 생각에 도달했다. 그 정신은 배후에서 작동한다. 누군가가 예술가가 되려고 노력하더라도, 아름다운 작품을 생산하려고 아무리 애쓰더라도, 작품이 어떤 모습이어야 하고 어떤 규칙들을 따라야 하는지를 아무리 애써 숙고하더라도, 그는 바로 그런 애씀 때문에 목적을 이루지 못한다. 오히려 그의 내면에 숨어 있는 어떤 힘이나 소질이 창조 작업을 넘겨받아 최종 작품이 어떠해야 하는가를 그냥 행복하게 상상할 때, 성공의 전망이 열린다. 그럴 때 그는 어떤 정신이 자신을 "보호하고" "이끈다"고 느낀다.[2]

요컨대 칸트가 보기에 사람을 독창적인 천재로 만드는 것은 어떤 좋은 정신이다. 그런데 다음 사실을 추가로 이해해야 한다. 타고난 재능뿐 아니라 기억도 우리가 모르는 사이에 우리에게 영감을 준다. 유일한 차이는, 기억이 주는 영감은 예술작품에 관한 것이 아니라 우리의 삶에 관한 것이라는 점이다. 기억은 우리가 충분히 숙고하더라도 생각해내지 못할 법한 해결책을 제시할뿐더러 대개 우리에게 호의적이다. 그래서 기억은 천재를 이끄는 정신처럼 느껴진다. 기억이 우리를 저버리면, 우리는 모든 좋은 정신들로부터 버림받았다고 느낀다. 알츠하이머병이나 치매를 비롯한 질병의 사례에서처럼 기억이 망가지면, 삶은 결국 말 그대로 산산조각 난다. 이것은 기억이라는 천재적인 능력의 양면이다. 기억이 망가지면, 우리는 심연으로 떨어진다. 그러나 제대로 작동하는 기억은 매우 독창적이며 우리가 우리 자신을 넘어 성장하게 해준다.

마지막으로 한 가지 생각을 덧붙이려 한다. 방금 보았듯이 기억은 우리 삶의 동반자로서 믿기 어려울 정도로 신중한 것처럼 느껴진다.

기억은 낮의 일상이 펼쳐지는 무대 뒤에 머물기를 즐기고 오직 평소처럼 잘 작동하지 않을 때만 눈에 띈다. 일찍이 성 아우구스티누스는 기억의 작동과 밀접한 관련이 있는 시간의 본질에 대해서 이렇게 말했다. "아무도 나에게 그것[시간의 본질]을 묻지 않으면, 나는 그것을 안다. 그러나 그것을 묻는 사람에게 내가 그것을 설명하려 하면, 나는 그것을 모른다."[3] 시간의 본질이 이토록 은폐되어 있고 설명하기 어렵기 때문에, 예로부터 사람들은 기억의 작동을 여러 모형에 빗대어 설명해왔다. 이미 고대에 기억을 설명하기 위한 비유에 기술적 장치들이 동원되었다. 예컨대 2000년도 더 전에 아리스토텔레스는 기억을 최초로 인장 반지에 빗대어 설명했다. 밀랍 판에 자국을 남기는 인장 반지를 모형으로 삼은 것이다. 아리스토텔레스에 따르면, 아주 어린 사람과 늙은 사람에서는 밀랍이 물처럼 유동적이어서 인장 흔적이 보존되지 않는다. 활기 없는 정신들에서도 흔적이 남지 않는다. 왜냐하면 밀랍이 너무 메마른 상태이기 때문이다.[4]

후대 사람들은 기억을 궁전이나 도서관에 빗댔다. 기억은 거대한 건물과 같고 각각의 지식은 필요에 따라 관리되고 인출(회상)될 수 있도록 그 건물의 특정 장소에 보관되어 있다는 것이다. 근대인들은 카메라 기술을 개발한 이후 영화필름을 기억의 모형으로 삼았다. 1960년대에 제작된 스파게티 웨스턴spaghetti western〔이탈리아에서 만든 서부영화〕 영화들도 이 비유를 받아들였다. 서부의 영웅이 죽음을 맞을 때는 그의 삶 전체가 그의 정신적인 눈앞에서 마치 빠른 화면처럼 다시 한 번 흘러간다고 사람들은 생각했다. 이제 기억을 생각하는 유일한 방법은 영화를 떠올리는 것이었다. 또한 영화는 우리 삶의 기억들을 조립하는 미지의 과정을 설명하기 위해서 20세기가 내놓은 마지막 모형이었다.

인터넷과 비교하면 영화는 이미 과거의 유물로 느껴진다. 실제로 오늘날 인터넷은 우리의 일상을 다른 어떤 기술보다 더 많이 지배한다. 이런 상황은 기억을 설명하려는 우리에게 유리하다. 과거에 기억의 모형으로 동원된 기술들과 달리 인터넷은 결정적인 측면에서 기억의 실제 작동과 더 유사하기 때문이다. 따지고 보면 인간의 머릿속에는 밀랍 판과 인장 반지, 일렬로 늘어선 방들과 도서관 서가들이 없다. 또한 1960년대의 심리학이 모형으로 삼았던 거울과 반사상들도 없다. 대신에 뇌 기능을 분석하는 과학자들은 오로지 연결망들만 발견한다. 19세기 초반부터 존속해온 추측, 즉 성격이나 느낌이나 지능 같은 특정한 속성이 뇌 속의 특정한 장소에 있으리라는 추측은 어느 모로 보나 쓸모없게 되었다. 오늘날 우리는 모든 까다롭고 복잡한 뇌 기능 각각이 다양한 뇌 구역들의 광범위하고 복잡한 상호작용에서 발생한다는 것을 안다. 새로운 인터넷 문화를 이런 뇌 기능의 모형으로 채택할 수 있다. 따라서 우리의 머릿속에서 일어나는 일을 설명하기 위해서 영화 따위를 비유로 들 필요는 더 이상 없다. 오늘날 뇌과학이 밝혀내고 있는 연결망 구조들은 전 세계를 아우르는 통신망들과 전혀 구별되지 않는다. 요컨대 인터넷이라는 새로운 미디어는 기억의 모형으로서 비유의 수준을 뛰어넘는 참된 모형이다. 이 모형은 최소한 기억의 이해에 유용하다.

기억을 인터넷에 빗대면 또 다른 측면에서도 한 걸음 더 나아갈 수 있다. 우리는 인터넷이 발전 과정에서 전혀 새로운 속성들을 추가로 획득하는 과정을 직접 목격하고 있다. 처음에 인터넷은 순수한 통신 미디어로 쓰였다. 데이터가 교환되었으며, 인터넷에 접속한 사람은 그 데이터를 자신의 터미널에 저장하여 보존할 수 있었다. 그러나 시간이 흐르자 통신 기능 외에 다른 실용적 기능들이 인터넷에 추가되었다. '웹Web 2.0'은 이 변화를 대표하는 열쇳말이다. '웹 2.0'이 거론되기 시작한 이래로 연결망 안에서도 감정이 발생한다. 우리는 연결망 안에서 가치를 매기고 논평하고 흥분하거나 침착하게 반론을 펼치고 중요하거나 그렇지 않은 사안들을 함께 생각하고 협의한다. 현재 우리는 전혀 다른 전망들이 열리는 시점에 이미 도달했다. 이른바 '웹 4.0'(또는 '인더스트리industry 4.0')이 실현되면, 우리가 주의를 기울여 함께 생각하거나 협의하지 않더라도, 스스로 생각하고 협동할 수 있는 기계들과 연결망들에 의해 많은 일들이 이루어질 것이다.

이런 발전 혹은 전망을 비판할 수도 있고 간단히 불가능한 이야기로 치부할 수도 있을 것이다. 그러나 이 발전은 기억을 설명하려는 우리에게 도움이 된다. 적어도 뇌 속 연결망들이 어떤 능력들을 획득할 수 있는지를 더 쉽게 떠올릴 수 있게 해주기 때문이다. 그 능력들 중에 중요한 것 하나는 우리의 삶에 실제로 도움이 되는 보조 시스템들assistance systems을 양성하는 능력이다.

결론적으로 우리는 이 책에서 많은 합리적인 이유를 들어 다음과 같은 주장을 뒷받침할 수 있기를 바란다. 우리가 예전처럼 단순한 데이터 저장소를 모형으로 삼아서 기억을 고찰한다면, 우리는 기억을 턱없이 얕잡아 보고 기억의 가능성들을 과소평가하는 것이다. 오히려 기억을 다재다능하고 영리한 조수로 간주하는 편이 더 낫다. 우리의 모든 미래 계획을 돕는 조수로 말이다. 이 같은 사고의 전환을 이뤄낸 다음에야 비로소 우리는 어떻게 우리의 기억이 과거를 재료로 삼아 우리의 미래를 만들어내는지 이해하게 될 것이다. 그런 다음에야 우리는 기억이 상당한 정도로 천재성을 지녔다는 점을 수긍할 수 있을 것이다. 기억은 은밀하게 작동하기 때문에, 우리가 촉구하는 사고의 전환을 모르는 사람들은 기억의 천재성을 결코 인정하지 않겠지만 말이다.

1장

기억 혁명

기억은 미래 계획자로서
항상 사건을 앞지른다

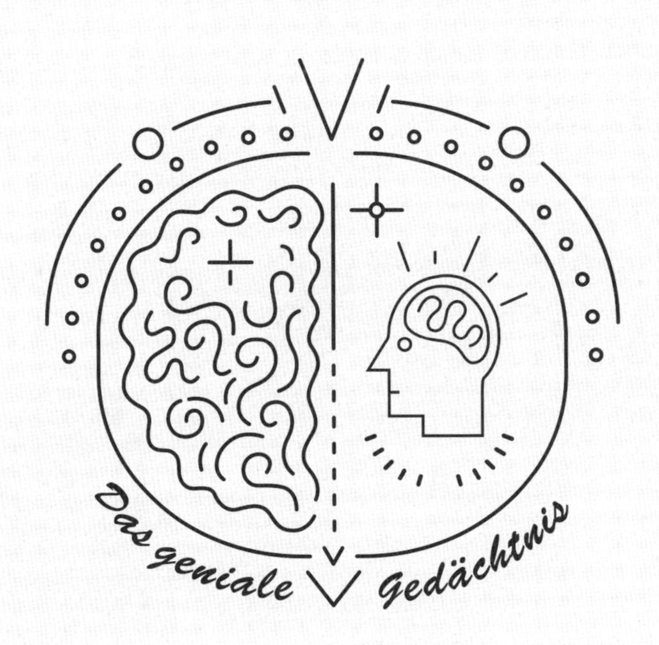

다음과 같은 놀라운 반전을 생각해보라. 당신은 온갖 식재료로 냉장고를 마구 채운다. 이어서 여기저기를 뒤져 요리법 하나를 찾아낸 뒤에 다시 냉장고를 연다. 그런데 모든 식재료가 당신이 집어넣을 때와 달리 잘 정돈되고 꺼내기 쉽게 배치되어 있다. 모든 배치가 당신이 이제 막 요리하려는 메뉴에 적합하다. 혹은 당신이 변호사로서 재판에 참여하는데 다음과 같은 극적인 반전이 일어난다고 해보자. 당신은 재판에 관한 모든 서류와 자료가 보관된 문서함을 연다. 문서함 안을 살펴보니, 부지런한 꼬마 요정들이 다녀간 것만 같다. 모든 것이 재판의 현재 상황에 적합하게 분류되어 있다. 과거에 검사가 제출한 문서로 분류되었던 것이 지금은 변론용 증거물로 분류되어 있다. 한 파일에 들어 있는 서류 각각에서도 꼬마 요정들의 손길이 확인된다. 누군가가 재판 과정에서의 새로운 변화를 이미 반영하여 불명확한 논증들을 현재 상황에 맞게 수정해놓았다. 모든 것이 새로운 상황에 적합하므로 이제 그 자료를 그대로 변론에 삽입할 수 있다.

우리의 기억이 실제로 해내는 일을 어렴풋하게나마 알아챘을 때, 신경생물학자들은 대충 위 시나리오를 몸소 경험한 당사자와 유사한 느낌을 가질 수밖에 없었다. 독특하고 예상 밖이며 경이로운 일들이 기억 속에서 은밀히 일어난다. 기억 연구에 뛰어드는 모든 과학자는 처음에 자신이 냉장고의 문을 닫으면 냉장고 내부의 전등이 정말로 꺼지는지를 굳이 알고 싶어 하는 어린아이와 비슷하다고 느끼게 마련이다. 예컨대 우리가 잠자거나 꿈꿀 때, 우리의 머릿속에는 여전히 빛('활동')이 있을까? 그러나 어쩌면 논의를 이런 질문에 국한하지 않는 것이 기억을 연구하는 신경생물학자들의 열정을 더 잘 이해하는 방법일 것이다. 앞선 비유에서 기꺼이 호의를 베풀어 우리를 돕는 부지런한 꼬마 요정들이 누구인지 우리가 알고 싶어 할 때, 특히 그 꼬마요정들이 정확히 어떤 일들을 하는지 알고 싶어 할 때, 논의는 훨씬 더 흥미진진해진다.

은밀한 뇌 활동에 접근하기 위한 전문적 기법과 절차에 관한 용어들은 상당히 무미건조하고 때로는 암호 같다. '신경 생성neurogenesis', '광유전학optogenetics', '단백질합성 억제제' 따위의 용어를 보라. 그러나 이 용어들이 언급되면, 전문가들의 눈은 곧바로 반짝이기 시작한다. 심지어 신경생물학에 충분히 오래 종사하여 모든 것을 이미 경험했을 법한 사람들의 눈도 반짝인다. 오늘날 신경생물학은 엄청나게 빠르고 급격하게 발전하는 중이어서, 미술비평가나 사용할 법한 용어가 신경생물학 실험에 대한 묘사에 쓰이는 것도 놀라운 일은 아니다. 이러

이러한 수술은 '우아하다'는 표현, 형광 섬유의 도움으로 신경 연결들을 마치 현대 미술품처럼 찬란하게 보여주는 뇌 조직 절편은 '앙증맞다'는 표현, 명상을 통해 특정 뇌세포 집단 전체를 켜거나 끄는 실험은 '환상적'이라거나 심지어 '극적'이라는 표현마저 등장한다.

이 장에서 우리는 그런 실험들을 다룰 것이다. 우리의 의도는 독자로 하여금 날마다 우리를 돕는 기억의 독특함과 특별함을 향해 첫 걸음을 내딛게 하는 것이다. 지금까지의 통념은 기억이란 기본적으로 냉장고와 유사하다는 것이었다. 너무나 자명하게 느껴지는 이 통념에 따르면, 기억 속에는 학습 내용이 신선하게 보관되어 있다. 혹은 기억은 커다란 서류함과 같다는 것이 통념이었다. 그 안에서 (바라건대) 어떤 것도 사라지지 않는 서류함 말이다. 그러나 지난 수십 년 동안 뇌과학에서 나온 성과들은 우리를 깜짝 놀라게 하고 무엇보다도 사고의 전환으로 이끈다. 우리는 기억이 말하자면 독자적인 삶을 꾸려간다는 것을 차츰 이해해가는 중이다. 가끔 기억이 우리를 잠시 곤경에 방치할 때 우리는 기억을 나무라기도 하지만, 기억은 훌륭한 도우미로 인정받아야 마땅하다. 기억의 역할은 아무리 높게 평가해도 지나치지 않을 정도다. 추측하건대 진화 과정에서 우리가 사건들을 기억하고 회상하는 인간 특유의 방식을 터득하지 못했다면, 오늘날의 인간은 출현하지 못했을 것이다. 인간의 진화에서 결정적인 한 걸음은 무엇보다도 융통성이었던 것으로 보인다. 정확히 말하면, 기억을 의사 결정의 토대로 삼는 영리함과 융통성이 짝을 이뤄 결정적 한 걸음을 구성했던 것으로 보인다. 아무튼 새로운 사건 처리 방식을 터득한 인간은 그저 사건들을 뒤쫓는 것을 넘어서 항상 사건들을 앞지를 수 있게 되었다. 기억은 삶을 열고 삶에게 새로운 차원을 열어준다. 오늘날 우리는 기억이 과거를 미래로 바꾸는 변환기의 구실을 한다는 사실을 더는 외면할 수 없다.

방금 언급한 두 측면, 곧 융통성과 실용적 영리함을 주목하라. 융통성이란 우리의 기억 내용이 항상 변화할 수 있다는 것을 의미한다. 다른 한편으로 실용적 영리함은 그런 변화의 동기를 제공한다. 우리는 기억 형성의 다양한 층위에서 이 두 측면을 살펴보려 한다.

◦ 우리는 회상할 때마다 추가로 학습한다

신경생물학이 현재까지 최대 성과를 거둔 분야, 곧 기억의 가장 작은 요소들에 대한 연구를 출발점으로 삼기로 하자. 따라서 우리가 첫 번째로 다룰 실험의 출발점은 분자구조, 개별 세포, 개별 세포들 사이의 연결, 기억흔적을 저장하는 데 필요한 세포 재건축 메커니즘이다. 이제부터 소개하는 시나리오는 언뜻 마술처럼 보일 수도 있겠다. 통속에 무언가를 집어넣었다가 다시 꺼낸다. 그런데 앞서 집어넣은 물건과 다른 것이 나온다. 물론 기억 연구에서 앞서 집어넣은 비둘기 대신에 토끼가 나오는 것을 기대하면 곤란하다. 그러나 기억 연구에서도 전-후-비교는 마술에 못지않게 경악을 자아낼 수 있다. 특히 기억 내용의 회상에 대한 연구는 기본적으로 그 결과가 빤히 예측되는 형식적 절차처럼 보였기 때문에, 연구자들은 전-후-비교의 결과에 크게 경악했다. 그에 앞서 신경생물학자들은 우선 정보가 우리의 기억에 어떻게 들어오고 어떻게 흔적을 남길 수 있는지를 오랫동안 탐구했다. 이어서 한 걸음 더 나아가, 그 흔적들이 어떻게 굳어지고 어디에 저장되는지 탐구했다. 이 탐구들에서 충분한 성과를 거뒀다고 판단한 뒤에야 비로소 신경생물학자들은 회상 과정에서 일어나는 일을 꼼꼼히 살펴보았다.

회상에 대한 최초의 생각은 당연히 우리가 과거에 갔던 길을 다시 갈 뿐이라는 것이었다. 즉 미심쩍은 내용을 창고에서 꺼내 다시 펼쳐놓는다는 것, 그 내용에 주의를 집중한다는 것이었다. 그러나 기억흔적을 '재활성화'(회상)하는 과정이 그렇게 단순하지 않다는 것이 드러났다. 우선 기억 속에 저장된 꾸러미가 다시 풀리는 것이 틀림없다. 즉 이미 굳어진 (안정된) 기억흔적이 다시 불안정한 기억흔적으로 바뀐다. 이는 기억흔적이 최소한 원리적으로 변화 가능한 상태로 바뀐다는 것을 의미한다. 이때 기억 내용의 변화가 일어날 수 있지만 반드시 일어나는 것은 아니다. 아무튼 이것이 중요한데, 회상 과정에서 무슨 일이 일어나든 간에, 그 다음에는 기억의 원래 버전이 아니라 변화된 버전이 저장된다. 우리가 기억 내용을 다시 살펴보는 동안에, 그 내용은 말하자면 다시 기록된다. 우리는 똑같은 장면이나 똑같은 사실을 거듭 회상한다고 여기지만, 그럴 때마다 우리가 다루는 것은 실은 사본들이다. 회상을 통한 다시 쓰기가 거듭되면, 그 사본들은 원본으로부터 점점 더 멀어질 수 있다. 모든 각각의 회상이 새로운 변화를 유발할 수 있고, 최종 버전은 항상 앞선 버전들의 계열에 속한 마지막 항일 뿐이다.

몇몇 소설가는 이런 변화 과정을 서술하기 위해 동전을 비유로 든다. 동전과 마찬가지로 기억도 자꾸 만지면 원래의 무늬가 사라지면서 점점 더 부정확해진다는 것이다. 그러나 똑같은 과정을 손실로 간주하지 않는 사람들도 있다. 그들에게 기억은 마주할 때마다 새로운 선들과 색들이 추가되는 그림과 같다. 이 두 관점은 양립 가능하다고 할 수 있다. 원래의 무늬가 덜 남아있을수록, 새로운 무늬를 추가할 여지가 더 커지니까 말이다. 다음 장들에서 보겠지만, 양쪽 모두 가능하다. 회상이 거듭되면서 차츰 망각이 진행될 수도 있다. 이 경우의 극단을 기억상실증을 비롯한 여러 병에 걸린 환자들에게서 볼 수 있다. 반대로, 기억 조작이 일어날 수도 있다. 이 경우는 심지어 고의적이며 의식적인 문서위조로 이어질 수 있다. 예컨대 법정 증언에서 이런 일이 일어날 경우, 사람들이 그것을 도저히 납득할 수 없는 자기기만으로 간주하는 것도 무리는 아니다.

◦ 세포에서 세포로: 연결은 어떻게 형성되는가

이제 신경생물학과 실험들에 대해서 이야기하자. 우선 명확히 해두는데, 학습과 기억처럼 매우 복잡한 성취들도 결국 매우 단순한 과정들의 조합에서 비롯된다. 모든 사고 활동의 출발점은 개별 세포들 사이의 연결이다. 뇌 세포는 입력용 돌출부(입력 섬유)와 출력용 돌출부(출력 섬유)를 지녔으며, 그 돌출부들은 풍성하게 가지를 뻗을 수 있다. 뇌세포 하나는 최대 1만 개의 다른 뇌세포들과 연결되어 있다. 신호를 내보내는(출력하는) 섬유는 '축삭돌기axon'라고 하는데, axon은 원래 '축'을 뜻하는 그리스어다. 축삭돌기는 아주 짧을 수도 있지만 몇몇 유형의 뇌세포에서는 길이가 몇 센티미터에 달한다. 신호를 받아들이는(입력하는) 섬유의 명칭은 '가지돌기dendrite'인데, dendrite는 '나무'를 뜻하는 그리스어 '덴드론dendron'에서 파생했다. 가지돌기는 나무 모양이고 나무처럼 가지를 뻗기 때문에 그런 명칭이 붙었다. 축삭돌기와 가지돌기에 대한 상세한 설명은 잠시 뒤로 미루겠다.

뇌세포들 사이의 연결은 시냅스를 통해서 이루어진다. 현대인이라면 '시냅스'라는 단어를 누구나 한번쯤 들어보았을 것이다. 이 단어도 고대 그리스어에서 유래했다. ('신합토synhapto'에서 유래한) 시냅스는 뇌세포들이 서로 접촉하는 부위를 뜻한다. 해부학적으로 더 정확히 말하면, 시냅스는 한 (신호를 보내는) 세포의 축삭돌기 말단과 다른 (신호를 받는) 세포의 가지돌기에 위치한 수용체들 사이에 난 틈새다. 그 틈새의 폭은 겨우 20나노미터, 즉 5만 분의 1밀리미터 정도다. 광학현미경으로는 시냅스가 틈새라는 것을 알아볼 수 없지만, 전자현미경을 사용하면 시냅스의 정체를 볼 수 있다.

신호 전달은 어떻게 이루어질까? 신호전달의 처음과 끝은 항상 전기 활동이다. 다시 말해 한 세포에서 생겨나서 다른 세포에 도달하는 신호는 항상 전위차(전압)와 관련이 있다. 더 정확히 말해서 그 신호는 전문용어로 '탈분극화'라고 하는 전위차 감소 현상과 관련이 있다. 이것은 세포막 안과 밖 사이의 전위차가 원래 값인 -70밀리볼트에서 -50밀리볼트로 줄어드는 현상이다. 그 전위차가 -50밀리볼트에 접근하면 방전이 일어나는데, 이를 '세포가 점화한다'라고 표현한다. 세포가 점화할 때 발생하는 전기 임펄스 신호가 전달되는 방식은 두 가지다. 우선 그 신호가 순전히 전기적으로 전달될 수도 있다. 혹은 신호 전달이 화학적 과정을 거쳐서 일어날 수도 있다. 이 두 가능성에 맞게 두 가지 유형의 시냅스가 존재한다. 우선 전기 시냅스electric synapse가 있는데, 이 유형의 시냅스는 뇌 속에 그리 흔하지 않다. 전기 시냅스에서 출력 섬유와 입력 섬유가 연결되는 방식은 두 개의 관을 연결할 때 쓰는 플랜지 이음flange joint과 유사하다. 이 연결을 전문용어로 '간극 연접gap junction'이라고 하는데, 이 명칭은 전기 임펄스를 전달하는 통로들이 직접 맞닿아 있다는 것을 표현한다. 우리는 이 연결 방식의 장점을 잠시 후에 중간 뉴런을 다루면서 언급할 것이다. 일부 중간 뉴런은 전기 시냅스를 통해 신호를 주고받는다.

둘째 유형인 화학 시냅스에서 신호 전달이 이루어지는 방식은 더 복잡하다. 전기신호가 화학 시냅스에 도달하면 신경전달물질이 방출되고, 이 화학적 신호 물질이 시냅스 틈새를 건너가서 다시 전기 활동을 유발한다. 어떻게 전기신호가 화학반응으로 변환되고 이 화학반응이 다시 전기신호로 환원되는지를 간단히 설명할 길은 아쉽게도 없다. 부족하나마 설명하자면, 한 세포(시냅스전 세포)의 전기신호는 축삭돌기 말단에서 통로들이 열리게 만들고, 그 통로들로 전하를 띤 입자들이 유입된다. 그러면 작은 꾸러미 형태의 소포들vesicles 속에 들어 있던 신경전달물질이 방출된다. 그 신경전달물질은 시냅스 틈새를 채우고 건너편 세포(시냅스후 세포)의 (해당 신경전달물질과 짝이 맞는) 수용체들과 결합한다. 그 결과로 시냅스후 세포에서 통로들이 열리고, 그 통로들로 전하를 띤 입자들이 유입된다. 뇌세포의 대다수는 글루타메이트glutamate를 신경전달물질로 방출하여 시냅스후 세포를 흥분시킨다. 반면에 뇌세포의 10~20퍼센트는 감마 아미노부티르산(줄여서 가바GABA)을 방출하여 시냅스후 뉴런을 억제한다. 이 두 가지 물질 외에, 미디어에서 자주 거론되는 '신경조절물질neuromodulator'이 아주 다양하게 있다. 예컨대 세로토닌, 도파민, 아세틸콜린이 신경조절물질이다. 이 물질들은 시냅스후 세포를 켜고 끄는 것을 넘어서 더 많은 효과들을 일으킨다. 예컨대 우리로 하여금 편안함, 만족, 흥분, 행복을 느끼게 하거나 우리의 주의력을 향상시킨다.

마지막으로, 시냅스 틈새를 건너는 화학적 신호 전달의 속도에 대해서 이야기하겠다. 아마도 일반인들은 온갖 물질들이 정확한 순서로 방출되고 유입되는 것을 포함한 과정 전체가 완결되는 데 꽤나 시간이 걸리리라고 생각할 것이다. 그러나 화학적 신호 전달에 필요한 시간은 1000분의 몇 초(몇 밀리초) 수준이다.

◦ 함께 점화하는 뉴런들은 연결된다

이로써 모든 학습의 토대에 접근할 준비가 완료되었다. 캐나다 심리학자 도널드 헵Donald O. Hebb은 20세기 중반에 학습에 관한 타당한 규칙 하나를 제안했다. 그 규칙은 '함께 점화하는 세포들은 연결된다'[1]는 것이다. 이 규칙에 따르면, 학습은 일종의 연결을 통해 일어난다. 다양한 신경세포들이 동시에 흥분하여 점화되고 또한 연결되어 있다면, 그 연결은 동시 점화에 의해 강화된다.

헵의 규칙은 일단 간단하고 쉽게 납득할 만하다. 학습할 때 우리는 동시에 출현하는 다양한 것들을 연결하고 결합한다. 헵의 규칙은 이 사실과 관련이 있다. 우리는 특징들을 한 대상과 연결한다. 예컨대 기하학 도형을 학습할 때도 그렇게 하지만(우리는 직사각형과 직각을 연결한다) 젖은 땅바닥과 비를 연결하기도 한다('비가 왔기 때문에, 땅바닥이 젖었다'는 식으로). 더 나아가 우리는 단어와 특정 발음, 그림과 특정 화가의 서명 등, 온갖 것들을 연결한다. 이제 그런 연결의 형성을 분자 수준에서 추적할 수 있다. 동시에 점화하는 신경세포들 사이의 연결은 강화된다. 이 강화의 메커니즘은 다양하다.[2] 예컨대 기존 통로의 신호 전달 능력이 향상될 수 있다. 이런 향상의 한 요인으로 인산화phosphorylation가 있다.[3] 또 다른 메커니즘은 몇 분 안에 새로운 수용체들이 추가로 투입되어 시냅스를 강화하는 것이다. 이때 우선 투입되는 것은 예비 상태로 있던 기존 수용체들이다.[4] 그러나 필요할 경우에는 수용체들이 완전히 새로 제작된다(전문용어로는, '데노보합성de novo synthesis'된다). 일부 시냅스에서 작동하는 또 다른 메커니즘은 신경전달물질 방출량이 증가하는 것이다.[5] 이 메커니즘에는 많은 요소들이 관여하는데, 흔히 세포들의 상호작용이 관여하고, 그 상호작용은 복잡할 수 있다. 그러나 학습은 기존 시냅스들이 강화되는 결과뿐 아니라 새로운 시냅스들이 형성되는 결과도 가져올 수 있다.[6] 심지어 새로운 세포들이 생성되는 것도 가능하다. 적어도 기억을 위해서 매우 중요한 구역인 해마에서는 그러하다. 우리는 노화를 다루는 장에서 새로운 신경세포의 생성을 다시 언급할 것이다.

여기까지의 설명은 어느 정도 쉽게 이해할 수 있으리라 짐작한다. 핵심을 요약하면 이러하다. 학습은 짝을 이룬 것들을 짝을 이룬 것들로 알아채는 일과 관련이 있다. 그러나 다음 질문의 답은 그렇게 간단하고 자명하지 않다. 학습의 시작, 곧 기억 형성의 첫 단계는 어떻게 이루어질까? 아침부터 저녁까지 우리는 동시에 또는 짝을 이뤄 지각되는 것들과 무수히 마주친다. 하지만 우리가 그 모든 것을 알아채고 기억에 담아두느냐 하면, 전혀 그렇지 않다. 따라서 선별이 이루어지고 학습은 특정한 장애물들이 제거되어야 비로소 시작되는 것이 틀림없다. 이 장애물 제거는 예컨대 특징들과 대상들이 똑같은 방식으로 계속 반복해서 출현하면 이루어진다. 실제로 우리는 시를 외울 때 꾸준히 반복해서 읽는 방법을 쓴다. 특정한 문구를 더 많이 읽을수록, 언젠가 우리가 그 문구를 오류 없이 암송할 수 있게 될 가능성이 높아진다. 이 현상과 어울리는 세포 수준의 메커니즘들이 있다. 핵심은 충분히 많은 반복이 문턱 값 초과를 야기한다는 것이다. 도널드 헵에 따르면, 진정한 학습 메커니즘은 문턱 값 초과가 일어난 다음에 비로소 작동한다.

그러나 동일한 과정의 꾸준한 반복은 진정한 학습 과정을 유발할 수 있는 수많은 원인들 중 하나일 뿐이다. 공포나 보상 같은 감정적 요소들도 중요한 구실을 할 수 있으며, 새로운 경험이 유발하는 놀람도 학습에 도움이 될 수 있다. 감정이 풍부한 순간에 우리가 마주치는 대상은 더 쉽고 뚜렷하게 흔적을 남긴다. 예컨대 우리는 뜻밖의 행운을 맞은 날이나 불행이 닥친 날을 별다른 일이 없었던 날보다 훨씬 더 잘 기억한다. 이 차이를 세포 수준에서 다음과 같이 이해할 수 있다. 즉 감정이 충만할 때는 다양한 뇌 구역과 연결망에 속한 다양한 세포들이 활성화되어 학습을 가로막는 결정적 장애물들을 제거한다.

우리가 언급한 두 사례(학습을 유발하는 원인으로서의 꾸준한 반복과 감정)는 진화론의 틀 안에서 잘 설명된다. 동물들의 학습도 위와 유사한 선별 작업에 이어서 시작된다. 사람이나 동물이 꾸준히 반복해서 마주치는 대상은 조만간 (공포, 도주 반응, 보상, 편익과 관련이 있는 모든 대상에 못지않게) 중요해지는 듯하다. 하지만 우리는 문화적 존재로서 다른 자극들도 우리의 학습을 유발한다는 것을 안다. 우리의 사상과 미적 취향, 또한 문화의 역사 속에서 우리가 습득한 온갖 기준들이 중요한 구실을 할 수 있다. 뿐만 아니라 개인의 인생사도 마찬가지다.

이제 학습에서 기억으로 나아가자. 학습 내용이 나중에 실제로 회상될 때까지 보존되려면 복잡한 과정들이 일어나야 한다. 학습 내용은 처음에 기록된 장소에 오래 머물 수 없다. 적어도 학습 내용의 대부분은 그러하다. 이 사정은 주로 저장 공간의 문제와 관련이 있다. 우리의 대뇌 피질cerebral cortex은 거대한 저장 공간의 구실을 한다. 대뇌 피질의 저장 용량은 약 2페타바이트(1페타바이트는 1000테라바이트와 같다)로 추정된다. 지금 우리가 이 책의 집필을 위해 사용하는 컴퓨터보다 저장 용량이 2000배나 큰 셈이다. 학습 내용(의 대부분)은 그 저장 공간으로 옮겨져야 한다. 이 이송이 어떻게 또한 (이것이 중요한데) 언제 일어나는지는 다음 장에서 꿈과 기억의 야간작업을 다루면서 이야기할 것이다. 여기에서는 대략적인 윤곽만 미리 보기로 하자.

학습 내용의 이송에서 중요한 구실을 하는 것은 이 책 내내 자주 등장할 해마라는 구역이다. 인간의 해마는 두 개이며 좌뇌와 우뇌에 각각 하나씩 대칭으로 위치해 있고 모양은 휘어졌고 길이는 몇 센티미터 정도다. 해마는 이른바 '변연계limbic system'의 일부다. 이 명칭을 들어본 사람은 아마 알겠지만, 변연계는 우리 뇌의 진화에서 대뇌보다 더 먼저 형성되었다. 그래서 변연계의 기본 구조는 우리를 비롯한 많은 포유동물에서 공통적이다. '변연계'라는 명칭 속에 라틴어 '림부스limbus'가 들어 있는 것은 이 구역의 모양 때문이다. 림부스는 가장자리나 변방을 뜻한다. 요컨대 변연계는 중간뇌midbrain(뇌의 한가운데 부분)의 핵들을 둘러싼 고리 모양의 구조물이기 때문에 '변연계'로 명명되었다. 낯선 명칭들이 나온 김에 '해마hippocampus'에 대해서도 알아보자. 이 명칭도 라틴어(더 거슬러 오르면, 고대 그리스어)에서 유래했다. 실제로 인간 해마는 크기와 모양이 바다동물 해마와 유사하다. 그러나 최근에 미술사학자들이 알아낸 바에 따르면, 르네상스 시대에 뇌의 특정 부분에 '해마'라는 명칭이 부여된 것은 고대의 분수들에서 볼 수 있는 정형화된 해마의 모습 덕분인 것으로 추정된다.

◦ 예상 밖의 단계에서 일어나는 단백질 합성

다시 본론으로 돌아가자. 학습 내용은 해마를 거쳐 대뇌 피질의 저장소들로 이송된다. 그렇게 저장된 기억흔적(전문용어로 '엔그램engram')은 우리가 학습 내용을 회상할 때 재활성화된다. 회상 과정에서 해마가 얼마나 중요한 구실을 하는가는 아직 최종적으로 밝혀지지 않았다.[7]

기억의 마지막 단계에 해당하는 회상에서 이 장의 첫머리에 언급했던 경이로운 일들이 일어난다. 흥미로운 점은 회상할 때 단지 기억 내용이 소환되기만 하는 것이 아니라는 점이다. 이제 우리는 그런 내용 인출의 실상을 다음과 같이 더 정확하게 서술할 수 있다. 즉 함께 점화했던 신경세포들의 배열 혹은 도식Schamate이[8] 다시 활성화되는 것이 기억 내용의 인출이다. 그런데 그 내용 혹은 도식은 새롭게 표상되는 과정에서 재활성화될 뿐 아니라 변화하고 재구성된다. 즉 특정 시냅스 연결들이 재차 강화되거나 거꾸로 약화된다. 요컨대 최초 학습 시에 일어난 것과 유사한 시냅스 연결들의 재구성이 회상 시에도 일어난다. 이것 역시 학습이지만, 이 학습은 일종의 추가 학습으로 간주해야 한다. 이 추가 학습에서 기존 연결들은 세부적으로 개선되고 변경되는 방식으로 다시 한 번 수정된다. 이 변화의 바탕에 깔린 원리를

(이 대목에서는 논의의 단순화를 위해) 일종의 '적응'이라고 부를 수 있다. 기억이 형성된 이후에 추가로 입력된 인상들, 혹은 우리가 지금 회상하면서 마주한 인상들에 기억 내용이 적응하는 것이 틀림없다.

이처럼 우리의 앎은 새로 회상될 때마다 활성화됨과 동시에 재구성되고, 이 재구성을 위해서는 세포의 구성 요소들—즉 단백질들—이 제작되어 세포의 활동에 투입되어야 한다.[9] 이 과정은 신경전달물질과 결합하는 수용체 단백질들에서 연구되고 입증되었다. 그 연구에 따르면, 시냅스후 세포에서 단백질합성이 일어나고, 그 결과로 그 세포에서 더 강한 전기 신호가 발생한다. 따라서 회상 시의 단백질합성은, 우리가 회상할 때 적어도 원리적으로는 아무것도 과거의 모습 그대로 머물지 않는다는 사실의 증명으로 간주할 만하다. 우리는 기존 지식을 다시 인출할 뿐 아니라 때로는 기억 속에 명시적으로 들어 있지 않았을 수도 있는 무언가를 추가로 학습한다.

이런 연구 결과를 오늘날의 관점에서 보면, 모든 것이 명백한 듯하다. 그러나 이런 질문을 던지는 독자도 있을 성싶다. 신경생물학자들은 왜 회상이라는 외딴 주제를 탐구하기 시작했을까? 어쩌면 다음과 같은 질문이 더 큰 호기심을 일으킬 것이다. 우리 기억의 견고성에 관한 저 상식적이지 않은 발상, 곧 우리의 기억 내용은 고정된 요소가 아니라 변화 가능하며 거의 유동적인 매체Medium라는 생각은 대체 어떻게 등장했을까?

◦ 망각을 탐구하다

심리학과 신경학에서 발견의 첫 단계는 병적인 상황과 관련이 있는 경우가 매우 많다. 흔히 여러 형태의 기능장애 혹은 병이 발견의 단초를 제공한다. 우리의 논의와 관련해서 학자들이 품었던 질문은 이것이다. 어떻게 하면 트라우마성 사건을 겪은 뒤에 그 사건의 기억을 끊임없이 떠올리며 괴로워하는 환자들에게 도움을 줄 수 있을까? 오늘날 우리는 이런 환자의 문제를 '외상 후 스트레스 장애'라고 부른다. 과거에 학자들은 공포스러운 기억이 끊임없이 떠오르는 것을 되도록 막아야 한다고 생각했다. 해결의 첫 단서는 전기 경련 요법electroconvulsive therapy(일반인들 사이에서는 '전기충격요법'으로도 불림)을 적용한 사례들에서 나왔다. 학자들은 비교적 격렬한(뇌의 활동과 결부된 매우 약한 전압 및 전류와 비교하면 확실히 격렬한) 전류를 환자의 뇌에 공급하면 특정 기간에 형성된 기억들 중 일부가 사라지는 것을 발견했다. 처음에 이 현상은 바람직하지 않은 부수 효과에 불과했지만, 곧이어 이 현상을 치료에 이용해보는 시도들이 이루어졌다. 학자들은 (불쾌한) 회상 직후에 전기 충격을 가하면 어떤 일이 일어나는지 검사했다. 그리고 큰 성과를 거뒀다. 즉 회상 직후에 전기 충격을 가하면, 회상된 기억 내용이 보존되지 않았다. 바꿔 말해 그 내용은 장기 기억long term memory에 진입하지 못했다.

더 나중에 학자들은 약물로 이와 동일한 소거extinction를 일으키는 것을 시도했다. 앞서 우리가 서술했듯이 회상 시에 새롭게 단백질합성이 일어난다는 것이 그 학자들의 전제였다. 따라서 그 단백질합성을 저지하기만 하면 기억 내용의 소거가 이루어질 터였다. 관련 실험은 쥐와 생쥐를 대상으로 진행되었다. 학자들은 그 동물들을 훈련시켜 특정한 과제 하나를 해결할 수 있게 만들었다. 예컨대 동물은 장애물 경주로의 특정 위치에 먹이가 있다는 것을 학습했다. 그런 다음에 학자들은 동물의 해마에 약물을 주입하여 세포들 속에서 단백질이 형성되는 것을 막았다(따라서 새로운 수용체들이 형성되는 것도 막았다). 사용된 약물은 박테리아용 항생제였다. 이 실험들의 결과는 예상한 대로였다. 학습 직후에 항생제를 주사하자 학습 성과가 눈에 띄게 낮아졌다. 이 효과는 훈련 후 6시간이 지나서 단백질 합성 억제제를 주입하는 실험에서까지 나타났다. 더 나중에 그 약물을 주입하면, 학습 성과의 저하가 일어나지 않았다.[10]

하지만 이 실험에 대해서 곧바로 의문을 제기해야 마땅하다. 왜냐하면 이 실험을 통해서 과연 증명하려던 바가 증명되었는지 불확실하기 때문이다. 두 가지 이유에서 그러하다. 실험에 쓰인 항생제와 같은 약물들은 소수의 세포들에만 적용할 수 없다. 약물은 항상 한 구역 전체로 확산되고 그 너머로도 확산된다. 따라서 그 항생제의 효과는 우리가 원하는 단백질합성 억제, 곧 시냅스후 세포에서 수용체들의 형성을 막는 것에 국한되지 않는다. 그 약물은 세포 속에서 일어나는 다른 제작들과 재구성들도 가로막는다. 하지만 이 문제는 회상 시에 추가 학습—전문가들이 말하는 '다시 굳힘reconsolidation'—이 일어난다는 이론을 둘러싸고 오랫동안 벌어진 논쟁의 유일한 원인이 아니었다. 대안적인 해석들도 제시되었다. 일부 학자들은 기억 내용을 인출할 때 단백질합성이 일어난다는 것을 인정하면서도 그 합성이 기억 내용을 변화시킨다는 생각에는 반발했다. 입증된 단백질합성을 통해서 과거의 앎이 변화하는 것이 아니라 다만 새로운 앎이 생산되는 것일 수도 있다는 것이 그 반발의 요지였다.

또 다른 대안은 회상 시에 발생하는 변화가 추가 학습이 아니라 오히려 소거라고 주장한다. 즉 회상을 통해 그림에 새로운 붓질들이 추가되는 것이 아니라 단지 기존 붓질들이 지워진다는 것이다. 이 대안을 옹호하는 학자들은 그런 소거도 일종의 학습이라면서 '소거 학습extinction learning'이라는 표현을 사용한다.[11] 마지막으로, 기억 내용이 변화한다는 것을 인정하면서도 이 변화(추가 학습)가 회상 시점에 일어난다는 것을 의심할 수 있다. 추가 학습이 회상 시점보다 더 먼저 일어났을 가능성도 있으니까 말이다. 이 생각이 옳다면, 기억 내용의 변화라는 까다로운 문제는 더 과거의 시점으로 옮겨진다. 따라서 기억 내용이 재구성되는 원인을 더 이른 시점에서 찾아야 할 것이다.

이 모든 반론들과 실험의 난점들에도 불구하고 다시 굳힘 이론은 잘 입증되었다는 평가를 받는다.[12] 이런 평가에 적잖이 기여한 공로자는 기억 내용이 형성될 때 활성화되어야 하는 세포들을 조작하는 실험들이다. 다음 절에서 그 실험들을 살펴보기로 하자.

◦ 버튼을 눌러 회상을 유발하기

이제 우리는 특수한 실험들과 기법들을 이야기할 것이다. 처음 들으면, 누군가가 그 실험들을 시도했다는 사실이 좀처럼 믿기지 않을 수도 있다. 더구나 그것들에서 성과가 나왔다는 사실은 더욱 믿기지 않을 법하다. 지금 우리가 이야기하려는 것은 '광유전학optogenetics'이라는 기술이다. 이 혁명적인 기술의 발전에 중요하게 기여한 과학자들은 2013년에 '뇌 상Brain Prize'〔유럽 신경과학에 탁월하게 기여한 현역 과학자(들)에게 주는 상으로, 정식 명칭은 '그레테 룬드벡 유럽 뇌 연구 상Grete Lundbeck European Brain Research Prize'〕을 받았다.[13] 선구적인 연구는 생물물리학자 페터 헤게만과Peter Hegemann 에른스트 밤베르크Ernst Bamberg에 의해 이루어졌다. 광유전학은 유전자조작 기술과 광학적 현상을 결합한다. 핵심은 세포들을 유전학적으로 변화시켜서 그것들이 빛에 반응하게 만드는 것이다. 더 구체적으로 말하면, 세포에 빛 스위치를 설치하는 것이다. 이때 빛 스위치란 세포가 빛을 내도록 만드는 스위치가 아니라 세포가 빛에 반응하여 자신의 활동을 켜거나 끄도록 만드는 스위치다. 빛 스위치를 설치하면, 특수한 기능을 가진 특정 세포들을 원격으로 조종할 수 있다. 즉 세포들의 활성화와 불활성화를 마음대로 일으킬 수 있다. 상상력이 부족한 독자라도 이 기술이 어디에 유용할지를 단박에 알아챌 것이다. 특정한 세포들이 실제로 어떤 기능을 하는지, 구체적으로 어떤 역할을 담당하는지 정확히 모른다면, 광유전학을 이용하여 그 세포들에 빛 스위치를 설치한 다음에 그 스위치를 조작하면 어떤 일이 일어나는지 살펴보면 된다.

여기에서 미리 말해둘 것은 기억 연구에서 광유전학이 흥미로운 관심사로 부상한 계기다. 이 기술은 개별 기억 내용을 간단히 켜고 끄는 데 성공하면서 주목받기 시작했다. 어디로 가면 먹이에 도달하는지 학습해서 아는 생쥐가 있다고 해보자. 그런데 이 생쥐의 뇌세포 일부에는 빛 스위치가 설치되어 있다. 이 생쥐에게 빛 신호를 적용하면, 녀석은 어디로 가면 먹이에 도달하는지 모르게 된다. 이어서 반대의 빛 신호를 적용하면, 녀석은 그것을 다시 알게 된다. 이쯤 되면 세부 설명을 더 듣지 않더라도 많은 독자들은 이 기술로 본인의 불쾌한 기억을 간단히 꺼버리는 것을 꿈꾸거나 희망할 듯하다. 실연, 패배, 혹은 더 참혹한 사건의 기억이 일으키는 정신적 고통을 생각해보라. 그러나 아쉽더라도 조심할 필요가 있다. 그런 희망의 실현은 아직 시기상조다. 현재의 연구는 그 수준에 훨씬 못 미친다. 그러나 이 책의 편집이 마무리되기 직전에도 새로운 광유전학 연구에 관한 논문들이 출판되었다는 점을 감안하면, 지금까지의 예상을 훨씬 뛰어넘는 일들이 가능해지리라는 기대를 품게 된다. 실제로 그렇게 된다면, 광유전학은 결국 하나의 중간 단계로 격하될지도 모른다.

하지만 차근차근 논의를 풀어가자. 빛 스위치를 세포에 설치한다는 것은 무슨 뜻일까? 또한 빛 스위치는 무엇으로 이루어졌을까? 둘째 질문부터 대답하겠다. 빛에 반응하는 세포들이 있다. 인간은 그런 세포들이 눈의 망막에 있다. 빛이 눈으로 들어오면, 망막에 위치한 특정 세포들에서 화학반응이 일어나고 전기신호가 송출된다. 다른 생물들도 빛을 감지하는 세포들을 지녔는데, 그 세포들은 시각적 기능—즉 대상을 보고 인지하는 기능—외에 추가로 다른 과제들도 담당한다. 예컨대 그 세포들은 낮과 밤을 구분하는 일이나 생물이 에너지 획득을 위해 빛을 향하도록 만드는 일을 담당할 수 있다. 광유전학에 동원되는 세포들은 원래 조류藻類와 박테리아에서 유래한 것들이다. 정확히 그 세포들이 쓰이는 이유는 기술적인 문제들과 관련이 있다. 한마디만 보태자면, 그 세포들처럼 빛에 반응하는 단백질들을 일컬어 '옵신opsin'이라고 한다. 지금까지 광유전학에서 가장 많이 연구된 옵신은 파란색 빛에 반응하는 '통로 로돕신channelrhodopsin'이다. 하지만 지금은 다양한 파장의 빛에 의해 활성화되는 수많은 분자들이 연구되고 있다.[14] 그런 분자들의 도움으로 연구자는 길거나 짧은 시간 동안 세포를 켜거나 끌 수 있다.

이제 빛 스위치를 원하는 세포 하나에, 혹은 한 유형의 세포들에 설치하는 방법을 이야기하겠다. 이 설치 작업은 (무해한) 바이러스를 특정 세포들 내부로 유전정보를 나르는 운송 수단으로 활용하는 교묘한 방법을 통해 이루어진다. 세포 조종은 세포에까지 이르는 광섬유를 통해 이루어지며, 발광다이오드LED를 이식하는 방법도 실험되고 있다. 늦어도 이 대목에서 명확히 알아챘겠지만, 광유전학이 아직 인간에 적용하기에는 부적합한 기술인 이유가 여기에 있다. 신호는 빛을 통해서 제공되더라도 여전히 일종의 배선이 필요하다는 점이 문제다. 전문용어로 말하면, 현재까지의 광유전학 기술은 침습적invasive이다. 즉 두개골을 뚫고 뇌 속으로 침입한다.

하지만 우리가 이 글을 쓰는 동안에도 벌써 새로운 보고들이 나왔다. 그 내용은 어떤 형태의 침습도 필요 없고 직접적이고 물리적인 접촉조차 필요 없는 광유전학 기술에 관한 것이다. 얼마 전에는 단지 빛을 생쥐의 외부에서 이도耳道와 그다음의 복잡한 경로를 통해 뇌세포들에 적용함으로써 유전적으로 조작된 그 세포들을 켜는 실험이 성공적으로 이루어졌다.[15]

유전자조작 뇌세포를 켜고 끄는 데 빛조차도 필요 없게 된다면, 실험들은 더 발전할 것이다. 최근에 학자들은 특정한 뇌파를 통해 유전자조작 뇌세포들을 켜고 끌 수 있게 되었다. 즉 특정 패턴의 전기 자극을 통해서 말이다. 게다가 이것이 중요한데, 특정한 뇌 기능을 켜거나 끌 수 있는 그 뇌파 패턴을 반드시 침습적이거나 비침습적인 방식으로 외부에서 뇌에 부과해야 하는 것은 아니다. 뇌가 그 뇌파 패턴을—예컨대 뇌가 특정한 휴식 상태에 진입할 때—자체적으로 산출할 수도 있다. 또한 그런 상태를 이를테면 명상을 통해서 불러일으킬 수 있다. 요컨대 손가락을 움직이거나 스위치를 누를 필요도 없이 특정한 정신적 작업을 통해서, 그러니까 특정한 형태의 정신 집중만으로 특정 뇌 기능을 활성화하거나 불활성화할 수 있다는 것은 터무니없는 생각이 아니다.[16] 인간이 언젠가 그런 수준에 도달하리라는 것은 아마 스파이 영화의 시나리오 작가들도 상상하지 못했겠지만 말이다. 이런 가능성들이 미래에 무엇을 의미할지에 대해서 상세한 상상을 감행할 생각은 전혀 없다. 다만 하나만 지적하자면, 손쉬운 뇌 기능 조작은 치료적 목적에 활용될 수도 있겠지만 악용될 수도 있을 것이다.

한동안 먼 (어쩌면 벌써 가까이 다가온) 미래를 기웃거렸으니, 이제 광유전학의 장점을 다시 한 번 간단히 요약해보자. 뇌 활동에 화학적으로 개입하는 방식과 비교해보면, 새로운 광유전학적 방식은 속도의 측면에서 우월하다. 약물은 조직 속에서 확산하여 효과를 발휘할 때까지 어느 정도 시간이 걸린다. 따라서 1000분의 몇 초 동안 지속하는 뇌세포 점화 패턴을 순전히 화학적으로 조작하려고 하면, 많은 것들이 어둠 속에 묻힐 수밖에 없다. 또한 정밀도에서도 광유전학적 개입 방식이 과거의 방식보다 확실히 우월하다. 앞서 지적했듯이 약물은 우리가 연구하고자 하는 세포들이나 세포 유형들과만 결합하는 것이 아니라 다른 많은 세포들과도 결합한다. 반면에 유전자 조작을 이용하면 특정한 표적만 정밀하게 겨냥하는 것이 가능하다. 또한 광유전학적 조작은 전기 자극과 비교해도 위와 유사한 장점들이 있다. 그 장점들은 한 연결망에 속하지만 흩어져 있는 개별 세포들을 연구하고자 할 때 두드러진다.

정교한 실험들에 대해서 몇 가지 세부사항을 추가로 이야기하려 한다. 처음에 학자들은 정신을 원격조종할 수 있다는 사실을 환영했다. 그들은 버튼을 눌러서 생쥐를 좌회전하게 만들고 거듭해서 직선 경로를 벗어나게 만들었다. 이어서 학자들은 공포감을 조작하는 일에 관심을 기울였다. 오늘날 학자들은 어떻게 하면 개별 기억 내용을 조작하거나 아예 무無에서 만들어낼 수 있는지에 관심을 기울인다. 공포를 전이하는 실험은 이미 성공적으로 이루어졌다. 특정한 실험 환경에서 공포를 느낀 실험동물은 과거에 녀석이 전혀 해롭지 않다고 느낀 다른 환경에서도 똑같은 공포를 나타냈다.[17] 광유전학적 조작의 결과로 더 많은 요인들이 공포를 유발하게 된 것이다. 또한 그 조작의 결과로 이유가 전혀 없는, 그러니까 완전히 인위적인 공포가 일어나기도 했다.[18]

◦ 뇌 속의 지휘자들

이제 우리는 도약을 감행하려 한다. 이 장의 목적은 기억에 관한 전반적인 첫인상을 제공하는 것이므로, 이런 도약은 어떤 의미에서 바람직하다. 우리는 기억이 일반적으로 예상하는 정도보다 훨씬 더 가변적이라는 사실을 기초적인 층위에서 이미 보았다. 이제 더 높은 층위에서 이런 질문을 던질 필요가 있다. 이 같은 기억의 역동성을 어떻게 다뤄야 할까? 기억의 구성 요소들이 기본적으로 변화할 수 있고 이동할 수 있다면, 변화와 이동을 겪은 다음에 그것들은 어떻게 서로 조화를 이룰까? 기억 내용들은 어떻게 조직화될까?

이로써 우리는 중간 층위에 도달했다. 여기에서는 일종의 관리가 이루어지는데, 영어권에서는 이 관리를 'game control(게임 제어)'이라는 전문용어로 부른다. 이 용어는 매우 적절하다. 왜냐하면 이 관리의 핵심은 앎의 내용들이 서로 어긋나지 않고 조화를 이루게 만드는 것이기 때문이다. 바로 이것을 위해서 게임 제어가 필요하다.

이 모든 이야기는 매우 추상적이고 왠지 행정 기술을 연상시키므로, 곧바로 실험 하나를 소개하겠다. 철학이나 형태심리학(게슈탈트 심리학, Gestaltpsychologie)을 접해본 대다수의 독자는 아래 그림을 잘 알 것이다. 루트비히 비트겐슈타인은 이 '토끼 오리 그림'을 한 세계관을 뒷받침하는 증거로 설득력 있게 제시한 바 있다. 일단 그림을 자세히 살펴보라.

당신은 무엇이 보이는가? 한 관점에서 보면, 오리의 머리가 보인다. 부리가 왼쪽을 향한 오리의 머리다. 그러나 똑같은 그림을 다른 관점에서 보면, 귀가 왼쪽을 향하고 주둥이가 오른쪽을 향한 토끼의 머리가 보인다. 여기까지는 그리 대단할 것이 없다. 이보다 양면성이 덜 두

드러진 다른 그림들에서도 처음엔 한 대상이 보이고 다음엔 다른 대상이 보일 수 있다. 하지만 심리학자들과 철학자들이 골몰해온 진짜 문제는 이제부터 나온다. 위 그림에서 두 대상을 동시에 보려고 노력해보라. 즉, 토끼의 머리와 오리의 머리를 한꺼번에 보려고 노력해보라. 아무리 애써도 육체의 눈과 정신의 눈앞에 그림의 양면을 동시에 펼쳐놓을 수 없음을 알게 될 것이다. 당신은 토끼와 오리 중에서 하나를 본다. 물론 그림(정확히 말하면, 그림에 대한 해석)이 금세 바뀔 수도 있다. 그러나 당신이 오리와 토끼를 동시에 보는 일은 절대로 없다. 심지어 두 가지 해석에서 일치하는 부분, 곧 오리와 토끼의 눈조차도 한 번은 토끼의 눈으로 보이고, 또 한 번은 오리의 눈으로 보이는 것을 피할 수 없다.

'왜 이렇고 또한 짐작하건대 이러해야 하는가?'라는 질문은 우리를 게임 제어의 한가운데로 이끈다. 우리가 그림의 양면을 동시에 마주할 수 없는 것은 우리의 지각perception 처리 방식과 관련이 있다. 다시 말해, 무언가를 지각하거나 학습할 때 우리가 무엇을 정신에 보유하는가라는 질문과 관련이 있다. 토끼 오리 그림을 볼 때 우리는 일단 당장 학습한 바에 몰두한다. 따라서 우리의 관심사는 하나의 시각 인상이다. 즉 우리는 형태를 통해 그 정체를 알아내야 할 대상 하나를 본다. 그림 속 검은 점들의 배열이 우리의 기억에 입력되었다면, 그 배열은 특정한 도식 혹은 엔그램을 이룬다.

그런데 어려운 문제는 이제부터 시작된다. 토끼 오리 그림을 볼 때는 동일한 점 배열 혹은 도식적인 선을 두 가지 기존 도식과 연결할 수 있다. 즉 토끼 머리의 표상과 연결할 수도 있고 오리 머리의 표상과 연결할 수도 있다. 이 사실을 시각적으로 표현하고 싶다면, 그림 속 머리의 윤곽선을 연장하여 몸을 그리기만 하면 된다. 내가 그 머리 아래에 토끼의 몸을 그리면, 그 머리는 토끼의 머리가 된다. 반대로 오리의 몸을 그리면, 그 머리는 오리의 머리가 된다. 요컨대 토끼 오리 그림에 나타난 선을 넘어선 더 포괄적인 도식 혹은 엔그램이 그 그림을 명확하게 만든다. 이를 위해서 나는 무언가 다른 것을 (최소한 가상적인 방식으로) 추가로 보아야 한다. 그러면 토끼 오리 그림은 온전한 토끼의 그림이 되거나 온전한 오리의 그림이 된다.

그러나 지각과 해석에서 정말로 어려운 문제는 아직 거론되지 않았다. 이미 암시했듯이, 우리는 주어진 인상의 다양한 측면들이나 세부 사항들을 시간이 지나면서 점진적으로 깨닫는 경우가 많다는 점을 잊지 말아야 한다. 〈모나리자〉 같은 유명한 회화 작품들을 생각해보라. 우리는 그런 작품을 두 번째나 세 번째 볼 때 비로소 많은 것을 깨닫곤 한다. 우리는 시각적 광경을 한 층씩 점진적으로 처리하면서 개별 사항들을 숙달한다. 이해해야 할 연관성 각각에 대해서 열쇠가 되는 자극 하나가 존재하고, 그 열쇠 자극은 특정한 도식적 해석을 끌어들인다.

그런데 우리가 예로 든 토끼 오리 그림에서처럼 동일한 열쇠 자극이 여러 해석적 도식화를 유발하는 경우가 있고, 이럴 때 비로소 상황이 흥미로우면서 또한 혼란스럽게 된다. 적어도 물질적으로는 동일한 점들과 선들, 직선 구간들과 굴곡들이 우리 안에서 전혀 다른 두 가지 해석을 일으킨다. 다시 말해 우리는 '색깔들을 보면 토끼가 떠오르고, 선들을 보면 오리가 떠오른다'라는 식으로 말할 수 없다. 이처럼 동일한 열쇠 자극이 전혀 다른 해석들로 이어진다면, 우리는 오리와 토끼를 동시에 보려고 애쓰는 실험에서 다음과 같은 결정적인 교훈을 얻을 수 있다. 그 교훈이란 언제든 한 순간에는 특정한 형태의 도식화 하나만 가능하고 경쟁하는 다른 도식화는 바로 그 순간에 최소한 배제되어야 하다는 것이다. 다른 순간에는 다른 표상이 우위를 점할 수 있지만, 이 경우에도 그 표상 이외의 모든 표상들은 배제된다. 토끼이거나 오리이거나 둘 중 하나다. 양쪽 다인 경우는 절대로 없다. 영어권 과학자들은 이 원리를 포커 게임에서 유래한 '승자 독식Winner takes all'이라는 용어로 표현한다. 이기는 쪽이 모든 것을 얻는다는 뜻이다. 우리의 예에서 모든 것이란 주의attention이다. 토끼 오리 그림을 보는 사람의 주의는 한 관점에 기울이기에만 충분하며, 대안적이거나 보충적인 관점들이 들어설 여지를 허용하지 않는다.

○ 작업 기억의 용량

다음 질문은 아직 대답되지 않았다. 관찰자의 주의가 최소한 얼마나 오랫동안 한 표상에 머물러야 그림에 대한 해석이 뒤집힐 수 있을까? 원리적으로는 누구나 집에서 실험을 통해 이 질문의 답을 탐구할 수 있겠지만, 미리 한마디 일러둘 것이 있다. 우리가 직접 손가락으로 스톱워치를 조작하는 방식으로 실험을 한다면, 우리의 손가락 운동은 이 실험에 적합한 수준보다 훨씬 더 느리다. 따라서 뇌과학자 볼프 징어Wolf Singer가 얻은 연구 결과를 참조하는 편이 더 낫다. 징어의 주요 관심사는 앎이 형성될 때 일어나는 전기적(정확히 말하면, 전기생리학적) 과정들이다. 그는 특히 결합 문제에 관심을 기울인다. 결합 문제란 탐지기의 구실을 하는 세포들의 작동을 유발하는 다양한 특징들—이를테면 색깔, 형태, 운동—이 어떻게 하나의 일관된 인상으로 조립되는가, 하는 것이다. 예를 들어 빨간색, 둥근 형태, 멈춰 있음은 조립되어 풍선의 인상을 이룬다. 요컨대 우리가 제기한 주의 문제를 풀려면, 어떻게 결합이 이루어지는가라는 정말로 중요한 질문에 답할 필요가 있다. 그리고 징어는 그럴싸한 답을 내놓는다.

그는 다양한 특징-입력들을 상위의 도식 하나로 종합하는 과정이 지각 처리의 시간적 계열 및 특정 박자와 연관되어 있음을 (혼자서가 아니라 연구 팀을 이끌면서) 발견했다. 그 박자는 뇌에서 율동적인 활동이 일어나게 한다. 그 활동의 진동수는 뇌전도에 나타나는 뇌파에서 측정할 수 있으며 전극을 뇌에 직접 삽입하여 측정하면 더 뚜렷하게 포착된다. 징어는 주로 시각 피질에서 뇌파를 측정했다. 시각 피질은 우리의 시각 인상들이 처리되는 곳이다.[19] 징어의 연구에 따르면, 진동수가 40헤르츠인 뇌파가 특히 중요하다.[20] 이 진동수는 해마에서도 다른 진동수와 짝을 이뤄 포착된다. 이때 다른 진동수는 이른바 세타파(진동수 4~10헤르츠)에 해당한다. 설치동물의 뇌에서는 동물이 주의 깊게 지형을 살피거나 (실험과 관련해서 더 정확하게 표현하면) 탐

험할 때, 이런 세타파가 나타난다.[21]

뇌파의 진동수를 측정함으로써 두 가지를 알 수 있다. 다양한 특징-탐지기들이 40헤르츠의 박자로 결합하는 것에서 명확히 알 수 있는 바는 결합된 표상이 발생하려면 50분의 1초보다 더 긴 시간이 필요하다는 것이다. 둘째, 40헤르츠 뇌파가 세타파와 짝을 이루는 것에서는 한꺼번에 일어날 수 있는 결합 과정의 개수가 정해져 있음을 알 수 있다. 계산해보면, 동시에 처리될 수 있는 정보가 4~10개라는 결론이 나온다. 그런데 결합 과정에서 나타나는 진동수가 세타파 영역 전체를 아우르지 않기 때문에, 실제로 우리가 도달하는 결론은 5~9개의 정보 단위만 동시에 처리될 수 있다는 것이다.

이 대목에서 정보 단위는 계산을 위한 추상적 단위처럼 보이지만, 우리의 일상 및 학습과 관련해서 그 단위의 중요성을 아무리 강조해도 지나치지 않다. 언급한 두 진동수(40헤르츠, 그리고 이 진동수와 짝을 이루는 다른 진동수)의 비율은 대략 7인데, 우리의 작업 기억이 수용할 수 있는 대상의 개수도 대략 7이다.[22] 정말로 그러한지 궁금한 독자는 당장 검사해볼 수 있다. 우리는 5~9개보다 더 많은 정보 단위들을 동시에 수용하고 처리할 능력이 없다. 검사를 위해서는 동료가 필요하다. 그림들, 단어들, 수식들이 적힌 종이를 동료에게 잠깐 보여준 다음에 곧바로 무엇을 기억하느냐고 물어보라. 동료의 상태와 정보의 난이도, 그리고 유감스럽게도 동료의 나이에 따라서—작업 기억은 나이를 먹을수록 쇠퇴한다—정확한 개수는 달라지겠지만, 동료는 5~9개의 항목을 기억할 것이다.

하지만 뇌과학에서 방금 언급한 진동수들에 관한 통찰이 나온 후에 비로소 이런 한계가 알려진 것은 아니다. 그전에도 심리학자들은 여러 경험적 검사를 통해서 작업 기억의 한계를 알아냈다. 조지 아미티지 밀러George Armitage Miller는 거의 60년 전에 '마법의 수'는 '7 플러스 마이너스 2'라고 주장했다.[23] '마법의 수'라는 표현에는 우리가 아무리 노력해도 한순간에 그보다 더 많은 정보 단위들을 머릿속에 담아 둘 수 없다는 뜻이 담겨 있다. 오늘날 우리는 어떤 이유들 때문에 이런 한계가 있는지 안다. 그 이유들은 서로 연관되어 있다. 오늘날 수식 '7±2'로 표현되는 밀러의 수가 우리의 학습에서 하는 역할은 빛의 속도가 우주에서 하는 역할과 대략 같다. 즉 그 수는 절대적인 한계속도를 알려준다. 우리의 기억은 밀러의 수가 알려주는 속도보다 더 신속하게 대상들을 수용할 수 없다. 몇몇 SF작품은 바로 이 한계들을 뛰어넘으려 한다. 예컨대 〈스타 트렉Star Trek〉에 나오는 우주선 엔터프라이즈호는 워프 추진을 통해서 알베르트 아인슈타인이 발견한 한계속도보다 더 빠르게 난다. 또한 같은 작품에서 스포크 박사는 간단히 관자놀이에 손을 대는 방법으로 한 사람의 기억 전체를 내려 받는 능력을 보유했다. 이 능력은 무엇보다도 그의 몸속에 흐르는 피의 절반이 불칸Vulcan족의 것이어서 가능하다. 우리는 다른 사람이 쓴 두꺼운 책을 읽는 데만 해도 많은 시간을 들여야 한다. 이를 생각하면, 스포크 박사의 능력은 부러워할 만하다.

대상들을 일시적으로 머릿속에 담아두는 우리의 능력을 검사할 당시에 밀러는 그 능력을 '단기 기억'이라고 불렀다. 그러나 그 후에 '작업 기억'이라는 조금 더 정확한 용어가 등장했다. '7 플러스마이너스 2' 공식은 대상들을 저장하는 일이 우리에게 버겁기 때문에 발생하는 것이 아니라 저장에 앞서 대상들을 동시에 처리하기가 버겁기 때문에 발생한다. 따라서 엄밀하게 말하면, 작업 기억은 전혀 기억이 아니거나, 우리가 대상들을 동시에 머릿속에 보유해야 한다는 상당히 느슨한 의미에서만 기억이다. 그리고 이 보유는 방금 제시한 용량 안에서만 가능하다.

◦ 국소적 연결망 안에서 메트로놈 구실을 하는 중간 뉴런들

다시 뇌세포 연구로 돌아가자. 왜냐하면 이제 우리가 던질 질문은 이것이기 때문이다. 작업 기억의 바탕에 깔린 시간 관리의 담당자는 정확히 무엇일까? 해석이 뒤집히는 그림들과 밀러의 수가 어떻게 작동하는지가 발견된 것은 이미 꽤 지나간 과거의 일이다. 하지만 오늘날 학자들은 새로운 실험들에서 어떤 통찰을 추가로 얻을 수 있는지 알아내고 싶어 한다. 이 절의 제목에서 짐작할 수 있듯이, 우리는 박자를 부여하는 메트로놈을 찾으려 애쓰는 중이다. 미리 말해두자면, 대략 10년 전만 해도 학자들은 우리가 이제부터 설명할 연구 결과들을 이런 식으로 제시할 수 없었다. 그 연구들이 얼마나 중요한지는 임상의학의 맥락에서도 드러난다. 우리의 뇌 속 메트로놈들에 문제가 생기면, 뇌전증, 자폐증, 조현병 같은 심각한 질병이 일어나리라고 예상할 수 있다.

우리의 게임 제어에서 무엇이 시간 관리(특정한 박자의 때맞춤, timing)를 담당하는지 알아낼 요량으로 학자들은 기억 형성을 위해 중요한 과정들이 일어나는 구역들을 살펴보았다. 그 구역들은 앞서 언급한 바 있는 해마와 그 이웃 구역들이다. 해마와 이웃한 구역들 중 하나는 내후각 피질entorhinal cortex(후각뇌고랑 안쪽 피질)인데, 이 구역은 대뇌 피질의 거의 모든 구역들과 연결되어 있다. 감각 지각 입력들은 내후각 피질로 모여들어 예비적으로 분류되고 정돈된 다음에 해마의 특정 구역들에서 기억 형성에 기여한다.

지각 처리에서 시간 관리의 담당자가 누구냐는 질문을 탐구한 학자들은 '중간 뉴런'이라는 특정한 유형의 신경세포들을 지목했다. 중간 뉴런의 특징 하나는 축삭돌기를 자신이 조율하는 국소적 연결망 바깥으로 뻗지 않는다는 점이다. 국소적 연결망 안에서 중간 뉴런은 세포 5~10개에 하나 꼴로 존재한다. 연결망 속 세포들의 매우 정확한 때맞춤을 위해 반드시 필요한 메커니즘은 복잡하다. 우리는 그 메커니즘에 관한 몇 가지 사항만 언급하는 것으로 만족하려 한다. 첫째, 그 메커니즘에서는 다른 뉴런들을 억제하는, 즉 신경전달물질로 가바를 사용하는 중간 뉴런이 중요한 구실을 한다. 둘째, 그 중간 뉴런의 시냅스들 중 일부는 일반적인 수용체들과 더불어 더 빠르게 반응할 수 있는 수용체들도 가지고 있다. 더 자세한 설명을 원하는 독자를 위해 덧붙이자면, 그런 더 빠른 반응은 수용체가 보유한 통로의 폐쇄 시간이 변화하는 것, 그리고 그 통로가 전반적으로 더 빠르게 작동하는 것과 관련이 있다. 통로의 작동이 빠르다는 것은 통로가 신호에 반응하는 속도가 빠르다는 것을 의미한다. 자세한 과정들은 복잡하므로, 이것으로 설명을 마무리하겠다. 마지막으로 셋째, 지각 처리에서 때맞춤을 담당하는 중간 뉴런은 또 하나의 특징을 지녔다. 즉 그 뉴런은 화학 시냅스뿐 아니라 전기 시냅스도 보유하고 있다. 전기 시냅스의 존재는 이 장의 첫머리에서 이른바 '간극 연접'과 더불어 언급한 바 있다. 전기 시냅스의 장점은 화학 시냅스보다 더 빠른 신호 전달이다. 이제 꽤 장황한 서술을 마치고 다음과 같은 간략한 결론을 내릴 때가 되었다. 지금까지 서술한 세 가지 특징은 국소적 연결망의 동기화synchronization를 가능하게 해준다. 협동하면서 억제 기능을 하는 중간 뉴런들은 흥분성 중간 뉴런들과 상호작용한다.[24] 이 상호작용은 어떤 의미에서 탁구의 랠리와 유사하며, 이 상호작용의 결과로 앞서 언급한 진동수들이 산출된다. 중간 뉴런들의 특정 기능을 고의로—예컨대 유전학적 수단으로 간극 연접들을 무력화함으로써—망가뜨리면 장애가 발생한다. 즉 특정 진동수 범위에서 연결망의 활동이 올바로 협응되고 동기화되지 않는다. 이런 장애가 발생하면, 단기 기억이 제한되는 것을 관찰할 수 있다.[25]

◦ 슈퍼 지휘자들이 다양한 입력들의 상호작용을 관리하는 방식

지금까지의 내용은 뇌과학의 현재 수준에서 볼 때 확실하다고 할 수 있다. 다시 요약하면, 우리가 지금 다루는 것은 누구나 잘 알고 체험할 수 있는 한 현상이다. 즉 작업 기억의 용량을 제한하는 병목이다. 그리고 우리는 그 병목현상의 바탕에 깔린 결합 과정들과 그것들의 시간적 계열을 어떻게 이해해야 하는지 말할 수 있다. 때맞춤과 조직화를 담당하는 것은 중간 뉴런들이다. 중간 뉴런들은 진동을 이용하여 적당한 뇌세포들이 적당한 시기에(100분의 1초 범위 안에) 동시 점화하게 만든다. 중간 뉴런들이 이런 구실을 하면, 연결망이 발생할 수 있고, 그런 연결망의 발생은 장기적인 기억흔적의 형성을 위한 토대가 놓이는 것과 같다.

하지만 이 첫째 장에서 우리는 기억에 관한 일상적인 사항들을 넘어서 우리의 삶 전체와 직결된 중대한 질문들을 처음으로 대면하는 작업도 하려 한다. 이를 위해 이제부터 최근에 나온 통찰들과 우리가 잠정적으로 제기하는 전망들을 소개할 것이다. 출발점은 2년 전에 한나 모니어의 연구 팀이 이뤄낸 발견이다.[26]

이번에도 핵심은 중간 뉴런, 정확히 말하면, 해마와 내후각 피질의 작동에 관여하는 중간 뉴런이다. 처음에 연구 팀은 다음과 같이 생각했다. 중간 뉴런들은 지휘자들이라고 할 수 있다. 최소한 박자를 정한다는 점에서 중간 뉴런들은 지휘자의 역할을 한다. 물론 뉴런들이 박자에 맞춰 점화하게 만드는 것 이상의 역할을 중간 뉴런에게서 기대한다면, 그것은 약간 부적절하다. 우리는 지금 세포 수준에서 논의를 진행하는 중인데, 이 수준에서는 지휘자 세포가 어떤 악보나 계획서를 들여다보고 그것을 추체세포들의 합주로 구현한다는 식의 이야기를 전혀 할 수 없다. 그러니 우리의 비유를 오해하지 말기 바란다. 거듭 강조하는데, 우리가 말하는 지휘란 단지 시간적 협응을 일으키는 작업일 따름이다.

연구가 진행되면서 모니어와 팀은 다음과 같은 질문에 직면했다. 누가 지휘자들을 지휘할까? 국소적 연결망 안에서의 때맞춤이 하나의 문제라면, 어떻게 연결망들이 서로 간에 조화를 이루고 시간적으로 협응하는가는 또 다른 문제다.

국소적인 수준에서 때맞춤을 담당하는 중간 뉴런들을—말하자면 더 높은 제어 수준에서—협응시키는 상위의 지휘자 역시 억제성 중간 뉴런일 것이라고 추측할 수는 없었다. 이미 언급했듯이, 중간 뉴런의 작용이 국소적인 범위에 한정된다는 것은 확실한 사실로 여겨졌다. 하지만 서로 멀리 떨어진 연결망들에 속한 중간 뉴런들을 시간적으로 협응시키려면, 훨씬 더 긴 장거리 연결이 필요했다. 그런데 실제로 광유전학 기술을 이용한 실험들에서 드러난 바를 보면, 지휘자들 중 일부는 긴 축삭돌기를 지녔다. 즉 그 소수의 지휘자들은 국소적 뇌 구역 너머로 축삭돌기를 투사한다.[27] '투사 뉴런projection neuron'이라는 흥분성 신경세포가 그런 장거리 연결선을 지녔다는 것은 잘 알려진 사실이다(투사 뉴런들은 정보를 뇌의 한쪽 끝에서 반대쪽 끝까지 중계한다). 반면에 모니어의 연구팀이 새로 발견한 신경세포들은 시냅스후 신경세포를 억제한다. 하지만 국소적으로 작용하는 중간 뉴런과 달리 그 신경세포들은 주변의 추체 세포들을 제어하지 않고 아주 멀리 떨어진 중간 뉴런들을 제어한다. 즉 그 신경세포들은 국지적 연결망들 안에서 박자를 정하는 뉴런들이 박자를 맞춰 활동하도록 제어한다. 요컨대 그 신경세포들은 슈퍼 지휘자들인 셈이다.

이제 전망을 이야기하자. 새로 발견된 슈퍼 지휘자의 기능과 관련해서 생각해볼 수 있는 것이 몇 가지 있다. 뇌 속의 다양한 연결망들은 서로 동기화되어야 한다. 이는 지각과 신체 운동, 생각과 느낌, 상상과 기억 등이 동기화되어야 한다는 것과 같은 뜻이다. 그런데 이 장에서 우리는 이런 동기화가 우리의 삶 전체에 미치는 영향까지 탐구하고자 하므로 여기에서 과감한 추측을 제시하겠다. 축삭돌기를 멀리 투사하는 슈퍼 지휘자들은 결국 우리의 다양한 능력들과 재능들을 조화시키는 일을 맡기에 적당한 듯하다. 우리가 다양한 분야에서 보유한 재능들과 이루는 성취들이 균형을 이루기 위해서는 그런 조화가 필요하다. 이 균형이 교란되면, 자폐증을 비롯한 병들이 발생한다. 그러면 때때로 특정한 능력이 평범한 수준 이상으로(흔히 평균을 훨씬 능가하는 정도로) 강화된다. 그러나 그 대가로 다른 재능들은 그 정도로 발휘되지 못해서 다양한 능력들(과 그것들의 발휘)을 서로 조화시키기 어렵게 되는 경우가 많다. 자신의 관점에서 벗어나 타인의 관점에서 생각하는 것도 자폐인에게는 쉬운 일이 아니다. 이처럼 자폐인의 놀라운 재능은 여러 문제들에 둘러싸인 섬과 같고, 그 문제들 때문에 자폐인은 일상생활을 적절하게 꾸려가지 못한다.

실제로 슈퍼 지휘자들의 기능장애가 자폐성 행동의 한 원인이라면, 여기에서 우리는 기억이 기본적으로 추구하는 바에 관한 의미심장한 교훈을 얻을 수 있다. 즉 방금 제시한 추측이 옳다면, 기억은 추가 학습과 지식의 심화에 관여할 뿐 아니라 삶의 과제들을 해결하는 데 필요한 다양한 관점들을 다루는 일에도 관여한다는 사실이 밝혀진 셈이다. 섬처럼 고립된 재능이 아무리 뛰어나더라도—엄청나게 복잡한 음악을 한 번 듣고 곧바로 그 악보를 오류 없이 그리는 자폐 음악가들을 본 적 있는 독자는 그런 재능이 얼마나 대단할 수 있는지 알 것이다—다른 재능들과 균형을 이루지 못할 경우, 그 재능은 삶에 도움이 되지 않는다. 그리고 그런 균형을 북돋는 일은 우리의 기억이 맡은 임무들 중 하나다. 이를 더 자세히 설명하면 이러하다. 이미 작업기억을 다룰 때 보았듯이, 한편으로 기억은 다양한 관점들과 해석 방식들을 우선 명확하게 구분함으로써 각각의 관점과 해석 방식이 독자적으로 성과를 거둘 수 있게 해준다. 그러나 다른 한편으로 기억은 다양한 관점들이 서로를 가로막지 않고 장기적으로 공존하기 위한 조건들을 갖춘다. 이 대목에서 기억은 우리의 지식과 노하우를 충분히 적절하고 영리하게 배치하여 우리가 삶 전체에서 성공할 수 있게 배려하는 좌석 안내원의 구실을 한다.

◦ 자서전적 기억

앞 절 막바지에서 우리가 제시한 사변적 전망, 곧 기억이 다양한 관점들을 다루는 일에 관여할 가능성이 있다는 생각은 우리를 기억에 관한 질문들이 속할 수 있는 가장 높은 수준으로 도약하게 한다. 다시 말해 이제 중요한 것은 개별 구성요소들이나 적당한 작업 계획 하나가 아니라 삶 전체를 아우르는 계획이다. 우리의 질문은 이것이다. 기억은 우리의 삶을 계획하고 합리적으로 조절하는 일에 어떻게 기여할까?

이런 질문을 숙고할 때는 우선 발생의 역사를 돌아보는 것이 유익하다. 즉 이처럼 새롭고 수준 높은 형태의 기억(즉 삶 전체의 계획과 조절에 기여하는 기억)이 대체 어떻게 형성될 수 있었는가라는 질문을 고찰할 필요가 있다. 그리고 이 질문을 고찰할 때 우리는 다음 사실을 명심해야 한다. 우리가 하려는 작업은 재구성이다. 즉 우리는 대답을 제시하려 하는데, 그 대답은 받아들일 이유가 충분히 있지만 엄밀하게 증명할 수는 없다.

오늘날 학자들은 동물이 인간으로 진화하는 과정의 어느 순간에 도약이 일어났다는 것에 동의한다. 그 도약을 통해 뇌의 부피, 특히 이마엽의 크기가 증가했고, 새로운 기억 능력이 형성되었다. 이전에는 사실들, 예컨대 어느 장소에 먹을거리나 은신처가 있다는 사실을 기억하는 것만 가능했지만, 이제 그 사실 지식에 도달하기까지의 사건들을 기억하는 새로운 선택지가 추가되었다. 요컨대 이제 사람들은 이 먹을거리나 저 은신처를 어떻게 발견하게 되었는지, 그 과정에서 어떤 사건들이 일어났는지, 이를테면 어떤 위험들에 맞닥뜨리고 뜻밖에 어떤 즐거운 일들을 겪었는지 기억할 수 있게 되었다. 그렇게 발생한 기억을 일컬어 '일화 기억episodic memory'이라고 한다. 이 명칭은 기본적으로 방금 우리가 제시한 설명의 요약에 불과하다. '에피소드episode' (일화)라는 단어에는 고대 그리스어 명사 '호도스hodos'와 전치사 '에피epi'가 들어 있다. 전자는 '길'을 뜻하고, 후자는 '위에'를 뜻하는 독일어 'auf'나 'über'로 번역된다. 따라서 '에피소드'란 어딘가로 가는 길 위에서 일어난 일을 뜻한다. 오늘날의 어법에서도 '에피소드'의 의미에는 '장면화mise-en-scène(연출)'가 한 요소로 포함된다. '에피소드'를 언급할 때 우리는 항상 어떤 연속적인 이야기 속에 들어 있는 특정한 사건을 염두에 둔다.

우리의 재구성에 따르면, 일화 기억은 길 찾기 능력과 더불어 도약적으로 발전했다. 그런데 일화 기억은 한 경로를 정신에 새겨두는 순수한 기억 능력 그 이상이다. 왜냐하면 일화 기억은 사건에 대한 가치 평가를 추가로 요구하기 때문이다. 또한 가치 평가는 비교가 이루어져야 함을 의미한다. 즉 가치 평가를 위해서는 일이 더 잘 진행되거나 더 나쁘게 진행될 수도 있었을지 반성해야 한다. 그런데 이 반성은 가상의 시나리오들과 결부되어 있다. 요컨대 우리는 동일한 목표 지점에 도달하는 대안적인 시나리오들을 떠올려야 한다. 이렇게 어떤 의미에서 역설적으로 작동하는 것이 일화 기억의 특징인 것으로 보인다. 다시 말해 일화 기억은 한편으로 무언가—목표에 이르는 길 위의 사건들—를 붙들지만, 다른 한편으로 즉시 대안들을 고려함으로써 그 무언가를 목표 도달 경로의 최종 버전으로 고수하지 않는다. 이처럼 일화 기억은 내용들을 다루면서 한 통찰을 붙듦과 동시에 그 통찰에 반발하기 시작한다. 일화 기억에 한 내용이 기입될 때마다 곧바로 그 내용과 경쟁하는 다른 구상들이 떠오른다.

일화 기억의 효용이 무엇이냐고 묻는다면, 다윈의 생각에 기초해서 간단히 대답할 수 있다. 일화 기억을 가진 동물은 삶을 더 잘 꾸려갈 수 있다. 다른 동물들이 현재에 만족하는 것에 반해서, 일화 기억을 가진 동물은 항상 미래를 생각할 것이다. 그 동물은 현실에서 새로운 길들을 모색할 필요성이 절박해지기 전에 이미 대안들을 고려할 것이다. 그 동물은 무엇이 잘못될 수 있는지 예상할 것이며 실제로 잘못되면 더 잘 대응할 것이다. 한 경로가 실제로 막히기 전에 그 동물은 이미 생각 속에서 우회 경로들을 가보았고 때로는 동일한(혹은 다른) 목표에 이르는 새로운 길을 실제로도 가보았을 것이다. 새로운 대안 경로들을 염두에 두면, 현실에서의 접근 방식도 달라질 수밖에 없다. 즉 대안 경로들을 염두에 둔 동물은 새로운 길, 새로운 목표, 혹은 예전과 똑같은 목표를 전혀 다른 관점에서 보게 된다. 이 사실을 보여주는 예로 앞서 본 토끼 오리 그림을 들 수 있다. 어떤 포식 동물이 늘 봐서 익숙한 윤곽 그림에서 지금까지는 항상 오리 머리를 보았는데 이제부터 토끼 머리를 본다고 해보자. 그 동물의 삶은 더 풍요로워질 것이다. 특히 그 동물이 오리는 좋아하지 않고 토끼를 좋아한다면 말이다. 일반적으로 핵심은 사물을 보는 새로운 관점들을 발견하는 것, 사물을 새롭게 해석하고 지각하는 것이다.

기원에 관한 이야기는 항상 놀라운 구석이 있기 마련이다. 그런 이야기들은 한마디로 놀랍지만, 완벽한 진실이라기에는 왠지 너무 아름다울 때가 많다. 일화 기억의 기원에 관한 우리의 이야기를 미심쩍게 여기는 사람들이 틀림없이 있을 것이다. 가능한 한 가지 비판은 일화 기억의 효용에 의문을 제기하는 것이다. 물론 과거 진화에서 일화 기억이 유용했다는 생각을 반박하기는 어렵다. 미래를 예견하고 거기에 맞게 자신의 역할을 숙고할 수 있는 동물은 그렇게 할 수 없는 동물들보다 확실히 더 유리하니까 말이다. 하지만 현대인이 보기에 우리의 이야기는 너무 단순하게 느껴질 수 있다. 즉 일화 기억의 작동 방식이 단점도 가졌다는 지적을 오늘날의 후기 근대 문화 속에서는 과거처럼 쉽게 일축할 수 없다는 사실이 문제다. 우리의 이야기에 따르면, 까마득한 과거에 일화 기억의 획득은 인류 문화가 미래로 나아가기 위한 획기적인 돌파구였다. 그러나 오늘날 우리에게 그 사건은 그렇게 멋지게만 보이지 않는다. 미래를 향한 그 창조적인 돌파는 최초 인간들의 경우에서처럼 자발적이지 않게 된 지 오래다. 사회학자 안드레아스 레크비츠Andreas Reckwitz가 최근에 강조했듯이, 지속적인 사고의 전환과 새로운 구상을 의미하는 창조성은 어느새 우리가 원하든 말든 반드시 따라야 할 명령이 되었다. 경쟁 사회에서 살아남으려는 사람에게는 다른 선택지가 없다. 따라서 이제 더는 참된 돌파를 거론할 수 없다. 오히려 우리는 전망의 뒤를 좇아 달린다. 우리가 전망에 도달했다고 생각할 때, 전망은 이미 저만치 앞서 있다. 간단히 말해서 우리는 날쌘 토끼와의 경주에서 이기는 꾀돌이 고슴도치가 더는 아니다(독일 전래동화 〈토끼와 고슴도치〉에서 토끼와 경주하는 고슴도치는 미리 결승점에 자신과 쏙 빼닮은 고슴도치를 배치해둔다. 토끼는 이 꾀에 속아서 매번 자신이 졌다고 착각한다). 오히려 오늘날 우리는 온갖 정신적 융통성을 지녔음에도 불구하고 — 혹은 바로 그 융통성 때문에 — 형편없이 지는 토끼다.

그러므로 오늘날 가장 수준 높고 가장 인간적인 형태의 기억인 일화 기억에 대해서 논할 때, 우리는 그 기억을 둘러싼 정황이 진화 이야기에서처럼 간단하지 않다는 점을 인정해야 한다. 끊임없이 떠도는 듯한 삶에서 닻의 구실을 할 수 있는 기준점들을 찾아야 하는 상황이 이미 오래전부터 다시 벌어졌다. 이와 관련해서 우리는 자서전적 기억의 필수성을 거론한다. 영리한 소설가가 해내는 것과 유사하게, 자서전적 기억은 끊임없는 자기허구self-fiction의 경향에도 불구하고 결국에는 우리의 실존에 통일성을 부여하는 기준선을 발견하기 위해 애써야 한다. 자서전적 기억은 기존의 것과의 단절과 이제까지 유효했던 것과의 깨끗한 결별을 추구하는 경향을 유지하면서도 또한 연속성에 관심을 기울여야 한다. 자서전적 기억은 우리의 지평이 끊임없이 이동하고 확장되는 것을 보여줄 뿐 아니라 어떻게 그 지평이 심화되는가에 대한 통찰도 제공해야 할 것이다. 요컨대 우리가 이 장에서 기억의 작업에 본질적이라고 꼽은 양대 요소, 즉 변화와 심화가 자서전적 기억의 작동을 통해서 균형을 이뤄야 한다.

그런데 어떻게 그 균형을 성취할 수 있을까? 원리적으로 필요한 것은 우리의 자서전적 기억이 방해받지 않고 작동하게 놔두는 실험 조건뿐이다. 그리고 우리가 의식의 낮 측면에서 밤 측면으로 옮겨 가면, 자서전적 기억의 자유로운 작동을 관찰할 수 있다. 따라서 다음 장에서는 꿈을 주제로 삼을 것이다.

2장

꿈과 수면 중의 학습

우리는 어떻게
우리가 되고자 하는 대로 될까?

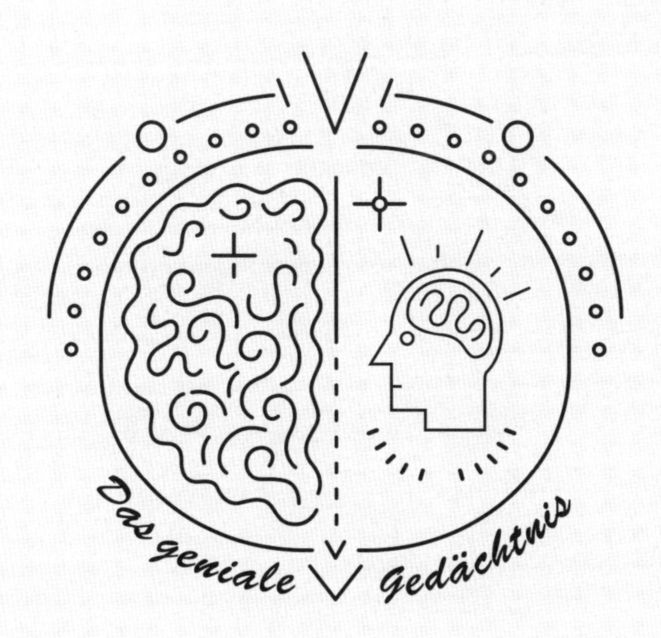

경이로운 일을 현장에서 목격하는 것은 모든 과학자의 꿈이다. 앞장에서 언급한 허구의 냉장고 혹은 서류함을 다시 생각해보자. 우리는 그 냉장고 안에서 마법 같은 일들이 일어난다고 추측했다. 만일 당신이 그 냉장고 안에 들어갈 수 있다면 어떨까? 냉장고 안에서 은밀히 일하는 그 부지런한 조력자들을 당신이 곁에서 지켜볼 수 있다면 어떨까? 우리 의식이 업무를 마치고 나서 한참 뒤에 우리가 다시 그 냉장고(즉 우리의 기억)에 접근하여 그 안에서 일어나는 분주한 과정들을 들여다볼 수 있다면 어떨까? 실제로 오늘날 뇌과학은 이런 들여다보기를 시도하고 있다. 즉 밤에 이루어지는 기억의 야근 작업을 밝혀내려 애쓰고 있다.

많은 사람들은 수면 중에 우리의 머릿속에서 학습이나 경험의 처리와 관련된 일이 일어난다는 사실을 인정하기를 꺼린다. 냉장고의 문이 닫히면 그 내부의 빛이 꺼지듯이, 우리가 기괴한 꿈을 꾸거나 깊이 잠들었을 때 이성의 빛은 꺼지는 듯하다. 그럴 때 우리는 기껏해야 무언가를 상상하거나 무한한 정신적 허공 속에서 마비된 채로 의식 없이 떠다닐 뿐이라고 사람들은 즐겨 폄하한다. 하지만 미리 말해두자면, 이 생각들은 틀렸다. 우리는 숙면 중에 특별히 심오한 일들을 해내고 낮에 학습한 것들을 견고하게 굳힌다. 또한 이것도 인정할 수 있는 바인데, 우리가 다시 깨어나고 우리의 낮-의식이 밝으면 우리의 꿈은 허망해지는 것이 사실이지만, 꿈을 꿀 때 우리는 기억 내용을 다시 검증하는 것과 관련이 있는 일들을 수행한다.

인간의 사유가 시작된 이래로 사람들은 밤에 경험하는 꿈과 의식의 결여를 이해하기 위해 노력해왔다. 그리고 사람들이 결국 처음 출발했던 자리로, 곧 꿈과 우리의 밤 체험 전체가 미래와 관련이 있다는 생각으로 돌아왔다는 것은 기이한—혹은 기발한 의미를 배후에 지닌—우연처럼 보인다. 꿈은 무언가를 미리 보여주거나 우리로 하여금 낮에는 은폐되는 무언가를 발견하게 한다. 요셉은 파라오의 꿈을 해석했고, 아우구스트 케쿨레August Kekulé는 꿈의 도움으로 벤젠고리를 발견했다. 이처럼 꿈의 힘은 성서에 나오는 예언에서부터 과학적 예측에까지 폭넓게 미친다. 또한 꿈이 우리에게 알려주거나 의미하는 바는 늘 운명이나 신의 섭리와 관련이 있다고 여겨진다.

신이나 어떤 우월한 존재들이 꿈에 영향을 미치지 않는다는 것을 우리가 (설령 증명하고 싶더라도) 증명할 수 없다는 것은 명백한 사실이다. 꿈과 신의 관련성에 대한 논의는 이것으로 갈음하자. 우리는 꿈에 과학적으로 접근하고자 한다. 즉, 꿈속에서 얻는 영감이 어디에서 오는지 탐구하고, 가능할 경우 신체적인 원인들을 발견하고자 한다. 신체적인 원인이라고 하면 간단히 손에 잡을 수 있는 무언가를 연상하는 독자도 있겠지만, 여기에서 우리가 살펴보려는 것은 화학적·전기적 인과 사슬들을 따라 진행하는 매우 복잡한 과정들이다.

○ 프로이트와 초기의 꿈 해석

꿈속에서 얻는 영감의 출처를 알아내는 것은 인간의 꿈을 과학적으로 연구한 최초의 신경생물학자 지그문트 프로이트가 추구한 바였다. 오늘날 사람들은 프로이트를 즐겨 비판하지만, 그럴 때 다음 사실을 잊지 말아야 한다. 프로이트는 1890년대 초까지만 해도 무의식과 꿈을 신경학적으로 연구하려 했다. 그 시기는 신경학이 개별 신경세포와 그것의 돌출부에 대한 연구에서 획기적인 성과를 거둔 때였다(그 성과에 기여한 라몬 이 카할Ramón y Cajal과 카밀로 골지Camillo Golgi는 1906년에 노벨상을 받았다). 그러나 프로이트는 당대의 뇌과학이 비교적 복잡한 질문들에 답하기에는 턱없이 부족하며 기본적으로 걸음마 단계라는 점을 깨달을 수밖에 없었다. 그리하여 그는 영혼의 삶에 대한 탐구에서 우회로를 선택했고 1900년(정확히 말하면 1899년)에 《꿈의 해석Die Traumdeutung》을 출판했다. 이 작품에서 그는 신경, 화학, 전기를 거론하는 대신에 문학의 방식으로 꿈의 해석을 시도했다. 이런 시도는 모험처럼 보이고 실제로 당대에도 모험이었다. 프로이트는 우리가 의식하지 못하는 정신적 과정들이 고유한 표현 형식과 언어를 보유하고 있다고 전제했다. 그리고 그 표현 형식과 언어를 해석하려면 그것들의 예술적 원리 혹은 시詩적 원리를 통찰해야 한다고 생각했다. 이로써 무의식으로 통하는, 게다가 과학적으로 검증 가능하기까지 한 통로가 발견된 듯했다. 비록 꿈의 신경학적 메커니즘 자체를 탐구할 수는 없었지만 사람들은 최소한 그 메커니즘이 작성한 암호문을 해독할 수 있었다.

20세기에 사람들은 때로는 열광하고 때로는 절망하면서, 새로 발견된 상징적 꿈 해석을 더 보완하고 확장하려 애썼다. 이런 경향의 첫 번째 전성기는 1920년대와 1930년대였다. 이 시기에 꿈은 자그마치 하나의 세계관과 연결되었다. 꿈속에서 대상들은 더 강렬하게 나타나고 변화들은 극적이므로, 사람들은 꿈의 세계가 참된 세계일 수밖에 없다는 손쉬운 결론을 내렸다. 꿈의 세계에서 우리가 더 높은 형태의 실존을 체험한다는 것이었다. 이 경향의 옹호자들은 자신들을 '초현실주의자surrealist'라는 적절한 명칭으로 불렀다. '초현실주의'라는 용어는, 꿈을 꿀 때 우리는 이 세계를 벗어나지만 바로 그렇기 때문에 이 세계의 한가운데 있다는 의미를 담고 있었다.

사람들은 꿈을 해독하기 위한 적절한 수단으로서 '자동 기술법'이라는 특수한 형태의 시작법詩作法을 발견했다. 자동 기술은 저자가 자신의 연상을 자유롭게 풀어놓고 그냥 받아 적을 때 시작된다. 자동 기술이 가장 잘 이루어지는 것은 당연히 꿈속에서다. 저자는 깨어나자마자 꿈의 메시지들을 메모하기만 하면 된다. 시인 생폴루Saint-Pol-Roux

는 침실 문에 다음과 같은 문구가 적힌 표지판을 설치했다고 한다. "시 창작 중"

꿈에 접근하는 또 다른 수단은 영화였다. 사람들은 영화가 우리 영혼의 삶을 상당히 진실하게 반영한다고 여겼다. 꿈을 꿀 때와 마찬가지로 영화를 볼 때는 거의 모든 감각들이 동시에 자극되고, 이를 통해 발생하는 세계상은 현실의 세계상과 매우 흡사하기 때문에, 영화는 영혼의 삶을 반영하는 매체로서 이상적인 듯했다. 또한 영화 속 장면들이 일상에서 마주치는 장면들보다 더 강렬하고 멋지게 다가오는 것도 영화가 이상적인 매체로 간주된 이유의 하나였다. 마지막으로 영화는 시간을 압축하여 극적인 변화들을 한눈에 보여줄 수 있었다.

꿈 문화의 두 번째 전성기는 1960년대에 찾아왔다. 대략적으로 말해서 사람들은 수준 높은 영화에서 우리 실존의 핵심을 발굴할 수 있다고 믿었다. 이 시기에 실존주의는 여전히 일상의 노고와 전후의 지적인 절망을 다뤘다. 옛 세계는 폐허나 배경으로만 남아 있었고, 우리 영혼의 가장 깊은 곳에서는 단 하나의 커다란 착각만 일어나는 듯했다. 마치 거울로 둘러싸인 방 안에서 우리가 어디를 보든 결국 우리 자신을 보게 되는 것과 유사했다. 잉마르 베리만Ingmar Bergman의 초기 영화들, 예컨대 〈페르소나Persona〉는 이런 시대 상황을 인상 깊게 보여준다.

초현실주의 영화도 계속 살아남아 우리가 꿈을 시각화하는 방식에 영속적인 흔적을 남겼다. 대표적인 예로 스페인 영화감독 루이스 부뉴엘Luis Buñuel의 〈부르주아의 은밀한 매력Le Charme Discret De La Bourgeoisie〉

을 비롯한 작품들을 수 있다. 그의 작품들은 두 가지 기법으로 유명하다. 첫째는 실존주의적 관점에서 사건을 압축하여 에피소드 길이로 만드는 것이며—늘 운명이 거론되고, 이혼이 이루어지고, 거대한 속임수가 들통난다—둘째는 중첩 구조(액자 구조)를 만드는 것이다. 부뉴엘의 영화에서 인물들은 눈앞에서 펼쳐지는 사건을 실재로 여기다가 다음 순간에 그 사건의 실재성이 새로운 맥락 안에서 송두리째 의문시되는 것을 경험한다. 〈부르주아의 은밀한 매력〉에 나오는 한 장면은 이 과정을 완벽하게 보여준다. 한 부르주아 단체가 식당에서 함께 저녁을 먹는다. 갑자기 배경에 드리웠던 막이 제거되고, 부르주아들의 만찬은 관객을 앞에 두고 무대 위에서 벌어지는 일로 바뀐다. 즉 방금 전까지 실재적이고 사적인 사건으로 보였던 것이 이제 그것을 둘러싼 공적인 실재에 편입된다. 사적인 무대가 다른 더 큰 무대의 일부가 되는 것이다. 요컨대 사건이 초현실적이게 된다.

대략 이 정도가 20세기에 사람들이 꿈이라는 머릿속 영화에 대해서 품었던 기대들이다. 이제 이런 질문을 던져보자. 이 기대들 가운데 어떤 것이 21세기 초반의 과학에 비춰볼 때 타당성을 가질까? 지금 우리는 문학의 사변이나 영화의 세계관을 거치는 우회로를 선택할 필요 없이 잠든 동물의 뇌 속에 직접 전선을 설치할 수 있다. 바꿔 말해 프로이드가 원래 의도했던 바를 100년 전에는 가용하지 않았던 과학적 방법으로 실행할 수 있다.

◦ 숙면 중에 나타나는 시각적 이미지

현대 뇌과학이 밝혀낸 놀라운 사실들 중에서 가장 먼저 언급할 것은 우리의 숙면이 시각적 이미지와 생각이 없는 상태가 전혀 아니라는 것이다. 숙면이라는 현상에 조심스럽게 접근해보자. 우리는 누구나 다음과 같은 체험을 한 적이 있다. 당신은 점심을 먹은 뒤에 그다지 흥미롭지 않은 강의나 모임에 참석한다. 어쩌면 당신은 간밤에 충분히 자지 못했을 수도 있다. 아무튼 임계 상황이 찾아오고, 당신은 잠들지 않으려고 갖은 애를 쓴다. 그럴 때 당신의 눈앞에 한 장면이 완전히 고정된 상태로 보이는 일이 꽤 자주 발생한다. 이런 식으로 한 장면이 얼어붙은 듯이 고정되는 것을 영화계에서는 '프리즈freeze'(동결)라고 부른다. 그런 정지 장면은 간단명료한 생각을 표현할 수도 있고, 자막이나 얼굴, 풍경을 보여줄 수도 있다. 당신 자신의 경험을 곰곰이 되짚어보면, 당신은 프리즈 장면의 내용 목록에 몇 가지 항목을 쉽게 추가할 수 있을 것이다. 개별 내용이 무엇이든 간에 그 장면은 매우 상세하다. 다만 그 장면 속에서 아무것도 움직이지 않는다는 점이 특이하다. 세계가 멈춘 듯하다. 이런 장면이 보이는 상황에서 당신이 예컨대 왜 종이가 바람에 안 날리는지 의심한다면, 당신은 다시 깨어 있는 상태로 복귀할 가망이 있다. 반면에 그런 의심이 들지 않는다면, 당신은 숙면에 드는 지름길로 접어든 것이다.[1]

수면의 시초에 그런 이미지가 나타난다면(물론 그 이미지는 모든 연출적 요소를 결여하지만) 잠시 후, 곧 잠든 직후의 최초 숙면 단계에서도 시각적 지각이 일어날 수 있다는 생각을 충분히 해볼 만하다. 심리학자들은 이 문제를 실험을 통해 탐구했다. 연구자들은 수면 실험실에서 잠든 피실험자를 수면의 매 단계에서 깨워 방금 무엇을 보았느냐고 물었다. 이 실험의 결과에 따르면, 잠이 얕은 사람들은 매 순간 시각적 인상을 보유하는 것으로 보인다. 그러나 우리가 익히 아는 파란만장한 꿈과 비교할 때 그 시각적 지각은 그다지 감정을 유발하지 않고 자아-관련성이 약하며[2] 변화도 덜 심하다. 하지만 그 지각은 내용과 개연성의 측면에서 낮 경험과 그리 다르지 않다.[3] 특히 새벽의 늦은 수면 단계들에서는 숙면 중의 꿈도 더 활기차고 또렷해진다.[4] 반면에 정말 깊이 잠드는 숙면자들은 꿈꾸는 수면(렘수면)을 제외한 다른 수면 단계들에서 자신이 보유하는 것은 지각이라기보다 생각에 더 가깝다고 보고했다.[5] 그러나 몽유 같은 현상들이 꿈꾸는 수면 단계에서 나타나지 않고 그 단계에 이르려면 아직 한참 멀었을 때 나타난다는 점도 고려해야 한다. 즉 우리가 선명하고 또렷한 꿈을 꾸는 단계에서 아직 멀리 떨어져 있다고 스스로 여길 때, 벌써 무언가가 나타나는 것이 틀림없다.

수면 단계의 구분에 대해서도 몇 마디 언급할 것이 있다. 때때로 우리는 밤새 한잠도 못 잤다고 느낀다. 못 잤다고 맹세하라면, 충분히 할 수 있다. 그러나 그럴 때 우리는 착각하는 것이다. 간밤의 잠은 우리가 느끼는 것만큼 열악하지 않았다. 수면 실험에 참여하면 더 나은 정보를 얻을 수 있다. 왜냐하면 수면의 질을 측정하는 객관적 방법이 있기 때문이다. 연구자들은 수면의 다양한 단계들과 뇌파를 관련지었다. 더 정확히 말하면, 다양한 뇌파 진동수들과 수면 단계들을 대응시켰다.[6] 꿈꾸는 수면은 특정한 뇌전도EEG 패턴들에 대응한다. 그런데 우리는 꿈꿀 때 감긴 눈을 돌발적으로 움직이기 때문에, 학자들은 이 단계를 '렘수면'이라고 부른다. 이때 '렘REM'은 '빠른 눈 운동'을 뜻하는 영어 'Rapid Eye Movement'의 약자다.[7] 숙면(전문용어로 비非렘수면)은 다른 진동수 패턴들에 대응한다. 우리의 논의에서 가장 중요한 것은 해마에서 측정할 수 있는 '날카로운 파동 잔물결sharp wave ripples'이다. 이 뇌파 패턴의 특징은 처음에 날카로운 변위가 고진동수(150에서 200헤르츠)의 진동과 겹쳐서 나타난다는 점이다.

수면 단계들의 변천은 시사하는 바가 많을 뿐더러 기억에 대한 우리의 논의에서도 곧 중요해질 것이다. 이른바 '수면 곡선hypnogram'은 잠의 깊이가 시간에 따라 어떻게 변화하는지 보여준다(잠의 깊이는 뇌파 진동수와 짝을 이룬다). 우리는 밤새 대여섯 번의 숙면(비렘수면) 단계를 거치는데, 깨어나는 시각이 다가올수록 숙면의 강도와 길이는 감소한다. 거꾸로 렘수면의 길이와 활력은 수면 지속 시간이 길어질수록 증가한다. 우리의 논의에서 명심해야 할 것은 항상 숙면이 먼저 일어나고 그 다음에 꿈꾸는 수면이 이어진다는 사실이다. 이 사실이 함축하는 바는 잠시 뒤에 이야기하겠다.

◦ 뇌에 전선을 연결하고

조심스러운 접근에 이어서 이제 뇌 속으로 들어갈 차례다. 연구자들은 실험에서 생쥐의 뇌에 전선을 설치한다. 목적은 어떻게 낮의 경험이 밤중에 기억 내용으로 변환되는지를 뇌에 직접 연결된 전선을 매개로 추적하는 것이다. 따라서 그 전선은 기억 형성에 관여한다는 것이 이미 알려진 구역으로 향해야 한다. 앞서 보았듯이, 그 구역은 해마다. 인간 뇌 대신에 생쥐 뇌를 선택하는 것은 윤리적 문제 때문이다. 물론 인간의 뇌에서 얻는 데이터도 있기는 하다. 하지만 그런 데이터의 대부분은 뇌전증이나 뇌종양 같은 질병에 걸린 환자에게서 나온다. 따라서 데이터를 분석할 때 반드시 질병의 영향을 고려해야 한다. 건강한 인간의 뇌에서 충분한 데이터를 얻으면 좋겠지만, 순전히 지식을 위해 인간을 대상으로 체계적인 실험을 한다는 것은 있을 수 없는 일이다.

우리는 전선 설치를 대수롭지 않게 거론하지만, 실제 실험에서 이 작업은 무척 공이 든다는 점을 잊지 말아야 한다. 우선 전선이 아주 가늘어야 한다. 그런 전선을 펼쳐서 배치하는 일은 그 자체로 하나의 예술이다. 간단히 신경세포 하나에 전선 한 가닥을 연결할 수는 없다. 왜냐하면 크기 차이가 워낙 많이 나기 때문이다. 연구자들은 항상 전선 다발을 가지고 신경세포에 접근한다. 개별 뉴런이 어떻게 점화하는지는 오직 특별히 고안한 컴퓨터 알고리즘을 통해서만 파악된다.

이런 방법으로 연구자들은 어떤 신경세포들에서 데이터를 얻어낼

까? 연구자들의 표적은 이른바 '장소 세포place cell'다. 장소 세포에 대한 서술은 1971년에 존 오키프John O'Keefe에 의해 처음 이루어졌다.[8] 해부학적 형태로 보면, 장소 세포는 추체 세포다. 추체 세포는 이 책에서 이미 언급된 바 있으며 그 이름에서 알 수 있듯이 세포 본체가 피라미드 모양이다. '장소 세포'라는 이름은 그 세포의 특별한 임무를 알려준다. 장소 세포 각각은 생쥐가 특정한 장소에 도달할 때 정확히 점화한다.

장소의 색깔이나 형태, 냄새 같은 두드러진 특징은 기준점의 구실을 할 수 있다. 설명을 단순화하기 위해서 학자들은 흔히 '장소 세포들이 특정 환경의 공간 지도를 만들어낸다'라고 말한다. 이 지도 제작을 위해서 사전 경험이나 학습은 필요하지 않다. 실험동물이 특정 환경에서 처음 돌아다닐 때에도 장소 세포들은 활성화된다. 활성화된 장소 세포들의 점화율은 실험동물의 이동 속도와 무관하다. 이 모든 것을 종합하면, 장소 세포들이 주어진 환경을 재현한다는 결론을 내릴 수 있다. 그러나 오해를 막기 위해 추가로 설명할 것이 있다. 장소 세포들이 외부 위치들의 공간적 관계를 대략 똑같이 재현한다고 생각하면 안 된다. 그런 재현은 예컨대 시각 지각에서 이루어진다. 즉 세계에서 나란히 있는 점들이 지각될 때는 나란히 있는 시각세포들이 활성화된다. 반면에 외부 공간에서는 점들이 서로 멀리 떨어져 있더라도, 그 점들에 대응하는 장소 세포들은 가까이 붙어 있을 수 있고, 그 반대도 마찬가지다. 반드시 경계해야 할 두 번째 오해는 장소 세포들이 점진적으로 일종의 세계지도를 형성한다는 생각이다. 실제로 장소 세포들이 할 수 있는 일은 범위가 한정된 국소적 환경을 재현하는 것뿐이다. 새로운 환경에서는 지도가 재구성된다. 지도상의 기준점들의 배치가 세계의 대상들에 맞게 변화하는 것이다. 이때 과거 지도와 현재 지도의 유사성은 고려되지 않는다. 한 공간에서 인접한 두 장소에 의해 활성화되는 두 장소 세포가 다른 공간에서는 멀리 떨어진 두 장소에 의해서 따로따로 활성화될 수도 있고 아예 활성화되지 않을 수도 있다. 국소적 환경을 부분적으로 변화시키면 장소 세포들에서 어떤 일이 일어나는지 알아보는 실험도 당연히 이루어졌다. 어느 정도의 변화는 장소 세포들이 이룬 기존의 환경 지도에 추가로 반영될 수 있지만, 변화의 정도가 특정 수준을 넘으면 새로운 환경 지도가 제작된다. 이 경우는 생쥐가 전혀 낯선 환경에 들어섰을 때와 다를 바 없다.

이제 드디어 이 절에서 설명하려는 실험을 소개하겠다. 연구진은 쥐를 방 안에 넣고 능동적으로 공간(장애물 경주로)을 탐험하게 했다. 그러면서 어느 시점에 어떤 장소 세포가 점화하는지 관찰했다. 그런데 연구진이 그 쥐의 수면 패턴을 조사하는 과정에서 놀라운 발견이 이루어졌다. 쥐가 공간을 탐험할 때 점화했던 장소 세포들이 수면 중에도 다시 점화한 것이다.[9] 더욱 놀라운 것은, 수면 중의 점화 패턴이 쥐가 수면 전에 장애물 경주로를 탐험할 때 측정한 점화 패턴과 동일하다는 점이었다. 장소 세포들이 점화하는 순서가 똑같았다. 이는 쥐가 수면 중에 정신적으로 경주로를 탐험했음을 의미한다. 깨어 있을 때 인지한 특징들과 똑같은 특징들을 인지하면서 말이다. 그러나 수면 중의 탐험은 깨어 있을 때 탐험의 단순한 반복이 아니었다. 수면 중의 탐험 재생은 변화를 동반하는 것이 분명했다. 무슨 말이냐면, 점화의 시간적 패턴이 원래보다 확실히 더 빠르게 진행되었다. 측정해보니 쥐들이 장애물 경주로를 탐험하는 속도는 낮보다 수면 중에 9배에서 20배 빨랐다. 쥐들이 수면 중의 탐험 재생에서 도달한 최고 속도는 시속 38.5킬로미터였다. 그러니까 적어도 꿈속에서 쥐들은 우사인 볼트와 맞먹는 속도로 달린 셈이다.[10]

이 대목에서 서둘러 해석을 감행해보겠다. 우리의 실험용 생쥐들과 쥐들이 수면 중에 겪은 것은 단순히 속도의 짜릿함이 아니다. 오히려 탐험 재생의 압축과 가속은 과거 경험의 지속적인 가공을 의미한다고 보는 것이 합당하다. 최근 실험의 결과를 보면, 실제로 우리가 연구한 설치동물들에서 그런 지속적인 가공은 동물이 낯선 환경에서 방향을 인지하고 길을 찾는 능력이 향상되는 결과를 가져왔다. 적어도 이것은 확실한 사실인데, 연구진이 설치동물들의 탐험 재생을 방해하면, 학습 성과는 낮아진다.[11]

그러므로 다음과 같은 생각을 일단 받아들일 만하다. 밤의 재생에서 낮에 경험한 사건 계열의 압축이 일어난다. 시간적 진행이 확실히 빨라지는 것이다. 그리고 이 압축은 학습 내용을 굳히는 기능과 관련이 있다. 1장에서 우리는 헵의 규칙이 학습 과정에서 결정적으로 중요하다고 설명했다. 그 규칙에 따르면, 학습은 두 개의(또는 더 많은) 신경세포가 동시에 점화하는 것에서 시작된다. 이 맥락에서 보면, 수면 중에 일어나는 사건 계열의 압축은 아주 간단하고 근본적인 기능을 한다. 재생 과정에서 과거에(깨어 있는 상태로 사건 계열을 경험할 때) 어느 정도 시간 간격을 두고 떨어져 있던 부분들이 포개진다. 따라서 낮에 순차적으로 활성화했던 뉴런들이 이제는 동시에(적어도 동일한 단계에) 점화한다. 요컨대 재생은 공간 인지에 중요한 기준점들을 가까이 붙여놓고 포개놓는 기능을 하며, 더욱 근본적인 기능은 그 기준점들에 대응하는 뉴런들의 동시 점화를 통해 비로소 그 기준점들을 학습 가능하게 만드는 것이다.[12]

이처럼 학습 과정은 재생을 출발점으로 삼지만 곧바로 훨씬 더 복잡해진다. 무슨 말이냐면, 개별 계열이 압축되는 일뿐 아니라 다른 계열들과 결합되는 일도 일어난다. 실험용 쥐/생쥐는 꿈속에 잠들기 직전에 달린 경주로만 다시 달리지 않는다. 조금 더 과거에 달린 경주로들도 꿈속 재생에 더해진다. 연구자들은 이 같은 개관synopsis(여러 경주로를 함께 보는 것)의 배후에 다음과 같은 기능이 있다고 추측한다. 즉 과거의 경주 사건들을 한데 엮음으로써 생쥐는 자신이 인지해야 할 공간의 상을 최대한 완벽하게 만든다는 것이다. 결국 핵심은 더 능숙한 길 찾기를 위한 지도 만들기다. 이 추측이 옳다면, 예컨대 깨어 있을 때 경험한 다양한 사건 계열들이 조립될 때 이른바 '지름길들short cuts'이 발생하는 이유도 설명할 수 있다. 중요하지 않은 부분은 뛰어넘는 것이 합리적이지 않겠는가.

수면 중에 정확히 무엇이 우선적으로 재생되고 학습될까? 이 질문

앞에서 학자들의 견해는 엇갈린다. 깨어 있을 때 계속 반복해서(최소한 자주) 일어난 사건이 우선적으로 재생될까? 혹은 생쥐가 새롭고 예상 밖이라고 느껴서 주의를 집중한 사건이 우선적으로 재생될까? 놀랍게도 실험 결과들은 양쪽 생각 모두를 뒷받침한다. 이 상황을 어떻게 설명해야 할지는 아직 미해결 문제로 남아 있다. 그러나 생쥐에게 중요한 것은 미래에 더 능숙하게 길을 찾는 일이라는 우리의 추측이 옳다면, 새로운 사건과 틀에 박힌 사건이 모두 중요할 수 있다(물론 동일한 조건에서 양쪽이 다 중요할 수는 없지만). 만일 지도에 기입되는 내용이 생쥐가 환경에서 일반적으로 처하는 상황에 달려 있다면, 이 문제에 관한 논쟁을 다음과 같은 설명으로 해결할 수 있을지도 모른다. 즉 생쥐가 늘 틀에 박힌 상황에서 산다면, 일상적인 사건들이 우선적으로 재생된다. 반면에 환경의 변화가 빠르고 중대하다면, 수면 중에 참신한novelty 일이 우선적으로 재생된다.

◦ 수면 중의 재생에서 깨어 있을 때의 재생으로

숙면 단계에서 일어나는 현상을 연구한 학자들은 뒤이어 재생이 수면 중에만 일어나는 것이 아니라 깨어 있을 때에도 해마와 대뇌 피질 모두에서 일어난다는 것을 알아챘다. 예컨대 생쥐나 쥐가 방금 장애물 경주로를 달리고 나서 쉬고 있을 때 그런 재생이 일어난다.[13] 한 실험에서 연구진이 생쥐에게 보상을 제공하자, 더 많은 재생 활동이 탐지되었다.[14] 이 결과는 사람들이 보상과 결부된 사건을 더 잘 학습하는 이유와 관련이 있을 수도 있다. 그러나 깨어 있는 상태에서의 재생은 앞선 경주의 축약된 반복으로만 일어나지 않는다. 오히려 그 재생은 역방향으로도(즉 계열의 끝에서부터 처음으로) 일어난다.[15] 그런 역재생도 방금 한 경험을 안정화하는 데 기여한다. 그러나 기억 테이프의 역방향 재생은 그밖에도 더 많은 기능을 할 것으로 추측된다. 왜냐하면 이 작업은 결코 일어난 적이 없는 계열을 구성하는 일, 주어진 요소들을 새롭게 조합하는 일, 본래 한데 속하지 않은 파편들을 조립하는 일을 포함하기 때문이다. 요컨대 계열의 재구성은 반복의 와중에 일어나며 그 의미를 해석할 필요가 있다.[16]

그 해석의 어려움을 덜려면 재생에 관한 마지막 요점을 곧장 언급할 필요가 있다. 급기야 학자들은 경주 이후에 일어나는 재생뿐 아니라 생쥐/쥐가 경주로에 들어서기도 전에 일어나는 재생까지 발견했다. 따라서 이 재생은 실은 재생이 아니라 일종의 전주곡 혹은 예비 재생preplay이다. 예비 재생은 단순 반복과 같은 순서로 진행된다. 즉 출발점에서 시작하여 종착점에서 끝난다. 예비 재생을 일으키는 열쇠는 주어진 상황에서 등장하는 자극이다. 이를테면 생쥐/쥐를 과거에 경주로를 처음 탐험할 때 출발했던 바로 그 지점에 놓는 것이 그런 열쇠 자극이 될 수 있다. 혹은 이미 경험한 경주에서 유래한 열쇠 자극이 다른 맥락에서 새롭게 등장할 수도 있다. 이 대목에서 너무 사변에 치우친 나머지, 생쥐의 예비 재생을 미래 행동 계획을 위한 개념적 예비 작업으로까지 해석할 필요는 없다. 생쥐의 예비 재생은 곧 일어날 가능성이 있는 일을 시험 삼아 내다보는 행동에 불과한 것으로 보인다.

이렇게 방향을 잡으면 방금 전에 언급한 계열의 재구성을 설명할 길이 열린다. 그 재구성에서는 과거에 유사한 맥락에서 체험한 바가 단순히 반복되지 않는다. 오히려 과거 경험의 요소들이 새롭게 조립된다. 따라서 예비 재생의 목적은 가능한 대안들을 시뮬레이션하는 것으로 보인다. 예비 재생을 통해서 생쥐/쥐는 임박한 경주에서 어디에 주의를 기울여야 하는지, 예컨대 어떤 지점에서 갈림길에 유의해야 하는지에 관한 조언을 얻는다. 이로써 생쥐/쥐는 의사 결정을 위한 토대를 얻게 될 것이다. 실험에서 명확히 드러났듯이, 실제로 재생과 예비 재생의 결과로 특정한 방향으로 결정을 내리는 성향이 발생할 수 있다. 좌회전할 것이냐 우회전할 것이냐가 관건인 한 실험에서 연구진은 생쥐/쥐의 예비 재생을 영상화하고 분석하여 녀석이 경주에서 보일 행동을 예측했는데, 실제로 녀석은 그 예측대로 행동했다.

◦ 어떻게 개별 음들이 하나의 멜로디가 될까

학문에서 어떤 문제들은 처음에는 거의 풀 길이 없어 보이지만 나중에는 상당히 쉽게 풀린다. 우리는 그런 문제 하나를 이야기하려 한다. 그 문제는 약 100년 전에 철학을 다소 혼란스럽게 했지만 이제는 재생과 예비 재생에 대한 지식에 기초하여 간단하고도 확실하게 해결할 수 있다. 20세기가 밝은 후, 녹음 및 녹화 기술이 등장했다. 축음기가 발명되었고, 영화가 최초의 성공을 누렸다. 이런 분위기 속에서, 그런 기록 장치들을 모범으로 삼아 인간의 지각을 설명하려는 유혹이 강해졌다. 그림 기억은 영화 촬영으로, 소리 기억은 일종의 음반 제작으로 이해하려는 유혹 말이다.

그럴싸한 시도였지만, 문제가 하나 발생했다. 철학자 에드문트 후설은 그 문제를 제기하기 위해 '음音 듣기'를 예로 들었다. 음들의 계열 하나를 상상해보자. 한 시점에 우리는 한 음을 듣고, 다음 시점에 다른 음을, 그 다음 순간에는 또 다른 셋째 음을 듣는다. 이런 식으로 우리는 매순간 한 음을 듣는다. 그러면서 둘째 음이 시작될 때 첫째 음은 이미 사라졌고, 셋째 음이 시작될 때 둘째 음은 이미 사라졌다고 여긴다. 하지만 후설은 다음과 같은 문제를 제기했다. 우리는 다양한 음들의 계열—지금은 이 음, 이어서 다른 음, 그 다음에는 또 다른 음—만을 지각하는 것이 아니라 또한 동시에 하나의 일관된 멜로디를 지각하다. 과연 어떻게 이런 일이 가능할까? 이 질문 앞에서 녹음 모형은 도움이 되지 않는다. 왜냐하면 녹음 기술에서는 항상 개별 음들만 기록할 뿐이지, 음들의 연관Zusammenhang은 기록하지 않기 때문이다. 우리가 음들의 계열에서 하나의 일관된 멜로디를 알아채기 위해서 필요한 것은 바로 그 연관인데 말이다.

후설의 (잠정적) 해결책은 인간에게는 기계가 가질 수 없는 시간의식Zeitbewusstsein이 있다고 선언하는 것이었다.[17] 더 나아가 그는 인간의 지각에서는, 현실적이며 순전히 물리적인 지각의 관점에서 음들이 이미 사라졌거나 아직 시작되지 않은 바로 그 시점에 모종의 방식으로 음들이 포개진다고 주장했다. 후설은 지각의 지금-시점Jetzt-Punkt에서 과거와 관계 맺는 것을 일컬어 '과거지향Retention'이라고 하고 미래를 내다보는 것을 일컬어 '미래지향Protention'이라고 했다. 그러나 그는 과거지향과 미래지향이 정확히 어떻게 일어나는가라는 문제를 모호하게 남겨둘 수밖에 없었다. 바로 이 대목에서 재생과 예비 재생에 관한 통찰들이 그 문제의 해결에 유용할 수 있다. 왜냐하면 이제 우리는 인상들의 포개짐이 어떻게 일어날 수 있는지를 보여주는 모형을 가지고 있기 때문이다. 심지어 현실적인 지각에서는 인상들의 포개짐이 전혀 없는 상황에서도 그런 포개짐이 일어날 수 있음을 우리의 모형은 보여준다. 과거 방향과 미래 방향을 막론하고 그런 포개짐은 인상들의 압축을 통해서 가능해진다. 요컨대 순수한 녹음이나 녹화에서와 달리 인간의 지각에서는 지각과 함께 기억흔적이 발생한다. 녹음 장치는 그저 개별 음들만 재생하더라도 우리는 하나의 멜로디를 들을 수 있는데, 이것은 기억흔적 때문에 가능한 일이다.

그러므로 첫 번째로 내릴 결론은 다음과 같다. 우리의 기억 형성은 기억 내용을 상위의 목표들에 맞게 가공하는 작업을 포함한다. 낮의 경험은 수면 중에 검토되고 그것이 우리 자신 그리고 우리의 의도와 어떤 관련이 있는지를 기준으로 평가된다. 기억 내용의 압축과 안정화를 전문용어로 기억의 '굳힘consolidation'이라고 한다.[18] 오로지 우리의 삶에서 당장 유용한 내용과 미래에 중요할 가능성이 있는 내용만 굳힘의 대상이 된다(강화되고 보존된다). 나머지 모든 것은 수면 중에 이루어지는 장기 기억으로의 변환을 위해서 넘어야 할 첫째 장애물 앞에서 벌써 탈락한다. 이것은 절로 고개가 끄덕여질 만한 이야기다. 그러나 진실의 절반일 뿐이다. 왜냐하면 우리는 다음과 같은 질문을 제기해야 하기 때문이다. 이어지는 참된 꿈 수면 단계, 즉 숙면이 일단 끝난 뒤에 찾아오는, 우리가 깨어난 다음에도 눈앞에 선할 만큼 생생한 꿈을 꾸는 단계에 우리의 내면에서 일어나는 온갖 활동은 대체 무엇을 위한 것일까? 똑같은 질문을 수면 연구자들의 전문용어로 표현하면 이러하다. 비非렘수면과 달리 렘수면 중에는 어떤 일이 일어날까?

◦ 우리는 꿈꾸면서 과연 무엇을 학습할까

렘수면 중의 꿈(줄여서 렘꿈)을 둘러싼 논의는 매우 논쟁적이며 많은 면에서 여전히 강하게 추측에 의존한다. 특히 프로이트와 그 후계자들이 주의를 기울인 심리적 측면이 주제일 때 논쟁이 뜨겁게 달아오른다. 약간 더 견실한 논의가 이루어지는 것은 꿈 연구의 특정한 한 측면이 주제일 때뿐이다. 그 측면을 대표하는 질문은 이것이다. 꿈은 학습과 나중의 회상에 어떤 기여를 할까? 다양한 꿈 단계들이 서로의 기능을 보완한다는 것은 확실히 밝혀진 사실은 아니지만 유용한 전제인 것으로 보인다. 이 전제가 옳다면, 숙면 중의 꿈은 낮에 학습하거나 경험한 바를 굳히는 데 기여하고, 이어지는 렘꿈은 그렇게 굳게 학습한 바를 이런저런 형태로 시험하고 확장하는 데 기여한다고 할 수 있다.

신경과학자 수 르웰린Sue Llewellyn과 정신과 의사 앨런 홉슨J. Allan Hobson은 이 같은 렘꿈의 역할이 인류 진화의 초기까지 거슬러 오른다고 본다. 그들의 견해에 따르면, 우리의 렘꿈(더 정확히 말하면, 렘수면 중에서도 특정한 한 단계)은 일화 기억, 곧 사건들의 계열을 기억하는 능력의 훈련과 관련이 있다. 인류 진화의 초기에 이 훈련은 먹을거리나 피난처가 있는 장소뿐 아니라 거기로 가는 길과 그 길에서 뜻밖에 마주칠 수 있는 긍정적이거나 부정적인 대상들을 기억하기 위해서 요긴했다. 그런데 세계는 빠르게 변화하므로—먹을거리는 바닥나고, 피난처는 사용할 수 없게 되고, 경쟁자들이 출현하므로—먹을거리와 피난처를 찾는 인간은 융통성을 발휘하여 생각을 신속하게 바꿀 수 있어야 했다.

그리고 바로 그런 융통성의 훈련에 렘꿈이 유용하다. 렘꿈은 과거 경험의 요소들을 시험 삼아 새로운 배열로 재조립한다. 즉, 렘꿈속에서 혹시 샛길을 주요 노선으로 삼을 수는 없는지 시험한다. 실제로 낮에 예컨대 샘이 말라버려 다른 곳으로 가야 할 경우, 그런 노선 변경이 필요할 수 있다. 다른 한편으로, 위태로운 지형이나 포식자 같은 위험이 도사린 지점들이 어디인지도 렘꿈속에서 경험 내용에 기초하여 점검된다고 르웰린과 홉슨은 주장한다. 그런 위험의 점검은 꿈속에서 감정적 가치 평가의 형태로 나타난다. 꿈속에서 새로운 길로 접어들 때 일어나는 공포나 편안함을 통해서, 사람들은 개활지로 나서거나 빽빽한 숲으로 들어가면 어떤 느낌이 드는지, 이쪽이나 저쪽으로 방향을 바꾸면 어떤 느낌이 드는지를 시험해본다. 우리의 초기 조상이 그런 꿈을 꾸고 나서 낮에 익히 아는 갈림길에 또 이르면, 그의 꿈은 그가 옳은 결정을 내리는 데 도움이 된다.

이 설명이 실질적으로 의미하는 바는 인간이 과거에 늘 다니던 길을 똑같이 가지 않는다는 것이다. 그리고 숙면 중에 일어나는 낮 사건들의 단순 재생은 이런 행동 변화에 도움이 되지 않는다고 르웰린과 홉슨은 주장한다. 반면에 렘꿈속에서 일어나는 '자원, 장소, 위험'[19]의 재배열은 단지 사건들의 계열을 학습하는 것을 넘어서 지평을 확장하기 위한 전제 조건이다. 요컨대 렘수면의 핵심 역할은 아직 현실화하지 않았지만 이제껏 경험한 바로부터 시험적으로 추론할 수 있는 미래를 대단히 창조적인 방식으로 대비하는 것이다.

다시 현재로 돌아오자. 우리의 최초 조상들은 이미 까마득한 과거에 지상에서 사라졌고, 사람과(호미니드) 전체는 호모 사피엔스 사피엔스로 진화했다. 하지만 (르웰린과 홉슨이 옳다면) 과거에 새로운 창조적 기억 능력을 획득한 조상들은 아주 잘 살아나갔다. 그들은 다른 호미니드보다 더 잘 생존해서 우리에게 방금 설명한 렘꿈의 핵심 기능을 물려주었다. 물론 현대인은 샘이 갑자기 마르거나 가까운 덤불 속에 포식자가 웅크리고 있을 가능성을 두려워할 필요가 없다. 그러나 세계의 변화에 대처하는 방식은 본질적으로 변화하지 않았다. 이것은 최소한 작업가설로서 우리가 펼칠 논의에서 출발점의 구실을 할 것이다.

이 작업가설을 채택하면, 다양한 수면 단계들, 곧 숙면과 꿈 수면

(전문용어로 비렘수면과 렘수면)이 실제로 서로를 보완한다고 생각할 수 있다. 첫 단계인 숙면에서는 일관되며 우리가 느끼기에 보유할 가치가 있는 데이터와 사건 계열들이 머릿속에 보존된다. 즉 다시 전문용어를 쓰면, 기억 내용의 굳힘이 이루어진다. 이어지는 둘째 단계, 곧 렘수면에서 이루어지는 일은 데이터의 검토와 보존이 아니라 평가와 해석이다. 우리 조상들이 잠재적 생명의 위협에 늘 노출된 상태에서 틀림없이 품었을 실존적 진지함을 생각할 때, 이 데이터 평가 및 해석은 일종의 생존 시험이라고 할 만하다. 시험문제는, 방금 학습한 바를 과거 경험과 (때로는 심하게) 변화한 맥락에 비추어 어떻게 평가하고 해석할 것인가다. 이때 맥락은 극심하게 변화할 수 있으므로, 꿈속에서는 극단적인 시나리오들도 시험된다. 일상에서 일어날 성싶지 않지만 만약에 일어나면 그야말로 극적인 상황을 초래할 시나리오들 말이다. 렘꿈을 통한 데이터 평가와 해석은 명확해야 하고 과장과 극단화를 꺼리지 말아야 한다.

말할 필요도 없겠지만, 이런 데이터 평가 및 해석은 여러 번 이루어질 수 있으며, 정확히 말하면, 항상 다시 이루어져야 한다. 특히 자서전적 기억이 그러한데, 우리가 1장에서 자서전적 기억이 어떻게 작동하는지에 대하여 설명한 바를 돌이켜보라. 거기에서 이미 보여주었듯이, 자서전적 기억의 작동은 상반된 양면을 지닌다. 한편으로 우리의 출처 기억은 기억 내용에 대한 의심을 유발할 수 있다. 다양한 출처들은 동일한 기억 내용을 다양한 맥락에서 고찰하게 만들고, 단지 '내가 대체 어떻게 이 통찰에 이르렀지?'라고 묻는 것만으로도 그 통찰에 대한 나의 확신은 약간 흔들릴 수 있다. 다른 한편으로 나는 기억 내용들이 아무리 불확실하더라도 그것들에 항상 다시, 비록 잠정적일지라도, 일관성을 부여한다. 어쨌거나 나는 나 자신을 어떤 식으로든 주장하기도 해야 하니까 말이다. 늘 회의적인 태도로 일관할 수는 없기 마련이다. 그러므로 우리가 하룻밤 동안에도 다양한 수면 단계들을 다양한 강도로 겪는다는 것은 놀라운 일이 아니다. 숙면 단계와 렘수면 단계는 하룻밤 동안 여러 번 교대한다.

우리의 작업가설에 대한 논의는 일단 매듭짓고 이제 이런 질문을 던져보자. 과학적 근거를 갖추고 이야기한다면, 렘꿈에 대해서 무엇을 더 이야기할 수 있을까? 렘꿈을 탐구할 때 신경생물학은 우선 원활한 접근성을 확보하기 위해 노력한다. 즉 더 쉽고 신뢰할 만하게 데이터를 얻으려고 애쓴다. 꿈 연구자가 직면하는 중요한 문제 하나는 꿈이 덧없다는 점이다. 깨어난 직후에 피실험자는 꿈의 마지막 장면을 여전히 떠올릴 수 있다. 그러나 그 장면을 묘사하기 시작하면, 그 장면에 이르기까지의 과정은 연기처럼 사라진다. 꿈은 그야말로 비누거품과 같다. 살짝 건드리면 부서진다. 꿈을 붙들기 위해서 단어 하나, 혹은 생각 하나를 떠올리기만 해도, 꿈은 흔히 파괴된다.[20]

그러므로 그토록 연약한 꿈을 깨어 있는 상태와 꿈꾸는 상태 사이의 문턱에서 길어 올려 과학적 데이터로 삼는 대신에 의식이 온전한 대낮에 포착할 수 있다면, 그것은 중요한 진보일 터이다. 실제로 신경생물학은 낮-의식 속에서 그와 같은 꿈의 전진기지를 발견했다. 약 15

년 전부터 학자들은 이른바 '디폴트 모드 네트워크Default Mode Network'를 탐구해왔다. 이 전문용어가 뜻하는 바는 우리 뇌의 기본 상태라고 할 수 있다. 이 상태에서 뉴런 활동들의 연결망은 특정한 휴지 모드를 보인다. 디폴트 모드 네트워크는 우리가 집중을 요하는 작업을 하기 어렵다고 느끼고 이 생각 저 생각을 정처 없이 떠돌고 몽상에 빠져 결국 멍한 상태일 때 켜진다. 그리고 이런 상태는 우리가 일반적으로 자각하거나 기꺼이 인정하는 것보다 훨씬 더 자주 발생한다. 이런 낮꿈(몽상)은 밤꿈과 표면적으로만 유사한 것이 아니다. 학자들은 양쪽 경우에서 켜지는(또는 꺼지는) 뇌 구역들이 대체로 같다는 것을 발견했다. 켜지는 구역들은 설전부楔前部, precuneus(마루엽 상부), 대상帶狀 이랑(이름에서 알 수 있듯이 허리띠 모양의 이랑이다)의 앞부분과 뒷부분, 안쪽 관자엽 피질, 해마, 안쪽 앞이마엽 피질이다. 반면에 외부 감각 자극을 중계하는 경로는 꺼진다. 디폴트 모드 네트워크에서 사람은 말하자면 세계를 바라보는 대신에 자기 자신을 들여다보는 것이다.[21] 또한 신체 동작에 대한 생각이 어떤 결과도 일으키지 않는다는 점도 낮꿈과 밤꿈의 공통점이다. 밤에 꿈꿀 때와 마찬가지로, 디폴트 모드 네트워크에서 우리는 신체 동작을 전혀 하지 않는다. 비록 우리의 정신적인 눈앞에서는 온갖 운동이 일어나더라도 말이다. 디폴트 모드 네트워크에서 눈에 띄는 것은 언급한 중추들 사이의 기능적 연결망과 해부학적 연결망이 꽤 많이 일치한다는 점이다.[22] 즉 이 네트워크는 우리가 특별한 과제를 수행하지 않아도 될 때 발생하는 뇌 전반의 정상적 활동 분포와 유사하다.

디폴트 모드 네트워크가 발견된 덕분에 렘꿈을 탐구할 때 우리의 전략은 숙면을 탐구할 때의 전략과 정반대가 되었다. 숙면을 탐구할 때 우리는 동물 실험에서 직접 전선을 연결하여 포착한 밤-체험(재생)을 출발점으로 삼아서 그와 유사한 낮 활동(예비 재생)에 관한 사항들을 추론했다. 반면에 렘꿈을 탐구할 때 우리는 의식적으로 유발할 수 있는 낮 체험(디폴트 모드 네트워크)을 출발점으로 삼아서 밤꿈(렘수면)에 관한 정보를 얻는다.

◦ 낮꿈과 영화

위에 나열한 뇌 구역들의 협력을 어떻게 이해하는 것이 최선일까? 이 질문에 가장 생생하고 화려하게 대답한 인물은 의심할 바 없이 할리우드 영화감독 크리스토퍼 놀란Christopher Nolan이다. 영화 〈인셉션Inception〉을 보면, 놀란이 그 뇌 구역들에 관한 최신 연구를 상당히 꼼꼼하게 참조하지 않았나 하는 생각이 절로 든다. 이 생각이 옳든 그르든 간에, 놀란은 최신 연구에 기초한 모범적인 꿈 이야기를 훌륭하게 지어냈다.

영화의 기본 아이디어는 제목에 이미 들어 있다. 핵심은 한 사람의 인생에서 새 출발을 실현하는 것이다〔inception은 '시작'을 뜻함〕. 영화에서는 사람에게 생각을 이식하는 것을 통해서 인생의 새 출발이 이루어진다. 그 생각은 그의 실존을 완전히 바꿔놓기에 충분할 만큼 충격적이다. 이식은 꿈을 조작함으로써 이루어진다. 영화의 줄거리에 대해서는 다음과 같은 정도만 소개하면 우리의 논의를 위해 충분할 듯하다. 거대한 기업집단의 소유주가 사망하고, 아들이 그의 뒤를 이어야 한다. 하지만 과거에 아버지와 아들은 사이가 나빴다. 경쟁자는 그 부자父子의 기업집단이 더 성장하여 독점적 지위에 오르는 것을 염려한다. 그런 일을 막기 위해서 그는 전문가(레오나르도 디카프리오 분)를 고용하여 그 상속자의 생각을 바꿔달라고 요청한다. 그 전문가는 그렇게 할 수 있다. 왜냐하면 그는 꿈을 잘 알 뿐더러 타인의 꿈속에 침입하는 데 능숙하기 때문이다. 그는 그 상속자의 꿈속에 확고한 생각 하나를 이식하여 결국 그 기업집단이 해체되고 경쟁자가 다시 기회를 얻게 만들어야 한다.

물론 영화이기 때문에 과학적 허구가 가미되는 것은 불가피하다. 대표적인 허구는 주인공을 비롯한 사람들이 잠든 상태에서 (대단히) 간단한 전선 연결을 통해 서로 연결될 수 있다는 것이다. 그러면 주인공은 타인의 꿈속에 침입하여 동료들의 작전과 당면 상황에 맞게 행동한다. 동료들도 조작대상의 꿈속에 침입한 인물들인데, 현실에서 그들은 꿈 조작에 가담하는 공범들이다. 하지만 〈인셉션〉을 보면서 단연코 주목해야 할 점은 영화라는 장르 자체가 다름 아니라 그런 '인셉션'이라는 사실이다. 할리우드가 '꿈 공장dream factory'이라는 표현은 곧이곧대로 받아들일 만하다. 실제로 영화를 볼 때 우리는 낯선 꿈 세계에 진입하며, 때로는 어떤 생각을 머릿속에 담은 채로 그 세계에서 빠져나온다. 그리고 우리는 그 세계가 안겨준 생각을 떨쳐내지 못한다.

앞서 열거한 뇌 구역들과 관련해서 〈인셉션〉의 여러 측면을 다음과 같이 요약할 수 있다. 이 영화가 가장 개인적인 영역을 다루며 따라서 '자아'의 문제를 다룬다는 점은 추측하건대 설전부의 기능에 대한 사전 조사에서 비롯된 결과일 것이다. 뇌과학에서 밝혀졌듯이, 설전부가 작동하지 않으면, 우리의 자아는 이렇다 할 역할을 하지 못한다. 한편, 바탕 감정은 대상 이랑의 뒷부분과 관련이 있다. 영화에서는 지배적인 감정 상태를 암시하고 주인공의 심리적 상처를 지목하기 위해 부자 갈등이 거론된다. 반면에 대상 이랑의 앞부분은 바탕 감정을 특정한 생각과 연결하고 통합한다. 이 통합의 측면은 영화에서 상속자가 상속재산을 내던지고 독자적인 힘으로 새로운 업적을 이루기로 결심하면서 아버지에 대한—아버지가 살아있을 때는 한 번도 가져본 적 없는—존경심을 가질 수 있게 되는 것에 해당한다. 물론 그렇게 스스로 성취하겠다는 생각을 상속자가 저절로 품는 것은 아니다. 그 생각은 경쟁자가 꾸민 정교한 계략의 산물이다. 즉 아버지가 상속자의 꿈속에 나타나서 독자적으로 성취하라는 메시지를 전달해야 한다. 그 꿈이 생생하게 보존되고 정말 현실처럼 느껴져야 하는 한에서, 이 기만 작업은 해마와 관련이 있다.

주인공의 동료들도 꿈의 무대와 주인공의 행동들에 관여한다. 게다가 '아리아드네'라는 신화적인 이름을 가진 '꿈 설계자'까지 등장한다. 그녀는 미로 설계를 담당한다. 꿈꾸는 사람은 그 미로 속에서 충분히 헤맨 다음에야 타인들의 도움을 받아 다시 현실로 돌아올 수 있다. 이름들과 숫자들도 중요한 구실을 한다. 이것 역시 그런 정보가 처리되는 곳이 안쪽 관자엽이라는 사실을 잘 아는 제작진의 솜씨와 관련이 있을지도 모른다. 안쪽 관자엽은 우리가 앞서 열거한, 꿈꿀 때 켜지는 뇌 구역들 중 하나다.

마지막으로 정말 흥미로운 측면이 하나 더 있다. 영화 〈인셉션〉의 생명은 거기에서 펼쳐지는 꿈 이야기 전체가 여러 겹이라는 점에 달려 있다. 즉 관객은 단일한 꿈 세계에 빠져드는 것이 아니라 순차적으로 여러 꿈 세계에 빠져든다. 〈인셉션〉의 줄거리는 총 3개의 층위를 넘나든다. 우리는 꿈에서 꿈속의 꿈으로 이행하고, 거기에서 또 다른 꿈으로 이동하는 출구가 열린다. 처음에는 한 인물이 공항에서 택시로 납치되는 소박한 이야기였던 것이 마지막에는 꼭 007 영화에서처럼 눈 덮인 산에서 수많은 악당들과 전투를 벌이는 장면으로 끝난다.

신경생물학적으로 볼 때, 이처럼 꿈속에 또 다른 꿈이 삽입되는 것을 가능케 하는 반성은 주로 안쪽 앞이마엽 피질의 한 부분에 의해 이루어진다. 그 부분은 '정신 이론Theory of Mind'의 소재지로 여겨진다. 이 맥락에서 정신 이론의 의미는 단지 다음과 같다. '나는 타인의 정신 속에 들어갈 수 있으며—즉 타인의 정신 속에서 일어나는 일에 대한 이론을 보유했으며—거기에서 타인의 눈으로 세계를 볼 수 있다.' 이 같은 정신 이론에서 귀결되는 가장 단순한 형태의 앎은 이것이다. '나는 네가 안다는 것을 안다.' 그런데 이런 반성은 여러 겹으로 중첩될 수 있다. 그러면 이런 앎이 나온다. '나는 네가 안다는 것을 안다. 또한 너도 내가 안다는 것을 안다.' 이런 정신적 핑퐁 게임이 재미있다면, 다음과 같이 랠리를 계속 이어갈 수도 있다. '네가 안다는 것을 내가 안다는 것을 네가 안다는 것을⋯ 나는 안다. 또한 내가 안다는 것을 네가 안다는 것을 내가 안다는 것을⋯ 너도 안다.' 우리의 논의에서 중요한 것은 이 랠리에서 관점들이 중첩된다는 점이다. 나의 관점 속으로 너의 관점이 흘러든다. 하지만 어쩌면 너의 관점 속에는 이미 나의 관점이 들어 있을 테고, 그 나의 관점 속에는 또 다른 관점이 들어 있는 식으로, 관점들이 끝없이 얽히고 포개진다.

이 정도면 꿈에 관여하는 뇌 구역들을 거의 다 살펴본 셈이다. 이제 〈인셉션〉과 관련해서 더 정확히 해둬야 할 문제가 딱 하나 남았다. 어떤 의미에서 그 문제는 낮꿈과 렘꿈 사이의 차이에 관한 것이다. 이 차이는 무엇보다도 방금 언급한 정신 이론에 대한 고찰에서 중요한 구실을 한다. 해부학적으로 보면, 낮꿈에서는 작동하지만 밤꿈에서는 작동하지 않는 구역이 하나 있다. 그 구역은 설전부다.[23] 기억하겠지만, 설전부는 '자기 지각self perception'과 관련이 있다. 따라서—낮꿈에서와 달리—밤꿈에서 우리는 꿈속 사건을 누구의 눈으로 보는지 그리 정확히 알지 못한다. 우리가 공중에서 날아간다고 상상해보자. 이때 우리는 영화학에서 말하는 주관적 관점에서 풍경을 관찰할 수 있다. 즉 날아가는 당사자의 눈으로 풍경을 볼 수 있다. 심리철학(정신철학)philosophy of mind에서는 이 관점을 1인칭 관점이라고 한다. 하지만 우리는 똑같은 풍경을 외부 관점에서 관찰할 수도 있다. 즉 우리 자신이 날아가는 모습을 타인의 눈으로 관찰할 수도 있다. 1인칭 관점과 대비되는 이 관점은 3인칭 관점이다. 학자들의 추측에 따르면, 렘꿈을 꿀 때 우리는 1인칭 관첨과 3인칭 관점을 번갈아 채택할 수 있다.[24] 당신이 당신 자신의 꿈들을 충분히 생생하게 기억한다면 이 추측이 옳다고 인정할 것이다.

하지만 그런 관점 교체가 일어난다면, 꿈의 중첩 구조에 대한 우리의 생각은 경우에 따라서 위태로워진다. 예컨대 내가 한 광경을 삼인칭 관점에서 관찰하면서 그 광경 속에서 우아하게 날아가는 인물이 바로 나라는 것을 알아채지 못할 때가 그런 경우다. 또한 나 자신이 아닌 대상이 갑자기 꿈 풍경 속에 나타나 일인칭 관점과 삼인칭 관점이 구별 불가능하게 될 수도 있다. 복잡한 이야기처럼 들리겠지만, 요점은 간단하다. 렘꿈속에서 우리가 〈인셉션〉의 감독이 묘사하는 것만큼 복잡한 중첩 구조에 실제로 이른다는 사실은 의심의 여지가 없다. 그러나 우리가 러시아 바부슈카Babushka 인형〔한 인형 속에서 똑같은 모양의 작은 인형이 나오는 중첩 구조가 반복되는 인형 세트로, 정확한 명칭은 '마트료시카Matryoshka'〕을 연상시키는 그 중첩 구조의 정교한 논리를 그 영화에서처럼 일관되게 따를 수 있을 개연성은 낮다. 반면에 낮꿈을 꿀 때 우리는 더 나은 상황에 처한다. 낮꿈속에서 우리는 우리 자신을 알아채고 '지금 내가 어떻게 이런 상황에 이르렀지?'라고 물으면서 흔히 우리가 낮꿈을 꾼다는 것을 깨닫는다. 학자들의 추측이 옳다면, 이런 경우에 설전부는 우리의 생각들의 계열을 잇는 아리아드네의 실을 잣고, 우리는 그 실에 의지하여 장면들의 계열을 되감고 역추적할 수 있다.

◦ 꿈은 인생극장

이제 우리가 1장의 막바지에 했던 약속으로 돌아가서 '우리의 기억은 어떻게 미래를 향해 작동할까?'라는 질문에 더 구체적으로 답할 때가 되었다. 미래를 향한 기억의 작동은 거의 항상 은폐된다. 즉 거의 모든 경우에 우리는 그 작동을 제대로 의식하지 못한다. 우리는 지금 그 은폐된 기억의 작동을 파헤치려는 것이며, 수면 중의 뇌 활동은 그 작동을 보여주는 모범적인 사례다.

이 장의 논의를 통해서 우리는 기억이 내용들을 처리하고 우리를 위해 예비적으로 정리할 때 따르는 두 가지 원리를 더 잘 이해하게 되었다. 숙면(비렘수면) 단계에서 일어나는 일을 상기하라. 그 단계에서는 낮에 얻은 인상들을 장기 기억으로 이송하기 전에 축약하는 작업이 이루어진다. 즉 미래에 다시 필요해질 것만 보존되어야 한다. 길 찾기와 같은 단순한 예들에서—최소한 동물실험에서—드러났듯이, 이 데이터 처리는 목표에 적합하게 이루어진다. 낮의 행동이 성공을 지향했던 것과 마찬가지로, 밤에 그 행동을 정신적으로 반복하는 것 역시 성공 지향적이다. 따라서 유사한 상황에서 우리가 또 성공하는 데 유용한 것만 기억된다. 영리한 이야기꾼의 솜씨에서와 아주 유사하게, 오로지 이야기의 본질적 측면과 교훈만 주목된다.

우리의 기억은 우리가 유사한 상황에 다시 처할 때 필요해질 것을 우선 훑어보고 그 다음에 낮에 체험한 일화를 회상한다. 바꿔 말해 낮에 연관성 없이 지각된 내용들이 밤에 연관된 계열로 조립된다. 이것을 꼭 대단히 시적인 과정으로 간주할 필요는 없다. 이 과정은 효율적이기만 하면 충분하다. 그리고 이때 효율적이라 함은 우리가 추구하는 목표의 성취에 도움이 된다는 것을 의미한다. 목표가 구체적으로 무엇이냐는 중요하지 않다. 목표는 미로에서 먹을거리 찾기일 수도 있고, 세계사에서 정당한 지위에 오르는 것, 또는 완전한 행복일 수도 있다. 기억의 임무는 그 목표에 도달할 길을 찾는 일을 돕는 것이다. 기억은 우리의 생각이 실현될 미래를 향해서 우리가 조심스럽게 전진할 때 길잡이로 삼는 정신적 난간이다.

렘꿈에서 드러나는 기억의 둘째 원리는 첫째 원리와 다르다. 이 원리에서 중요한 것은 기억 내용이 우리가 중시하는 목표의 달성에 적합한가라는 문제가 더는 아니다. 즉 우리가 끝까지 수행하고자 하는 행동은 이제 더는 중요하지 않다. 오히려 그 행동을 둘러싼 틀, 혹은 그 행동을 유의미하게 만들어주는 틀이 중요하다.

어쩌면 당신은 "He is history"라는 영어 표현을 알 것이다. 직역하면 '그 사람은 역사다'라는 말이니, 언뜻 이해하기 어렵다. 사람은 죽은 다음에야 비로소 역사에 편입되니까 말이다. 그러나 영어권에서는 이 표현을 살아있는 사람에 대해서도 즐겨 사용한다. 대표적으로 운동선수들이 이 표현을 듣곤 한다. 이 경우에 '그 사람은 역사다'라는 말은 그 사람이 설령 여전히 성적이 좋더라도 이미 과거에 속한다는 뜻이다. 19세기 중반에 있었던 증기선과 범선의 경주를 생각해보라. 그 경주에서 이긴 쪽은 범선이었다. 그러나 정확히 언제일지 몰라도 조만간 증기선이 이길 것이며, 그 판가름은 영속하리라는 것을 모든 사람이 빤히 알았다. 범선에게는 미래가 없었다. 범선은 승리했지만 이미 역사였다.

이 역사적 사례에서 볼 수 있는 것과 동일한 유형의 관점 교체가 꿈의 중첩 구조에서도 일어난다. 내가 오로지 참여자 관점, 곧 내부 관점에서만 접근할 수 있는 사건이 꿈속에서는 외부 관점에서 조망되기도 한다. 꿈속에서 나는 나에게 가장 절박한 현안과 내가 나와 동일시하는 인물을 공평한 타인의 눈이나 심지어 경쟁자의 눈으로 본다. 1인칭 관점이 3인칭 관점으로 교체되는 것이다. 나는 평소처럼 무대 위에서 연기하는 대신에 마치 관객처럼 연극을 지켜본다. 다만 꿈이 특별한 것은, 중립적인 눈으로 나의 관심사를, 나에게 가장 절박한 (또한 어쩌면 내가 가장 바라는) 사안을 바라보는 자가 바로 나 자신이라는 점이다. 하지만 꿈의 특별함은 여기에서 그치지 않는다. 꿈속에서 나는 평소에 나에게 조언하는 타인들의 자리에 직접 설 뿐만 아니라, 이런 관점 교체를 여러 번 실행한다. 여러 번의 관점 교체는 여러 밤에 걸쳐서만 일어나는 것이 아니라 서로 연관된 꿈들의 집합 하나 안에서, 심지어 한 꿈 안에서도 일어난다. 여기에 사건의 압축, 시간의 단축, 연관된 부분들의 밀착이 추가되면, 궁극적으로 우리의 인생 전체에 관한 꿈도 가능하다는 결론이 나온다. 순전히 시간만 따진다면, 꿈속에서 우리는 성장하고 노화할 수 있으며, 삶의 길이는 망원경처럼 길어지고 짧아질 수 있다. 영화 〈인셉션〉에서는 (삼중의) 중첩 구조를 통해 사건 계열들이 복잡해진 결과로 처음에는 한창 때의 건장한 사업가가 등장하지만 막바지에는 은퇴한 지 오래된 노인이 등장한다.

낮의 삶에서 어쩌면 단 한번 일어날까 말까 한 관점 교체가 밤의 삶에서는 영속적인 연습 과제가 된다. 꿈속에서 우리는 그 과제를 수행하고 그것의 실존적 중요성을 직시한다.

꿈속에서 우리가 관점 교체를 실행하면, 우리의 시간은 말 그대로 본질적인 의미에서 재구성된다. 부뉴엘이 만든 영화 〈부르주아의 은밀한 매력〉의 핵심 장면은 원리적인 시간 재구성을 보여주는 데 필요한 모든 요소를 사실상 다 갖췄다. 무대 위에서는 여전히 무언가를 추구하는 활동이 진행되고, 배우들은 그 진행의 고유한 논리에 사로잡혀 있다. 그때 막이 제거되고, 똑같은 사건이 관객들의 관점에서 관찰된다. 이 꿈 같은 대목에서 결정적으로 중요한 것은 놀라는 관객들의 반응이 아니라, 관객들의 시선이 배우들에게 미치는 영향이다. 배우들은 막이 제거된 후에 비로소 자신들이 배우라는 것과 기본적으로 연극을 할 뿐이라는 것을 깨닫는다. 그러자 곧바로 기존 활동을 이어가기가 불가능해진다. 마치 아무 일도 없었던 것처럼 말이다. 왜냐하면 이제 나는 내가 안다는 것을 네가 안다는 것을 내가 안다는 것을 네가 안다는 것을… 알기 때문이다. 부뉴엘의 작품에서 부르주아 배우들은 황급히 무대를 떠난다. 하지만 잠시 뒤에 다시 유사한 상황을 겪게 된다.

크리스토퍼 놀란의 영화도 궁극적으로 똑같은 효과를 노린다. 상속자는 자신에게 부과된 요구들에 부응하여 자명하고 올바르게 행동하려면 아버지의 발자취를 좇아야 한다고 평생토록 믿었다. 꿈속에서 그는 그 믿음이 완전히 착각일 수도 있다는 생각에 직면한다. 그것이 언제냐 하면, 그에게 부과된 (가업과 관련한) 모든 요구들의 출처인 아버지에게서 정반대의 말을 들었을 때다. 또한 그는 자신의 이제까지의 삶이 결국 한 역할에 매몰되었음을 꿈속에서 (또한 꿈을 꿰뚫고) 깨닫는다.

그러자 시간이 근본적으로 변화한다. 방금 전까지만 해도 신뢰할 만하게 예상되는 미래 전망이었던 것이 불현듯 이미 우리와 무관해진 역사로 된다. 새 미래 전망이 옛 미래 전망을 대체한다. 새 전망은 단지 미래의 삶에 대한 우리의 관점이 바뀌는 것을 출발점으로 삼는다. 요컨대 문법적으로 보면, 꿈의 논리는 미래의 다양화를 포함한다. 이제껏 전망은 하나였고 우리는 낮에 그 전망에 맞게 삶을 계획하고 행동을 구상했지만, 꿈속에서 우리는 늘 다시 대안들을 권유받는다. 설령 그 권유 때문에 우리가 지금까지의 길을 지금까지처럼 계속 갈 수 없게 되더라도 말이다. 꿈의 중첩 논리(액자 구조, 괄호 구조)는 우리가 이제껏 타당하고 확고하다고 여겨온 모든 것을 시험 삼아 괄호 치고 마치 거대한 무대 위에서 벌어지는 연극처럼 응시할 것을 요구한다. 대안으로 무엇을 채택하든 간에, 일단 벗어나는 것이 유익한 연극처럼 말이다. 이로써 한 목표를 효과적이며 일관되게 추구하는 것이 핵심이었던 미래는, 우리의 실존을 위해 전혀 새로운 시간 계산이 시작되는 미래로 바뀐다. 이제 우리는 완전히 새로 시작해야 한다. 따라서 모든 것을 다시 계획해야 하고, 결국 이제껏 생각해보지 않은 목표를 향해 나아가야 한다.

◦ 꿈은 얼마나 많은 현실성을 보유할까?

요컨대 기억이 밤에 작동할 때, 우리는 두 가지 유형의 미래를 다룬다. 숙면 단계에서 우리의 관건은 가까운 목표들, 그리고 '어떻게 경험들이 반복됨과 동시에 최적화되는가?'라는 질문이다. 이어지는 렘수면 단계에서 우리의 꿈은 먼 목표들에 관심을 기울인다. 낮 경험에서 유래하여 우리 앞에 놓인 모든 것이 이제 더 큰 맥락 안으로 옮겨진다. 꿈속에서 새로운 샘들이 솟아나고, 그 결과로 이제껏 자명했던 것이 새로운 환경과 틀 안에서 지각된다. 이런 새로운 연출의 목표는 기본적으로 흔들기다. 확립된 습관이나 훈련된 절차에 대해서 다른 태도를 취하는 것을 최소한 배제하지 못한다는 의미에서 우리는 흔들린다. 제한된 흔들기는 어느 정도까지는 놀이로 이해될 수 있다. 실제로 낮에도 우리는 종종 경로를 바꾸고 내용을 교체한 다음에 그 결과가 마음에 드는지 살펴본다. 그러나 꿈속에서 전체가 흔들리면, 즉 '우리가 삶에서 결국 무엇을 성취하고 무엇이 되려 하는가'라는 질문이 꿈의 주제가 되면, 놀이는 진지한 활동으로 돌변하고, 경우에 따라서 꿈은 우리의 삶을 바꿔놓을 수 있는 인생 초유의 보편적 흔들기가 된다.

그런 가차 없는 흔들기로 넘어가는 문턱은 높을 수 있기 때문에, 때때로 꿈은 점진적인 교육자의 성격을 띤다. 즉 우리를 근본적인 질문으로 한 걸음씩 차근차근 이끈다. 우리는 누구나 다음과 같은 시나리오를 안다. 꿈속에서 우리는 차를 몰고 약속 장소로 이동 중이다. 그 약속은 중요하다. 우리가 길에서 누군가를 만나 수다를 떠는 바람에 시간이 촉박해진다. 이어서 우리는 길을 잘못 들고, 시간은 더욱 촉박해진다. 주차장에서 우리는 난데없이 범죄를 목격한다(깨어난 후에야 깨닫게 되지만, 그 범죄는 일요일 저녁에 본 텔레비전 프로그램의 잔영이다). 매번 지체가 일어날 때마다, 약속 시간에 도착할 수 없겠다는 느낌이 강해지고, 결국 우리는 공황에 빠진다. 꿈은 우리가 절망에 빠져 이제 어떻게 할 것인지를 산만하게 고민하는 것으로 마무리된다. 그리고 때때로 우리는 다음과 같은 중대한 질문을 품은 채로 깨어난다. '내가 반드시 해야 한다고 스스로 믿는 그것을 나는 정말로 원할까?' 삶에서 이런저런 목표에 도달해야 한다는 강요에 맞서서, 꿈은 도저히 상상할 수 없는 것을 최소한 한 번은 상상하고 그 결과를 살펴보라고 강요한다.

통설이 암시하고 고대의 꿈 해석이 확신했던 바와 달리 우리는 꿈속에서 '이것이나 저것이 되어라'라는 식의 메시지를 받지 않는다. 오히려 꿈은 낮 의식이 깨어나고 우리가 꿈의 내용에 다시 관심을 기울일 때면 조용히 무無 속으로 물러나는 신중한 동반자인 것으로 보인다.

◦ 천재들의 꿈

이로써 우리는 신경생물학의 발견과 통찰을 두루 거쳐서 다시 프로이트와 정신분석적 꿈 해석의 시초로 돌아왔다. 그 해석에 따라서 아주 간단하게 말하면, 꿈이 바라는 바는 우리에게서 최선의 것을 끌어내는 것이다. 꿈은 우리를 도와 우리가 스스로의 재능과 소질을 깨닫고 발휘하게 하고자 한다. 우리의 진면목이거나 최소한 진면목이어야 마땅한 것을 향해 우리를 이끌고자 한다. 꿈은 우리를 창조적이게 만든다.

프로이트는 우리 각자 안에 예외 없이—왜냐하면 누구나 꿈을 꿀 수 있고 꾸어야 하므로—천재가 들어 있다고까지 주장했다. 그 천재는 깊이 숨어있거나 모두가 잘 볼 수 있게 노출되어 있다. 이런 인간관을 프로이트가 창안한 것은 물론 아니다. 오히려 그는 그것을 당대의 세기말적 퇴폐(데카당스)문화로부터 고마운 마음으로 넘겨받았다. 이미 1870년대에 니체와 바그너는 모든 평범한 사람에게 어떤 식으로든 초인적 능력을 발휘할 것을 요구했다. 평균보다 상승할 수 있는 사람만이 사회의 진지한 대우를 요구할 자격이 있다는 생각이 팽배했다. 이 생각은 사업가—바야흐로 크루프Krupp〔지금은 티센Thyssen과 합병해 티센크루프Thyssen Krupp AG가 된 과거 독일의 철강 및 무기 생산 기업〕, 보쉬Bosch, 지멘스Siemens 같은 회사들이 설립되던 위대한 창업시대였다—뿐 아니라 전등, 전화, 자동차 등으로 우리의 생활세계를 결정적으로 현대화한 발명가, 그리고 예술가에게도 적용되었다. 예술가는 항상 새로운 전위(아방가르드) 운동으로 주류를 앞질러야만 가치를 인정받았다.

하지만 발명가와 예술가를 둘러싼 천재 숭배는 정반대의 뒷면도 가지고 있었다. 당대 사회는 모든 정신적 질문에 대해서 매우 자유롭고 관용적이었으며 모든 방종을 옹호했지만 육체적 측면, 더 정확히 성적 측면에 대해서만큼은 대단히 점잖고 억압적이었다. 독일의 빌헬름 시대(빌헬름 2세 황제의 재위기 1888~1918)와 영국의 빅토리아 시대(빅토리아 여왕의 재위기 1837~1901년)가 윤리의 측면에서 쌍둥이로 간주되는 것은 괜한 일이 아니다. 양쪽 모두 특별히 엄격했으며 오늘날 우리가 느끼기에 프티부르주아적이었다. 오스카 와일드Oscar Wilde와 테오도르 폰타네Theodor Fontane를 비롯한 많은 작가들의 문학은 당대의 도덕적 울타리를 허물고자 했지만 대체로 성과가 없었다.

프로이트에 따르면 천재의 삶은 힘겹다. 왜냐하면 천재의 창조성과 풍부한 창의력을 천재성의 배후에 있는 추진력으로부터 간단히 분리할 길은 없기 때문이다. 그 추진력은 다름 아니라 리비도Libido, 곧 성욕이다. 성생활을 한껏 누리지 않으면 천재성을 가질 수 없다. 성생활을 억압하면서 천재성을 기대하는 것은 증기기관에서 보일러를 떼어낸 뒤에 톱니바퀴들이 계속 힘차게 돌기를 바라는 것과 같다.

이 같은 추진력과 창조력의 연계를 이해하면, 수면 중의 꿈이 우리 모두 안에 있는 천재에게 얼마나 유용할 수 있는지를 명확히 알 수 있다. 꿈은 현실에서 불가능한 것을 가능하게 만든다. 즉 성욕의 발휘를—퇴폐 시대에 금지된 것으로, 따라서 유난히 유혹적인 것으로 여겨진 창조적 무절제와 놀이를—용인하지 않는 사회에서 그것을 가능하게 만든다. 그리하여 꿈은 금지된 일이 일어날 수 있는 장소가 된다. 우리의 시민적 실존이 위태로워질 염려 없이 억압된 열정들을 한껏 펼치고 환상을 풀어놓는 무대가 되는 것이다.

더 나아가 프로이트는 잠긴 침실 안에서도 유효해야 하는 안전장치를 언급한다. 그에 따르면, 어차피 우리는 꿈속에서 가능해지는 모든 것을 파편적이고 단기적으로만 기억하겠지만, 이것만으로는 안전을 담보하기에 부족하다. 그 모든 것은 또한 암호화되어야 한다. 그리하여 혹시 우리가 꿈을 기억해내더라도 기껏해야 기이한 장면들과 이해할 수 없는 사건들만 마주하게 되어야 한다. 그래서 꿈은 낮 의식이 대체로 이해하지 못하는 일종의 암호언어를 사용한다. 하지만 꿈속에 등장하는 인물들과 사물들은 그 암호언어를 잘 안다. 그렇지 않다면, 꿈속의 환상과 축제는 허무맹랑할 뿐이어서 욕망의 해소에 아무 도움도 되지 않을 것이다. 그러므로 꿈속의 사물이 의미하는 바는 단순히 그 사물에 국한되지 않는다. 어느새 상식이 되었지만, 모든 형태의 구멍은 결국 여성 성기를, 곧추선 모든 것은 남성 성기를 의미한다. 이 같은 상징적 암호화는 꿈속의 화끈한 경험들이 우리의 도덕적 양심에 거슬리지 않기 위해서 필요하다. 이런 의미에서 꿈은 '잠의 수호자Hüter des Schlafs'라고 프로이트는 말한다.

최신 신경생리학 이론들은 꿈에 대한 프로이트의 이론이 얼마나 오래 살아남았고 어느 정도까지 과학적일 수 있는지 보여준다. 그 이론들이 내놓는 설명 전략들은 때때로 감탄을 자아낸다. 프로이트의 이론과 마찬가지로 그 이론들은 꿈 메시지가 기본적으로 암호화된 채로 나타나 우리를 원초적 욕망들의 세계로 복귀시킨다고 전제한다. 다만 그 원초적 욕망들의 세계가 이제는 개인의 어린 시절이 아니라 인류 역사의 초기로 상정된다. 예컨대 신경학자 조너선 윈스턴Jonathan Winston은 우리가 꿈꿀 때 우리 뇌에서는 우리와 우리의 조상인 동물들이 공유한 구역들이 작동한다고 주장한다. 이 때문에 우리의 꿈은 주로 시각적이라고 한다. 또한 꿈속에서 우리는 그 동물들이 지금도 여전히 하는 행동들—날아다니기, 물속에서 호흡하기 등—을 할 수 있는데, 이는 꿈속에서 우리가 그 동물들과 동일한 진화 단계로 복귀하기 때문이라고 한다. 꿈꿀 때 우리는 1억 5000만 년에서 2억 년 전에 우리와 그 동물들이 함께 이뤘던 공동체로 되돌아간다는 것이다. 이와 유사하게 정신분석가 앤서니 스티븐스Anthony Stevens는 인간의 계통선이 영장류에서 갈라진 400만 년 전 이후에도 보존된 꿈 유산에서 무의식의 잔재를 본다. 신경심리학자 자크 판크셉Jaak Panksepp은, 생생하게 꿈꿀 때 우리의 꿈 의식은 "자원을 둘러싼 경쟁에서 이성보다 감정이 더 중요했던 시절의 원초적 형태의 깨어 있는 의식에서 유래했을 가능성이 있다. 이 옛 형태의 깨어 있는 의식이 구석으로 밀려난 것은 진화 과정에서 뇌의 수준 높은 진화가 일어날 수 있기 위해서였을 수 있다"[25]라는 추측을 내놓았다. 즉 지금 우리가 꿈꿀 때 세계를 마주하는 방식은, 200만 년에서 300만 년 전의 낮에 우리가 세계를 마주하던 방식과 동일하다는 것이다.

2차 세계대전 후에 꿈 해석의 접근법들이 단순화되었는데, 그 이유는 대체로 두 가지다. 첫째, 그 시절 사람들은 억눌린 천재들이 절박하게 필요하다는 생각을 더는 갖지 않았다. 가장 시급한 사회적 현안은 생존과 복구였다. 둘째, 늦어도 1960년대에 컴퓨터 문화가 시작되면서 인간 정신을 컴퓨터에 빗대는 것이 대세로 자리 잡았다. 사람들은 '컴퓨터는 어떻게 꿈꿀까?'라는 질문에 지체 없이 대답했다. '전혀 꿈꾸지 않는다'라고 말이다.

앞서 언급한 앨런 홉슨은 1970년대에 꿈은 아무것도 의미하지 않으며, 이유 없는 뉴런 점화의 부산물일 뿐이라는 (당대에 어울리는) 주장으로 명성을 얻었다. 그런 뉴런 점화가 뇌간의 윗부분에서 일어나고, 그 신호가 나머지 뇌에서 이런 저런 반응을 일으킬 뿐이라는 것이다. 홉슨에 따르면, 깨어난 뒤에 그 뇌 활동을 이해하려 애쓰는 것은 부질없는 짓이다.[26]

그러나 컴퓨터 비유에서 긍정적인 메시지를 얻어내려 애쓸 수도 있다. 이 관점에서 보면, 수면 중에 일어나는 일은 낮의 데이터 처리가 계속되는 것일 따름이다. 정신과의사 스탠리 팔롬보Stanley Palombo에 따르면, 꿈속에서 우리는 옛 체험과 새 체험이 (둘 사이에 공통점이 있는 한에서) 어떻게 도식적 균형을 이루는지 체험한다. 거듭 시도하고도 이 체험에 실패하면, 우리는 깨어난다. 그런 다음에 우리는 낮 의식으로 의미를 따져가며 정보 처리를 보완하여 밤 입력이 다시 피드백 고리를 거치게 해야 한다.[27] 그러면 다음 밤들에는 수정된 꿈을 꾸게 된다.

더 급진적인 견해에 따르면, 꿈꿀 때 일어나는 일은 잉여 데이터를 폐기하는 것뿐이다. 대략적으로 이 생각은 1980년대에 그렘 미치슨Graeme Mitchison과 노벨 생리의학상 수상자 프랜시스 크릭Francis Crick이 제시한 이론과 일치한다.[28] 이들에 따르면, 대뇌 피질에 생긴 틀린 연결들은 꿈꾸는 중에 소거된다. 바꿔 말해 꿈은 하드디스크에 여유 공간을 창출하여 낮에 프로세서가 과부하를 받지 않게 해준다. 나중에 크릭과 미치슨은 자신들의 이론을 엄밀하게 다듬었으며 오로지 이상하고 기괴한 꿈들만 그런 삭제 기능을 수행한다는 것을 발견했다.[29] 그들의 개량된 이론에 따르면, 꿈꿀 때 우리는 망상 속으로 한걸음 더 들어가 본 다음에 단호하게 삭제 버튼을 누른다. 바꿔 말해 꿈꾸기는 호메로스가 쓴 〈일리아스〉에서 페넬로페가 밤에 하는 일과 유사하다. 페넬로페는 낮에 짠 천을 밤에 다시 푼다.

이제 다음과 같은 결론을 내릴 수 있다. 프로이트 이래의 고전적 꿈 해석은 항상 꿈을 예외상황으로 규정하려 한다. 즉 우리가 낮에 하지 못하는 일을 밤에 꿈꾸면서 한다는 결론을 추구한다. 그 일은 과도한 성욕이나 진화 역사에서 유래한 원시적 욕망을 해소하는 것일 수도 있고, 훨씬 더 냉정한 이론에 따르면, 우리의 인식 장치에 불필요한 부담을 주는 잉여 데이터를 삭제하는 것일 수도 있다. 이런 견해들에 맞서서 우리는 꿈에 대하여 훨씬 더 많은 이야기를 할 수 있다고 주장한다. 또한 꿈을 정상 상황으로 간주한다. 따라서 이런 질문이 불가피하다. 기억이 내용들을 (모종의 방식으로 처분한다는 의미에서) 부정적으로 처리하는 장소라기보다는 오히려 우리가 그 내용들을 가지고 무언가 해볼 수 있도록 그것들을 가공하는 장소라는 우리의 주장은 구체적으로 어떤 의미일까? 우리는 기억을 우리의 삶을 돕는 긍정적 힘으로 이해하고자 한다. 이와 관련해서 최신 연구 하나를 주목할 필요가 있다. 그 연구는 렘꿈을 낮 의식과 결합하려 애쓴다. 다음 장에서 우리는 자각몽lucid dream을 거론할 것이다. 자각몽을 꿀 때 우리는 꿈속 사건을 의식적으로 조종할 수 있다. 자각몽은 오래전부터 잘 알려진 현상이지만, 특별한 재능을 보유한 소수의 사람들만 자각몽을 꿀 수 있다. 그런데 신경학자들은 누구나 자각몽을 꿀 수 있게 만드는 방법을 발견했다. 우리는 자각몽에서 무엇을 배울 수 있을까? 이것이 다음 장의 주요 관심사다.

3장

꿈을 통한 능력 향상

손가락 하나 까딱하지 않고
훈련하는 법

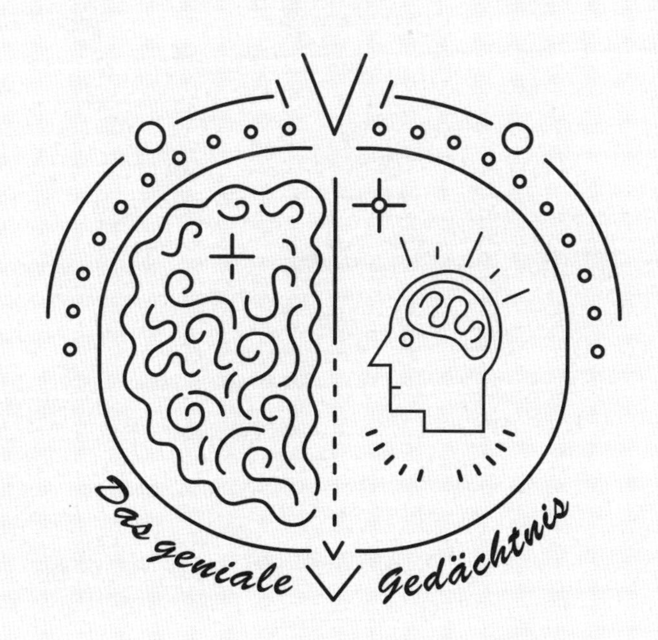

꿈 이야기는 흔히 머나먼 곳에 다녀온 사람의 여행기처럼 이색적이고 기이하며 대단히 놀랍다. 또한 여행기를 접할 때와 마찬가지로 우리는 꿈 이야기가 희한할수록 더 큰 흥미를 느끼지만 다른 한편으로 그럴수록 그 이야기를 정말로 신뢰하기를 더 꺼린다. 누군가가 제멋대로 상상한 이야기가 아닐까? 실제 꿈은 우리가 듣는 이야기와 다르지 않을까? 꿈 이야기는 꿈꾼 사람이 늘 품어온 소망들을 반영할 뿐이고, 꿈 자체의 메시지는 무언가 전혀 다른 것일 수도 있지 않을까? 꿈 이야기가 너무 화려하다고 느끼면, 여행기를 들을 때와 마찬가지로 어느 순간 우리는 다음과 같은 중대한 질문을 던지게 된다. 이 이야기는 누군가가 실제로 꾼 꿈을 그대로 전달할까? 실제로 사람들은 카를 마이Karl May(19세기 후반기 미국 서부에 관한 모험소설로 유명한 독일 작가)에게 올드 섀터핸드Old Shatterhand(카를 마이의 서부 모험소설들에 자주 나오는 주인공)의 나라에 정말로 가본 적이 있느냐고 묻지 않을 수 없었다. 심지어 우리 자신도 깨어난 직후에는 꿈의 모든 내용이 눈앞에 선하다고 믿지만 이 믿음을 스스로 수긍하는 동안에 벌써 꿈의 내용이 마치 강물 위의 거대한 뗏목처럼 짙은 안개 속으로 사라지는 것을 목격해야 할 때가 많다. 심지어 일부 사람들은 꿈이란 깨어나는 순간에만 존재한다고 주장하기까지 한다. 즉 꿈은 순간적인 상상이고, 꿈을 꾸었다고 느끼는 것은 우리가 영화관 출구에서 방금 본 영화와 무관한 광고 전단을 받고서 그 광고가 거론하는 영화를 보았다고 느끼는 것과 같다는 것이다.

이런 의혹을 해소할 길은 단 하나, 타인의 꿈에 실시간으로 동참하는 것뿐이다. 외부에서 전극들을 이용하여 전류와 주파수를 측정하는 것으로는 부족하다. 타인의 꿈을 내부에서 관찰할 필요가 있다. 우리는 꿈꾸는 사람이 보는 것을 그 사람의 눈으로 보고 싶다.

실제로 과학자들은 이미 숙면 중의 꿈을 연구할 때 이 방법을 성공적인 해결책으로 활용했다. 이 방법으로 밝혀낸 재생 및 예비 재생 과정은 꿈꾸는 실험동물의 눈앞에 무언가가 나타난다는 증명으로 인정받을 수 있었고 더 나아가 그 무언가가 정확히 어떤 모습인지 암시할 수 있었다. 그러나 렘꿈에 대한 연구는 이와 유사한 방식으로 꿈을 관찰할 수 있는 수준에 아직 도달하지 못했다. 대신에 연구자들은 렘꿈에 동참하는 다른 방법을 발견했는데, 이 방법에 의지하면 최소한 렘꿈에 대한 보고의 진실성을 (심지어 당사자가 그저 상상한 것이 아니라 정말로 꿈을 꾸었는지 여부를) 의심할 필요는 없어진다. 이 방법에서 연구자는 증인을 한 명 지정하는데, 그 증인은 꿈꾸는 사람만 접근할 수 있는 내용을 밝은 의식으로 함께 체험한다. 그 증인은 다름 아니라 꿈꾸는 사람 자신이다. 다만 이 방법에서는 꿈꾸는 사람의 꿈-자아뿐 아니라 낮-자아도 꿈에 접속한다. 다시 말해 꿈꾸는 사람은 꿈을 체험하면서 자신의 참여를 온전한 의식으로 함께 체험한다. 즉 자각몽을 꾼다. 우리가 직접 들어갈 수 없는 동굴을 탐사하고 싶을 때 우리는 다른 연구자를 동굴 깊이 내려보내고 외부에서 그와 무선으로 통신할 수 있다. 이와 유사하게, 자각몽을 꾸는 사람은 일종의 전진기지인 셈이다. 그 사람은 의식이 깨어 있는 상태에서 의도적으로 꿈의 복잡한 통로들을 헤맬 수 있다.

거듭되는 말이지만, 자각몽을 꿀 수 있다고 자처하는 사람들은 과거에도 늘 있었다. 그들에게서 자각몽을 수집하고 그들을 피실험자로 삼지 않을 이유는 없다. 그러나 과학은 두 가지 조건이 충족되어야만 실험의 성공을 신뢰한다. 첫째, 연구자가 실험 결과를 임의로 재현할 수 있어야 한다. 둘째, 실험이 성공적으로 이루어지는 이유를 댈 수 있어야 한다. 이 조건들을 자각몽 실험에 적용해보자. 첫째, 연구자는 자각몽의 재능을 가진 피실험자가 우연히 자각몽을 꿀 때를 그저 기다리지 않고 인위적으로 자각몽을 일으킬 수 있어야 한다. 둘째, 연구자는 자각몽이 어떻게 일어나고 우리가 그렇게 온전한 의식으로 우리의 꿈에 참여할 때 실제로 뇌에서 어떤 일이 일어나는지에 대한 이론을 보유해야 한다.

곧 보겠지만 현재 자각몽 실험은 이 두 조건을 모두 갖췄다. 또한 피실험자를 그 자신의 꿈속으로 파견함으로써 실용적 차원에서 무엇을 이뤄낼 수 있는가 하는 것도 이미 과학의 관심사다. 최소한 스포츠 과학은 이 질문에 큰 관심을 기울여왔다. 이 장에서 우리는 수면 중에 훈련하여 실력을 결정적으로 향상시키는 방법을 설명할 것이다. 그리고 마무리로 다시 한 번 전망을 감행할 것이다. 우리가 우리의 꿈을 (최소한 지금보다 조금 더 많이) 조종할 수 있게 되면, 우리의 삶은 어떻게 달라질까? 우리는 우리의 꿈을 능동적으로 조종할 수 있는 것과 마찬가지로 우리의 미래도 원하는 대로 조종할 수 있게 될까? 미래에는 우리가 하지 못하는 일을 수면이 해내게 될까? 심지어 어쩌면 우리가 더 나은 인간이 되는 일마저 벌어질까?

◦ 꿈꾸면서 인위적으로 의식을 깨울 수 있을까?

누구나 알다시피 감격은 주목할 만하다. 특히 확실한 회의주의자로 자처하는 과학자들의 감격이라면 더욱 주목할 만하다. 본대학교Rheinische Fnedrich-Wilhelms-Universität Bonn의 심리학자 우르줄라 포스Ursula Voss와 하버드대학교Harvard University의 정신과의사 앨런 홉슨은 꿈에 의미를 부여할 성싶은 과학자들이 아니다. 지금도 포스는 꿈이란 그저 뇌에서 일어나는 전환 과정의 부산물일 뿐이라는 견해를 유지하고 있다. 그럼에도 이 두 과학자는 자신들의 꿈나라 탐사를 자그마치 '달 착륙'에 비유한다.[1] 이들은 자신들이 '이야기를 들려주기 위해' 지구로 귀환한 우주인과 다를 바 없다고 느낀다. '낙관론'이라는 단어, 심지어 '감격'이라는 단어도 적절하다. 기껏해야 미래 전망들에 대한 관대한 호의 정도만 예상하면서 냉정하게 이 저자들의 신경생물학 학술논문을 읽는 독자는 '대체 이게 웬일이지?'라는 의문을 품지 않을 수 없다. 일단 이것만 말해두는 것이 적절할 듯하다. 실제로 수면 연구에서 새롭고 대단히 놀라운 한 장이 열리는 중이다. 그리고 우리는 그 장이 우리의 사상에 대해서 갖는 귀결들의 범위를 아직 전혀 가늠하지 못한다.

자각몽을 꾼 적 있는지, 있다면 얼마나 자주 있는지 묻는 조사는 꽤 오래전부터 실시되었다. 조사 결과들은 크게 엇갈린다. 자각몽을 꾼 적 있다고 대답한 사람의 비율은 25~80퍼센트다. 포스와 홉슨이 최근에 실시한 조사를 보면, 자각몽을 꾸는 능력은 나이와 관련이 있는 것으로 보인다. 6~19세 어린이 및 청소년의 52퍼센트는 적어도 1회의 자각몽을 기억해냈다. 자각몽의 빈도는 16세부터 대폭 감소한다.[2]

나이에 따른 이 같은 변화가 왜 일어나는가에 대해서 한 가지 추측이 제기되었다. 학계의 정설에 따르면, 청소년 뇌에서는 주로 이마엽의 발달과 관련이 있는 재건축 작업이 이루어진다. 그 재건축 작업은 이마엽 중에서도 특히 우리의 행동을 통제 가능하고 이해 가능하게 만들어주고 성숙한 과학적 사고를 촉진하는 부위의 발달과 관련이 있다. 그런데 이 재건축이 이루어지는 동안에는 이마엽이 다른 뇌 구역들과 아직 잘 연결되어 있지 않아서 렘수면 중에도 말하자면 독자적인 활동을 영위할 수 있다고 한다(노화를 다루는 장에서 미엘린 막이 신경섬유를 감싸는 '미엘린 형성'를 거론할 때 이 내용을 다시 언급할 것이다). 즉 렘수면 중에도 이마엽이 활동할 수 있다는 것이다. 더 늦은 나이에는 그런 렘수면 중의 이마엽 활동이 눈에 띄게 감소하지만 말이다.

또 하나 흥미로운 것은 자각몽을 꾸는 능력을 향상시킬 수 있다는 조사 결과다. 깨어 있음과 수면 사이의 상태인 자각몽에 관심을 기울이는 사람은 그 상태를 더 자주 일으킬 수 있는 듯하다. 게다가 자각몽에 익숙하고 자각몽 속에서의 행동에 능숙한 사람일수록 자각몽에 더 큰 영향력을 행사할 수 있는 것으로 보인다. 자신이 자각몽에 영향을 끼칠 수 있었다고 보고하는 피실험자의 비율은 일반적으로 3분의 1 정도에 불과하다. 하지만 비교적 어린 피실험자들, 즉 원래부터 자각몽을 비교적 자주 꾸는 피실험자들 중에서 그렇게 보고하는 사람은 50퍼센트 이상이다. 곧 자세히 다룰 스포츠과학 연구들에 따르면, 심지어 계획적으로 특정 목적을 위해 꿈을 조작하는 것도 가능하다. 따라서 꿈속에서 정확히 무엇을 어떤 방식으로 훈련할 것인지를 정할 수 있다.

꿈 보고를 듣는 것도 연구의 한 방법이지만, 우리는 현장에 참관하고자 한다. 즉 자각몽을 직접 실시간으로 목격하고자 한다. 이를 위해서는 자각몽이 일어나는 순간에 그 꿈을 꾸는 사람과 소통할 필요가 있다. 그렇게 소통하지 않는다면, 그 사람이 정말로 꿈꾸면서도 의식이 깨어 있다는 것을 어떻게 확인하겠는가.

자각몽을 꾸는 사람과 소통하는 방법이 확립된 것은 얼마 전의 일이다. 미국 텔레비전 의학 드라마 〈하우스House M. D.〉를 본 사람들은 알겠지만, 그 방법은 예컨대 '락트-인 증후군locked-in syndrome'(의식은 있지만 전신마비로 인하여 외부자극에 반응하지 못하는 상태) 환자에게도 적용된다.[3] 렘수면 중인 사람이나 락트-인 증후군 환자에서는 모든 신체기능이 마비된 것처럼 보이며 적어도 의도적이며 능동적인 팔다리 운동은 확실히 불가능하다. 그러나 이런 경우에도 한 가지 운동은 (호흡과 더불어) 예외로 남는데, 그것은 눈 운동이다. 그리하여 연구자들은 자각몽을 꾸는 피실험자가 자신의 의식이 깨어 있음을 알리기 위해서 실험자에게 보낼 수 있는 신호를 정했다. 그 신호는 피실험자가 눈을 왼쪽에서 오른쪽으로 돌리는 동작을 두 번 반복하는 것이다. 그런 2회 반복 동작을 소통용 신호로 정한 것은 렘수면 특유의 빠른 눈 운동이나 뇌간에서 나오는 신호에서 비롯된 산발적 눈 운동(도약적 눈 운동Saccadic Eye Movement)을 소통용 신호와 혼동하지 않기 위해서다. 요컨대 눈을 감은 채로 왼쪽에서 오른쪽으로 돌리기 2회 반복은 꿈속에서 외부로 보내는 노크 소리와 같다. 꿈꾸는 피실험자가 이 반복 동작을 하면, 그것은 그의 의식이 깨어 있다는 신호다.

이제 남은 일은 자각몽을 마치 땅속의 다이아몬드처럼 희귀하고 운이 좋아야나 접할 수 있는 사례로 머물게 하지 않을 방법을 찾는 것이었다. 즉 자각몽을 신뢰할 만하게 일으킬 수 있어야 했다. 어쩌면 궁극적으로는 특정 입력에 의한 출력으로 자각몽이 산출되는 인과관계까지 확립할 수 있어야 했다. 마치 인조 다이아몬드를 생산할 때처럼, 연구자들은 약간의 압력을 가함으로써 자각몽을 일으키는 것을 시도했다. 앞 장에서 보았듯이, 특정 주파수의 뇌파는 의식이라는 현상을 대표할 가능성이 있는 좋은 후보자로 여겨진다. 정확히 말해서 그 뇌파는 주파수가 38~90헤르츠인 감마파다.

포스와 홉슨은 다음과 같은 간단한 가설을 세웠다. 의식이 감마파의 발생과 연계되어 있다면, 간단히 감마파를 주입하여 뇌의 공명을 유도함으로써 의식을 산출할 수 있어야 할 것이다. 또한 이 같은 의식 산출은 렘수면 상태에서도(일반적으로 렘수면 상태에서는 감마파가 미약하다) 가능해야 할 것이다. 감마파 주입은 이마엽과 관자엽—머리 앞부분과 관자놀이—을 덮은 두건에 장착된 전극들을 통해 이루어졌다. 전문용어로 말하면, 경두개 교류 자극법(약자로 tACS)이 쓰였다. 이 방법으로 뇌에 가하는 부드러운 자극은 250마이크로암페어의 전류다.[4] 실험 결과는 주목할 만했다. 단지 연구진이 원하고 기대한 결과가 나왔기 때문만은 아니다. 자극을 받은 피실험자의 이마엽과 관자엽은 연구진이 주입한 진동수에 공명했다. 뿐만 아니라 그 진동수를 40헤르츠로 설정하자, 피실험자는 방금 언급한 신호로 자신이 꿈속에서 의식을 차렸다는 것을 알렸다. 비유하자면 탐사선이 달에 착륙하여 지구로 신호를 보낸 것과 같았다. 연구진은 피실험자를 깨워 질문했고, 피실험자는 자신이 방금 자각몽을 꾸었다고 보고했다.

다음과 같은 결과도 주목할 필요가 있다. 겨냥된 뇌 구역들은 특정한 진동수들에만 공명했고 다른 진동수들에는 반응하지 않았다. 성공적인 실험 결과는 40헤르츠의 전류를 주입할 때뿐 아니라 25헤르츠의 전류를 주입할 때도 산출되었다. 25헤르츠 자극의 효과는 40헤르츠 자극의 효과만큼 뚜렷하지는 않았지만 그래도 거기에 견줄 만했다. 그리고 무엇보다도 이것이 중요한데, 25헤르츠 자극의 결과는 사듯 달랐다. 연구진의 목표가 무엇인지 모르는 채로 40헤르츠 자극을 받은 피실험자들은 자신이 꿈속에서 의식을 차렸다고 보고했는데, 이때 의식이란 자신이 처한 상황에 대한 통찰을 의미했다. 다시 말해 그들은 꿈속에서 자신이 꿈꾼다는 것을 의식했고 따라서 꿈속 사건을 다른 관점에서도 지각했다. 즉, 꿈-자아의 내부 관점에서뿐 아니라 중립적인 꿈-관찰자의 관점에서도 지각했다. 따라서 자아는 분열되었다. 자아는 한편으로 여전히 꿈속에서 활동하면서 다른 한편으로 자신의 꿈속 활동을 지켜보았다.

이로써 우리는 앞장에서 언급했으며 늦어도 성숙기에 발생하는 의식 현상에 다시 도달한 셈이다. 우리는 이 과정을 연극에 비유했다. 꿈속에서 활동하는 자아는 불현듯 자신의 행위를 무대 위의 연기처럼 느끼고 자신을 한 역할에 얽매인 배우로 의식한다.

그런데 25헤르츠 자극에서는 추가로 또 하나의 결과가 발생한다는 것이 밝혀졌다. 이 자극을 받은 피실험자들은 꿈속에서 능동적으로 행동할 수 있었다. 즉, 꿈속 사건의 전개에 영향력을 행사할 수 있었다. 연극에 비유하면, 무대 위의 배우가 자기 나름의 의지를 갖게 되는 것과 같았다.

◦ 자각몽을 이용한 치료

그런데 자각몽을 꾸는 능력에서 나오는 예상외의 가능성들을 가지고 무엇을 할 수 있을까? 특히 꿈속 사건의 전개에 결정적인 영향을 미치는 능력을 어떻게 이용할 수 있을까? 방금 설명한 전류 주입 실험들이 성공적으로 이루어지기 전에도 사람들은 자각몽을 꿀 확률을 높이기 위한 방법들을 다양하게 개발했다. 예컨대 낮에(특히 잠들기 전에) 당장 눈앞에서 주의를 강하게 잡아끄는 사건으로부터 정신적으로 거리를 두는 훈련이 실시되었다. 이 훈련에서 피실험자들은 영화를 보면서 거기에 빠져드는 자신을 반사적으로 일깨워 정신적 거리를 유지해야 했다. 더 오래된 다른 방법들은 소리나 냄새를 이용하여 꿈-자아를 깨움으로써 그가 꿈속에서 자기의식을 가지고 행동할 수 있게 만든다. 이 방법들은 19세에도 쓰였다.

스포츠과학자 다니엘 에얼라허Daniel Erlacher는 이 분야의 전문가다. 그는 자각몽을 과학 연구뿐 아니라 스포츠 훈련에도 이용할 수 있다는 것을 발견했다. 자각몽을 의미 있게 이용한다는 말은 결코 공허하지 않다. 사람들에게 만약에 꿈속에서 당신 마음대로 할 수 있다면 제일 먼저 무엇을 하겠느냐고 물으면, 대답은 거의 예외 없이 '날아다니기와 섹스'다.[5]

스포츠계에서 자각몽은 이미 오래전부터 공공연한 비법이다. 종목을 막론하고 최고 수준의 선수들을 상대로 실시한 한 조사에서 질문을 받은 840명 가운데 44명이 자신은 이미 훈련을 위해 자각몽을 이용한다고 대답했다. 이 조사 결과를 쉽게 이해할 수 있다. 많은 선수들은 시합장에 들어가기 전에 자신의 행동 계획을 처음부터 끝까지 다시 한 번 떠올린다. 땀 흘리지 않고 정신적으로 훈련하는 것이다. 물론

이 정신적 훈련은 한 가지 점에서 꿈과 결정적으로 다르다. 정신적 훈련에서는 마치 훈련하는 것처럼 느끼는 것이 전부인 반면, 꿈속에서의 훈련은 완벽하게 현실적이다. 꿈속에서 꿈은 현실이니까 말이다. 꿈속의 환상은 너무나 완벽해서, 자각몽을 꾸면서 무릎을 굽혀 자세를 낮추면 실제로 호흡이 빨라지고 심장 박동수가 상승한다. 물론 허벅지와 엉덩이의 근육에 실제로 부하가 걸려서 훈련이 이루어지는 것은 당연히 아니다. 그렇지만 자각몽 속 훈련을 통해서도 유효 근력이 향상된다고 에얼라허는 말한다. 이 현상을 이렇게 설명할 수 있다. 자각몽 속 훈련은 근육을 증가시키지 않지만 운동 조절 능력을 향상시킨다. 물리적 힘이 똑같더라도 그것을 발휘하는 방식이 최적화되면, 결과는 개선된다. 과거에는 말 그대로 꿈에 불과했던 훈련 방법들도 이제는 고려할 수 있게 되었다. 예컨대 악기 연습에서는 느린 템포로 연습할 때 최선의 결과가 나온다는 것을 우리는 안다. 어떤 곡을 느린 템포로 완벽하게 연주할 수 있게 되면, 언젠가는 원래 지정된 속도로도 연주할 수 있게 된다. 이 학습 방법을 높이뛰기에도 적용할 수 있다면 어떨까? 바로 이 가능성을 열어준다는 것이 자각몽 훈련의 장점이다. 자각몽 속 훈련에서는 연속 동작을 마치 달에서 하듯이 느리게 실행할 수 있다.

자각몽의 대단한 잠재력은 신체적 훈련에서만 발휘되는 것이 아니다. 우리의 정신에 관한 일부 문제들도 자각몽의 도움을 받으면 더 수월하게 다룰 수 있는 것으로 보인다. 사람들은 점점 악화되는 심리적 문제에 더 잘 대처하기를 바란다. 최선의 방법은 그런 문제가 발생하는 단계에서 대처하는 것이다. 특히 악몽의 반복을 비롯한 여러 증상을 일으키는 불안과 공포에 대처할 때 그러하다. 고통스러운 악몽이 반복될 때 일어나는 기본적인 문제는 그 반복이 고통을 더욱 강하고 확고하게 만들 뿐, 덜어주지 않는다는 점이다. 고통을 덜어준다면, 우리의 심리적 건강에 도움이 될 테지만 말이다. 이에 관한 이야기는 감정 기억을 다루는 장에서 자세히 할 것이다. 고통의 자기 강화 메커니즘을 중단시키고 공포의 가중을 억누를 수 있다면, 치료의 길이 열릴 것이다.

그런 치료의 시도는 낮에도 이루어진다. 핵심은 밤의 악몽을 의식적으로 떠올려 처음부터 끝까지 상상하는 것이다. 다만, 결국 모든 것이 좋게 끝나는 시나리오를 상상해야 한다. 이 치료를 시도하는 사람들이 바라는 바는 언젠가 꿈-자아도 그런 좋은 결말에 동조하게 되어 환자가 악몽에 동반된 공포에서 차츰 벗어나는 것이다. 치료가 어느 정도 진행되면 환자는 악몽을 자각몽으로 꾸면서 낮에 연습한 교정 작업을 시도할 수 있다. 목표는 무의식 속에서 연결된 꿈과 공포를 다시 떼어놓는 것이다. 자각몽 치료는 낮에 느끼는 공포에도 적용된다. 그 새로운 치료는 사람들 앞에 나서는 것을 두려워하는—예컨대 무대공포증에 시달리는—환자에게 유익할 수 있다. 환자는 현실에서 쉽게 해내지 못하는 일을 꿈속에서 연습하다. 축구 골키퍼가 페널티킥 상황에서 겪는 불안과 연주를 앞두고 피아니스트의 손이 떨리는 증상을 자각몽 치료로 완화한 사례가 있다.

◦ 꿈속에서 새로운 인생관을 얻을 수 있을까?

하지만 이 모든 것은 자각몽을 이용한 새로운 개입 방법의 초보적 적용 사례들에 불과하다고 할 수 있다. 그 사례들에서 우리는 한편으로 신체적 기술을 향상시키고(이 향상은 비록 방식은 다르지만 숙면 중에도 일어난다) 다른 한편으로 감정적 장애들을 치유한다. 요컨대 자각몽의 효용은 일상생활을 돕는 것이다. 자각몽 치료를 받는 환자는 이제껏 해온 일을 최대한 원활하게 계속할 수 있기를(어쩌면 조금 더 잘 하기를) 바란다. 이 모든 것은 틀림없이 중요하다. 스포츠 훈련에서 발전이 없는 사람이나 대중 앞에서 너무 긴장하는 사람은 꿈속에서 받을 수 있는 도움에 감사할 것이다.

그러나 기억에 대한 우리의 논의에서 자각몽은 더 중요한 구실을 할 필요가 있다. 기억에 대한 우리의 기본적인 견해가 옳다면, 기억은 일상생활을 훨씬 벗어난 목표를 추구한다. 예컨대 인생관은 자잘한 일상생활에서 제대로 다뤄지지 않는다. 그런 인생관을 꿈속에서 얻을 수 있을까? 우리는 그럴 수 있으리라고 생각한다.

포스와 홉슨도 논문의 막바지에 유사한 전망을 내놓는다. 그들은 이렇게 묻는다. 꿈속에서 자아를 돌아보고 심지어 통제하는 능력은 어떤 면에서 특별히 인간적일까? 그리고 그들은, 인간은 때때로 대상을 그저 주어진 것으로 받아들이지 않고 거리를 둠으로써 자신의 행동을 더 큰 맥락 안에서 다시 숙고할 가능성을 연다는 점에서 동물과 구별되지 않을까라는 견해를 제시한다. 포스와 홉슨의 표현을 빌리면, 인간은 '2차 의식secondary consciousness'을 지닌 반면, 동물들은 그렇지 않다고 보아야 한다.[6] 물론 동물들이 2차 의식을 지니지 않았다는 것을 증명할 수는 없다. 또한 동물들은 자각몽을 꿀 수 없다고 단정할 수도 없다. 유감스럽게도 우리는 동물들에게 질문할 수 없으니까 말이다. 만약에 우리의 질문에 동물들이 대답한다면, 의문은 벌써 해소되었을 것이다. 포스와 홉슨은 언어 능력을 추상적 사고의 능력, 그리고 이론적인 거리를 두고 세계를 마주하는 능력과 관련짓는다.

이런 점에서 포스와 홉슨은 1920년대와 1930년대까지 거슬러 오르는 철학적 인간학 전통을 따른다. 그 시절에 철학적 인간학은 동물과 구별되는 인간의 본질을 밝혀내는 과학 분야로 자처했다. 일찍이 니체는, 동물들은 '순간의 말뚝Pflock des Augenblicks'[7]에 매여 있어서 참으로 인간적이게 될 수 없다고 판단했다. 동물들의 삶에서 모든 것은 항상 똑같은 축을 중심으로 돌아간다. 그 축은 먹이 찾기와 번식이며, 이 중심축에 대해서는 협상이 불가능하다. 헬무트 플레스너Helmuth Plessner는 니체의 생각을 계승하여 인간적임을 '탈중심성Exzentrizität'[8]으로 정의했다. 플레스너에 따르면 인간은 탈중심적이다. 이때 탈중심성이란 인간이 때때로 도가 지나친 행동을 한다는 뜻이 아니다. 플레스너의 탈중심성이 지닌 훨씬 더 근본적인 뜻은, 인간이 환경에 적응하여 자연적으로 서게 된 자리인 중심으로부터 스스로 거리를 둔다는 것이다. 최소한 생각 속에서 인간은 중심으로부터 거리를 둘 수 있어야 한다. 바꿔 말해 인간은 스스로 원한다면 자신이 원리적으로 언제라도 달라질 수 있음을 이해해야 한다. 마르틴 하이데거는 한 걸음 더 나아간다. 그는 우리에게 '결단Entschlossenheit'을 요구한다.[9] 우리는 우리 자신을 잡아채서 들어 올려야 한다. 익숙한 환경의 궤도에서 과감하게 뛰쳐나가고 틀에 박힌 사회생활에 등을 돌려야 한다. 그러나 그 다음에 향할 목적지에 대해서 하이데거의 철학은 아무것도 말해주지 않는다. 이처럼 특별한 행동의 가능성에 기대어 인간성을 동물성으로부터 구분하는 철학자들의 사상에서도, 인간성은 순전히 이론적인 기획으로 머물러 있다.

영장류학자 폴커 좀머Volker Sommer는 오래전부터 유인원에 대한 선입견에 맞서 싸워왔다. 우리가 유인원보다 우월하다는 느낌은 흔히 우리 자신에 대한 상당한 과대평가에서 비롯된다고 그는 주장한다. 또한 침팬지가 일종의 '정신 이론'을 보유하지 않았다고 보는 것은 성급한 판단이라고 좀머는 주장한다.[10] 그에 따르면, 침팬지는 생각을 통해 자신을 타자의 심리 상태에 이입할 수 있다. 침팬지는 내가 무언가를 안다는 것을 얼마든지 알 수 있을 뿐더러 어쩌면 내가 무언가를 안다는 것을 그(침팬지 자신)가 안다는 것을 내가 안다는 것도 알 가능성이 있다. 과연 이것이 가능한지 알아내기 위해 학자들은 정교한 실험들을 수행했다. 그 실험들에서 연구진은 침팬지 한 마리가 지켜보는 가운데 먹이를 어딘가에 숨겼다. 실험 장소에 다른 침팬지들이 들어오자, 먹이가 숨겨진 장소를 아는 그 침팬지는 아무것도 모르는 척했다. 심지어 녀석은 시종일관 그 장소에서 멀리 떨어지고 그 장소와 경쟁자들을 향하는 자신의 시선을 통제함으로써 그들을 속이려고 했다.[11]

그러나 동물들이 우리의 정교한 이론들이 예측하는 것보다 훨씬 더 많은 것들을 해낼 수 있다는 주장은 어쩌면 충분히 납득할 만해서 증명이 불필요할지도 모른다. 하지만 인간성은, 익숙한 범위를 벗어나고 실존적 의미에서 탈중심적으로 되고 미래에 모든 것을 바꿀 가능성을 열어놓기로 결단하기를 마다하지 않는 마음가짐보다 더 많은 것을 요구한다. 이 사실은 우리의 일상경험만으로도 충분히 통찰할 수 있다. 그 마음가짐과 더불어, 우리가 정신적 자유를 가지고 무엇을 할 것인지에 관한 개념이 필요하다. 다시 말해 목표들이 필요하고 이제부터 우리가 무엇이 될지에 관한 구체적인 생각이 필요하다. 마침내 모든 것을 바꾸겠다는 결단이 좋다는 것은 우리 모두가 잘 안다. 그러나 더 중요한 것은 그 결단이 실질적인 결과로 이어지는지 여부이고, 더욱 더 중요한 것은 어떤 최종결과가 나오느냐 하는 것이다. 요컨대 우리는 인간성과 우리 실존의 특질이 무엇이냐는 질문의 답을 대략적인 기분이나 불특정한 포부에서 찾으려 하지 않는다. 우리는 결단 이후의 새로운 인생 프로젝트가 실제로 유효한지, 그 프로젝트가 좋고 성공적인 인생의 일반적 기준에 부합하는지 확인하고자 한다.

◦ 꿈속에서 더 나은 인간이 되기

철학적 인간학에 대한 논의는 이것으로 갈음하고 다시 자각몽으로 돌아가자. 더 정확히 말하면, 의식이 온전한 자아가 꿈속에 등장하는 것에 대해서 이야기하자. 우리로 하여금 미래 전망을 꿈속에서 더 잘 이해할 수 있게 해주는 것이 바로 그 등장이다. 앞서 말한 대로, 렘꿈을 꾸는 피실험자의 뇌에 25헤르츠의 교류를 주입하면, 그는 자각몽을 꿀 뿐더러 때로는 꿈에 영향을 미칠 수 있게 된다. 즉 피실험자가 꿈의 줄거리 구성에 참여할 수 있게 되는 것이다. 꿈 보고들에 따르면, 이 참여의 수준은 다양할 수 있다. 예컨대 주어진 무대배경 안에서 꿈-자아가 나아갈 길을 꿈꾸는 당사자가 정하는 것이 가능한 듯하다. 내가 이미 한 구간을 다 갔다면, 의도적으로 다시 돌아가는 식으로 말이다. 또 다른 가능성은 이야기 전체에—따라서 꿈-자아를 둘러싼 무대배경에도—영향을 미치고 특정한 결말에 이르도록 시나리오를 개작하는 것이다. 꿈꾸는 당사자가 능동적으로 영향력을 행사하여 꿈속 등장인물들의 발언을 끌어낼 수 있다면, 그의 연출 권한은 더 확대된다. 평소에 어떤 인물에게 무언가 꼭 묻고 싶었는데, 마침 그가 꿈속에 등장한다면, 꿈꾸는 당사자는 그에게 묻고 대답을 들을 수 있을 것이다. 영화 〈인셉션〉에서 얼마 전에 고인이 된 아버지는 삶의 의미를 찾아 헤매는 아들에게 어떤 말을 할까? 마지막으로, 최고 수준의 꿈 연출 참여는 꿈꾸는 당사자가 꿈-자아에게 그 자신을 둘러싼 상황과 미래 전망에 대해서 질문하고 그의 대답을 끌어내는 것이다.

하지만 논의를 차근차근 풀어가기 위해서 다시 신체 동작을 출발점으로 삼자. 꿈속에서 의식적으로 특정 경로로 나아가거나 되돌아가거나 다시 나아갈 수 있는 사람은 그보다 더 어려운 일들도 충분히 해낼 수 있는 것으로 보인다. 한 실험에서 낮 동안 특정한 훈련 프로그램을 위한 준비를 갖추고 잠들어 새벽에 자각몽을 꾼 운동선수들은 꿈속에서 그 프로그램을 스스로 원하는 만큼 반복했다. 그 훈련 프로그램은 아주 복잡하고 정확성이 필요한 동작들에 관한 것이었다. 예컨대 어느 체조선수는 자각몽을 꾸면서 자신의 마루운동 자유연기 전체를 빠짐없이 수행했다고 보고했다.[12]

이야기 수준에서는—즉 꿈 이야기의 개작에 관해서는—할리우드가 나름의 표준을 제시했다. 이 대목에서 다시 한 번 영화 〈인셉션〉을 예로 들 수 있다. 이 영화는 인생의 줄거리가 새로 구성되면—특히 실존과 도덕에 관한 질문들까지 연루된 개작이 이루어지면—어떤 결과가 발생하는지 보여준다. 미국 영화에서 대개 그렇듯이, 〈인셉션〉의 시나리오를 쓴 작가의 기본적인 입장은 인간에게 또 한번의 기회가 있다는(인간은 또 한번의 기회를 얻을 자격이 있고 실제로 얻는다는) 것이다. 처음에는 무언가 근본적인 문제가 발생한다. 주변 상황이 불리하다든지, 주인공이 길을 잘못 들거나 행동할 때를 놓친다든지 하는 이유로 일을 망친다. 그 다음에 다시 한 번 완전히 새롭게 시작할 기회가 주어진다. 그 기회는 대개 갑자기, 또한 유럽인의 관점에서 보면 약간 느닷없이 제공된다. 예컨대 결국 결합하리라는 것을 관객이 (영화 포스터를 보고) 아는 남녀가 처음 만났을 때 서로 맞붙어 싸우면, 대다수 관객은 이렇게 묻게 된다. 시작이 이런 식이면 이야기를 어떻게 풀어가지? 그런데 곧이어 놀랍게도 남자가 여자에게, 또는 여자가 남자에게 이런 취지의 말을 하는 방식으로 이야기가 풀려간다. "이번에는 출발이 나빴어. 다시 한 번 처음부터 시작하자. 내 이름은 ○○라고 해."
이런 식의 새 출발이 가능하다는 것은 당연히 놀라운 일이다. 남녀는 방금 전까지 머릿속에서 어마어마하게 많은 것들을 구상하다가 이제 와서 칠판 전체를 간단히 지워버린다.

새 출발의 힘에 대한 이 같은 신뢰의 배경에는 궁극적으로 종교적 동기가 있다. 더 정확히 말하면, 의미를 추구하는 인간이 결국 세계 안에서 자신의 자리를 어떻게 발견하는가에 대한 프로테스탄트-기독교적 견해가 그 신뢰의 배경에 있다. 그 견해에 따르면, 신은 우리의 삶에 관한 모든 것을 이미 예정해놓았다. 즉 신은 계획(더 정확히 말하면, 구원의 계획)을 가지고 있다. 다만 유한한 관점에 얽매인 우리가 그 계획을 통찰하지 못할 뿐이다. 우리는 시도와 오류를 통해 신이 우리에 대해서 품은 생각을 알아내야 한다. 이때 직업 선택이 시금석의 구실을 할 수 있다. 왜냐하면 프로테스탄트적 관점에서 직업Beruf은 소명Berufung과 관련이 있기 때문이다. 이승의 삶에서 자신의 가치를 입증하는 사람은 저승에서도 스스로 원하는 곳으로 갈 가망이 높다.

영화 〈인셉션〉에서는 그런 문화적 배경 안에서 고인이 된 아버지가 꿈속에서 해주는 조언이 마치 미래에서 온 신탁처럼 작용한다. 아들은 가업과 편안한 상속자의 길을 선택하지 말고, 다시 처음부터 시작해야 한다는 조건이 붙은 어려운 길을 선택해야 한다. 그리하여 그를 위해 예정된 자리와 지위를 발견해야 한다. 그는 상속된 유산을 결연히 내던짐으로써 더 나은 인간이 된다.

이런 새 출발에 대한 생각들을 품고 성인이 되는 사람은 꿈속에서 매우 구체적인 메시지를 얻을 수 있다. 관건은 우선 또 한번의 기회를 얻는 것이고 그 다음에는 그 기회를 이용하는 것이다. 이 대목에서 일부 독자들이 과거에 내렸던 (그 후의 삶에 중대한 영향을 미친) 결정을 회상한다면, 그것은 놀라운 일이 아니다. 어쩌면 그 독자들은 그 결정을 내리던 시기에 강렬한 꿈을 자주 꾸었다는 것도 기억할 것이다. 그런 시기에는 기억이 소환되고 우리의 인생 이력에서 기억이 하는 기초 작업이 요청된다. 다만 관건은 진지하게 대해야 마땅한 기억을 우리가 실제로 진지하게 대하는가라는 문제인 것으로 보인다. 우리가 꿈속에서 연출가처럼 능숙하게 활동한다면, 우리는 우리의 미래에 대한 연출 권한을 조금 더 확보하게 될 것이다.

마지막으로 하나만 더 이야기하고 이 장을 마무리하려 한다. 꿈속에서 듣는 도덕적 조언은 다소 느닷없게 느껴진다. 영화 〈인셉션〉을 떠받치는 주춧돌 하나는 꿈속에서 들은 좋은 조언이 꿈꾸는 당사자의 정신에서 나온 것이 아니라 다른 연출자의 조작에서 비롯된 것이라는 설정인데, 이것은 결코 공허한 설정이 아니다. 그 조언은 영화 속 상속자를 위한 해결책이 아니다. 그의 특수한 사정은 그 해결책을 권하지 않는다. 그 조언은 오로지 영화 속 경쟁자와 그를 돕는 일당의 경제적 난관을 타개하는 해결책이며 현실에서는 영화 제작비를 당연히 회수하고자 하는 제작자들을 위한 해결책이다. '인셉션'이란 새 출발을 의미하며, 따라서 '기만deception'과도 관련이 있고 경우에 따라서는 착각과도 관련이 있다.

새 출발은 기본적으로 위험성을 품고 있다. 왜냐하면 새 출발은 미지의 땅으로 나아가는 것을 의미하기 때문이다. 새로 출발하는 사람의 삶에서 그 무엇도 그를 지금 들어서려는 방향으로 이끌지 않았다. 요컨대 그는 어떤 예비 작업도 하지 않았으며 무엇이 그를 기다리는지 모른다. 무엇보다도 그는 자신이 성공할지 여부를 모른다. 옛 삶에서 벗어나 전혀 다른 삶을 시도한다는 좋은 생각이 결국 오류로 밝혀질 수도 있다. 때때로 꿈은 그런 시나리오를 펼치고, 꿈속에서 우리는 보기 좋게 실패한다. 이런 꿈이 반복되면, 우리는 우리 자신이 비디오게임에 등장하는 인물 같다고 느낀다. 결국엔 항상 '게임 오버game over'라는 메시지가 반짝이게 되어 있는 비디오게임 속의 인물 말이다. 요컨대 때때로 꿈은 새로운 기획을 기존 시도들이나 입증 가능한 재능들과 어떻게 연결할 것인지를 다시 한 번 숙고하라고 경고한다. 왜냐하면 긴 안목에서 우리의 실존이 서로 무관한 일화들로 해체되지 않으려면 그런 연결이 필요하기 때문이다. 서로 무관한 일화들로 해체된 삶을 돌아볼 때, 우리는 만화경을 돌리는 듯한 느낌을 받는다. 만화경을 돌릴 때처럼, 우리가 새 출발할 때마다, 전혀 다른 광경이 펼쳐지니까 말이다. 그리고 삶의 통일성에 대한 질문, 우리가 이 세계에서 진정으로 원하는 바에 대한 질문은 대답되지 않은 채로 남는다.

삶의 통일성을 바라는 마음은 어쩌면 나이를 먹을수록 더 절박해질 것이다. 적어도 우리의 자서전 개념에 따르면 그러하다. 자서전은 다음 사실을 명확히 알려준다. 삶에 대한 보고報告들이 아무리 다양하더라도, 삶을 돌아보고 거기에서 자기 자신을 알아보는 주체는 항상 하나의 개인, 하나의 '나'다. '자아'란 궁극적으로 이야기 작법에서 유래한 관용어다. 이렇게 보면 자아는 우리의 짧은 삶에 포함된 모든 일화들과 위험들, 모든 운명들과 결정들, 모든 헛수고와 헛되이 보낸 많은 시간을 잠정적으로 연결하는 기준선일 따름이다. 삶이 더는 직선으로 진행되지 않을 때에도, 목표를 향한 움직임을 알아챌 수 있는 순간들은 여전히 존재한다. 이와 관련해서 인문학은 최소한 잠재의식적으로 함께 고려해야 할 목적론의 잔재, 곧 종착점을 향한 움직임의 잔재를 거론한다.

문학평론가 마르셀 라이히-라니키Marcel Reich-Ranicki는 이 주제에 대해서 이보다 덜 추상적이며 상당히 투박한 농담으로 발언했다. 그는 자신이 진행하는 텔레비전 프로그램에서 마치 악동처럼 약간 우쭐거리며 전혀 거리낌 없이 그 농담을 했다. 그는 "남자가 모든 여자와 동침할 수는 없다"라는 말은 소설가의 문학적 지혜라고 한 다음에 잠시 의미심장하게 침묵하더니 "하지만 남자는 모든 여자와 동침하려고 애써야 한다!"라고 힘주어 말했다. 이 말은 본래 이탈리아 가수 아드리아노 첼렌타노에게서 유래했는데, 짐작하건대 참된 출처는 더 오래된 속담일 것이다. 최소한 그 바람둥이 가수의 자아상은 틀림없이 온전할 것이다. 비록 거듭된 실패, 심지어 영속적인 실패가 그 자아상의 윤곽이라 하더라도 말이다. 사람은 그런 자아상에서도 자신을 알아볼 수 있다.

이로써 우리는 꿈나라에서 삶으로 복귀한 셈이다. 왜냐하면 자아상 구성이라는 광범위한 과제를 새벽 시간만 가지고 부수적으로 해결할 수는 없기 때문이다. 이 과제를 위해서는 우리의 주의집중 전체가 필요하고, 낮꿈과 밤꿈을 모두 고려해야 한다. 앞서 어느 정도 권유된 바를 환한 의식으로 결정할 필요가 있다. 우리는 기억의 고요한 예비 작업에 의해 단지 암시된 방향을 삶의 실제 내용에 부여할 수 있다. 우리는 연필로 흐리게 그은 선을 짙은 잉크로 덧칠할 수 있다.

그런데 깨어 있는 의식이 기억의 현명한 조언과 좋은 격려에 반하는 결정을 내리면 어떻게 될까? 심지어 우리가 능동적으로 새로운 획을 긋거나 덧칠을 함으로써 기억이 신중한 평가와 숙고로 그린 밑그림을 반박하면 어떤 일이 벌어질까? 질문을 더 극단화해보자. 나는 어떤 체험을 스스로 겪고 그것이 어떠했는지 정확히 알면서도 그것이 그렇지 않았다고 기억하기로 결심할 수 있을까? 나는 기억이 진실을 따르는 대신에 (생각의 아버지로 구실하는) 바람을 따르도록 만들 수 있을까? 요컨대 나는 나 자신의 기억을 의식적으로 조작하고 고의로 위조하고 심지어 거짓 증인으로 만들 수 있을까? 우리는 한 사례를 통해서 이 질문들에 접근할 것이다. 그 사례의 배경은 법정이다.

4장

상상과 거짓 기억

기억이 우리를
속일 수 있을까?

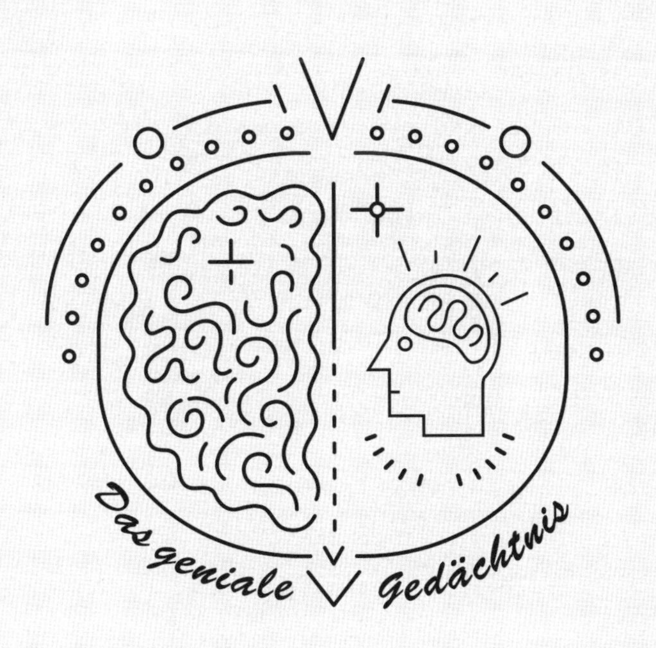

폭행 혐의자에 대한 재판이 진행되고 있다. 폭행을 당했다는 여성이 증인석에서 질문을 받는다. 정확히 어떤 일이 있었나요? 범인은 어떤 행동을 했죠? 범행 당시 주변 상황은 어떠했습니까? 범행이 일어났다는 그 겨울밤에 비가 내렸나요? 왜 이웃들 중에 누구도 폭행의 낌새를 눈치 채지 못했을까요? 당신은 과거에 스스로 자기 몸에 타박상을 입히고 멍 자국이 어떻게 변해 가는지를 사진으로 촬영한 적이 있는데, 왜 그랬나요? 더구나 그때 타박상을 입었던 신체 부위들은 이번 폭행 사건으로 타박상이 생긴 곳들과 정확히 일치하는데, 어째서 그럴까요? 범행 과정을 다시 한 번 진술할 수 있습니까? 세부사항들까지 자세하게 진술해주세요.

자칭 피해자는 실망한 기색을 보인다. 그 여성은 질문들에 답하다가 왈칵 울음을 터뜨린다. 심문은 종결된다. 범인으로 기소된 남성은 다소 흥분하면서 상황을 지켜본다. 마침내 그는 곁에 있는 변호사를 향해 고개를 기울이고 몹시 놀란 표정으로 속삭인다. 입모양을 보고 말을 알아내는 솜씨가 있는 한 방청객에 따르면, 피고가 속삭인 말은 이러하다. "완전히 꾸며낸 이야기에요! 말도 안 돼! 세상에 어떻게 이럴 수 있지? 모든 일이 정말로 일어난 것처럼 이야기를 지어낼 뿐이에요. 저 여자는 자기 말을 진짜로 믿는 걸까요? 원 세상에 이럴 수가…."

그 겨울밤에 실제로 어떤 일이 일어났는지 우리는 지금도 모른다. 독립적인 증인은 없고, 당시 사건들을 어렴풋하게나마 알려주는 단서들도 턱없이 부족하다. 기소된 남성은 '의심스러우면 피고의 편을 들어라'라는 사법 원칙에 따라 무죄 판결을 받았다.

하지만 피고가 걱정하면서 던진 질문은 그대로 남아있다. 그 재판보다 훨씬 더 큰 범위에 영향을 미치는 그 질문은 이러하다. 그토록 극적인 사건을 상상만으로 믿을 수 있을까? 오히려 피해자로 자처한 그 여성이 참말을 했거나 아니면 그냥 거짓말을 했거나 둘 중 하나라고 보아야 하지 않을까? 실은 전혀 일어나지 않은 중대한 사건을 기억하는 것이 과연 가능할까? 오로지 의지만으로 한낱 환상을 진실로 받아들이는 경지에 이를 수 있을까? 우리는 현실과 관련한 자기기만의 가능성을 적어도 잠재적으로 늘 의심해야 하지 않을까?

◦ **기억의 오작동**

이 장에서 다룰 내용은 '거짓 기억false memory'이라는 큰 주제에 관한 것이다.[1] 거짓 기억에 대해서는 이미 많은 연구가 이루어졌고 많은 논문이 나왔다. 대다수 사람들은 거짓 기억을 무조건 막는 것이 바람직하다고, 거짓 기억은 방지할 필요가 있는 오류라고 여긴다. 그러나 우리의 질문은 반대 방향을 가리킨다. 우리는 거짓 기억을 막기 위해서 어떻게 거짓 기억이 발생하는지 알고자 하는 것이 아니다. 오히려 우리가 알고자 하는 바는 고의로 거짓 기억을 유발하는 것이 가능한가, 그리고 가능하다면 어떻게 가능한가 하는 것이다. 거듭 강조하지만, 우리의 기억은 과거 지각들의 저장소보다 훨씬 더 큰 역할을 한다. 기억이 미래를 내다보면서 대단한 창조력을 발휘할 수 있다는 우리의 설명을 상기하라. 기억은 재배열하고 재편성하고 분류하고 해석하면서 우리의 미래 행보를 위한 터전을 마련한다. 따라서 우리는 기억이 단지 낮에 입력되는 내용을 마치 장부에 기입하듯이 보존하는 역할에 머물지 않고 인생 이력에 관한 내용을 다룰 때는 모종의 독창성을 발휘한다는 점을 다시 한 번 강조한다. 그런데 지금 우리가 논하려는 기억의 독창성은 반드시 긍정적이지만은 않다. 우리가 지금까지 논한 기억은 일종의 조언자였다. 그 조언자의 막중한 역할 덕분에 우리는 인생을 제작해가는 예술가가 될 수 있다. 그러나 지금 기억은 의심의 대상이다. 혹시 우리의 독창적인 천재가 매수당할 수도 있을까? 기억을 고의로 훼손하여 진실과 허위를 뒤바꾸는 것이 가능할까?

우선 순전히 기술적인 오작동을 살펴보자. 이 대목에서는 기억을 창고로 간주하더라도 거짓 기억이 어떻게 발생하는지를 충분히 이해할 수 있다. 바꿔 말해서 우리는 기본적으로 절차상의 오류들만 추적하면 된다. 그 오류들은 세 단계에서 발생할 수 있다. 그 세 단계는 '입력' 혹은 '코드화'(이 용어들은 기억을 컴퓨터에 비유하는 관점을 반영한다) 단계, '저장' 단계, 기억 내용을 다시 불러내는 '인출' 단계다. 오류 발생 가능성은 정보가 입력되는 단계에서도 이미 높다. 지각을 개념과 짝짓는 작업에서부터 난점이 불거질 수 있다. 자기 앞에 놓인 대상이 무엇인지 정확히 모르는 사람은 나중에 그 대상에 관한 기억검사에서 많은 오류를 범한다. 그 이유는 간단하다. 오류가 기억검사에서 드러나기 전에 코드화 단계에서 이미 발생했고 저장 및 인출 단계에서 당연히 개선되지 않았기 때문이다. 적절한 개념을 발견하는 일에 전반적으로 미숙한 사람은 대개 기억 오류가 많다. 여러 연구에 따르면, 지능지수가 낮은 사람일수록 기억 오류를 범할 위험이 대체로 더 크다.[2] 이런 문제들은 이마엽이 손상된 환자들에서도 발견되었다.[3]

정보 입력 단계에서 발생하는 또 다른 문제는 우리의 주의 집중에 한계가 있다는 사실에서 비롯된다. 우리가 동시에 지각하고 의식적으로 다룰 수 있는 대상의 개수는 늘 한정되어 있다. 이미 언급했듯이, 우리가 동시에 다룰 수 있는 대상의 개수가 5~9개라는 사실은 해마와 그 주변에서 포착되는 뇌파의 진동수와 관련이 있는 것으로 보인다. 이 한계는 단점으로 작용할 수 있다. 특히 우리가 마주한 광경이 복잡하고 정보들이 밀집한 상태로 우리에게 입력될 때 그러하다. 그럴 때 우리는 수용 능력의 한계 때문에 많은 세부 사항들을 놓칠 수밖에 없다. 이와 관련해서 일부 학자들은 '작업 기억 병목'을 거론하기도 한다.

추가 요인들 때문에 작업 기억의 작동이 더 어려워지면, 이 병목 현상은 더 심해진다. 특히 우리가 스트레스를 받을 때 그러하다. 스트레스를 받으면, 신경조절물질들과 호르몬들이 더 많이 분비된다. 그 중에서도 특별히 언급할 필요가 있는 것은 다양한 글루코코르티코이드glucocorticoid와 그것들이 뇌에서 하는 작용이다. 이 물질들이 일차적으로 하는 작용은 시냅스들의 효율을 높이는 것이다. 그 결과로 스트레스 순간은 기억에 특별히 잘 각인된다. 하지만 이 효율 향상과 동시에 그리고 그 후에 글루코코르티코이드는 다른 시냅스들을 약화하는 작용도 한다. 이 작용으로 약화되는 것은 다른 자극들과 입력들을 다루는 시냅스들이다. 그 결과는 우리가 마주치는 인상들이 기억에 덜 남게 되는 것이다. 누구나 경험을 돌이켜보면 수긍하겠지만, 스트레스가 강할수록, 스트레스 순간에 대한 기억은 더 생생하고 그 직후 사건들에 대한 망각은 더 광범위하다. 심지어 극단적 스트레스에서 비롯된 정신적 외상은 그 후의 기억을 완전히 억압하는 작용을 할 수 있다.[4]

거짓 기억은 지각 및 지각 처리 과정에서 남겨진 기억의 틈들이 메워질 때 발생한다. 이 틈 메우기 작업은 우리가 지금 제대로 혹은 완전히 이해하지 못한 것들을 나중에 숙고하면서 아귀를 맞추려 애쓸 때 의식적으로 하는 작업과 유사하다고 할 수 있다. 그럴 때 우리는 우선 지각 내용이 어떤 범주에 속하는지 살펴보고 이어서 빠진 세부사항들을 기억에서 불러내 채우려고 애쓴다. 대상이 항상 어떠어떠한 모습이라는 것이 확실하다면, 이 작업은 철저히 논리적으로 이루어질 수 있다. 예컨대 특정한 자동차는 항상 특정한 형태라는 것, 폴크스바겐 '케퍼Käfer'(딱정벌레 모양을 본뜬 독일 자동차)는 항상 각지지 않고 둥그스름한 모양이라는 것, 풀은 항상 녹색이고 절대로 빨간색이 아니라는 것이 확실하다면 말이다. 하지만 당신이 예외와 마주쳤다면, 기억의 틈을 메우는 작업은 기억의 위조로 귀결된다. 예컨대 당신이 본 그림 속의 풀이 (세잔의 후기 회화 한 점에서처럼) 녹색이 아니라 보라색이었다면, 혹은 당신이 본 폴크스바겐 '케퍼'가 개조된 것이어서 상자 모양이었다면 말이다.

하지만 기억의 틈을 메우는 작업은 과거 상황에 새삼 감정을 이입하는 것을 통해서도 이루어질 수 있다. 이 경우에 사람들은 과거 상황에 다시 처했다고 상상하면서 그런 상황에서 늘 펼쳐지는 광경을 생생하게 떠올린다. 그리고 기억의 틈들을 그 광경('대조對照용 지각')의 요소들로 시험 삼아 메우고 대충 어울리는지 살펴본다. 예컨대 내가 지갑을 잃어버렸다면, 나는 내가 지갑을 놓았을 법한 장소들을 떠올리려 애쓰고, 그러면 내 정신의 눈은 온갖 가능한 장소에 놓인 지갑을 본다.

마지막으로, 상상력을 자유롭게 풀어놓는 것만으로도 기억의 틈을 메울 수 있다. 이 경우에는 한낱 연상이 기억의 틈을 메운다. 학자들은 이를 '침입intrusion'이라고 표현한다. 침입은 우리가 기억의 틈을 의식적으로 다루지 않고 실제로 일어났음직한 사건을 상상할 때 일어난다. 우리가 증인으로서 법정에 섰는데 우리의 증언에 얼마나 많은 상상이 섞여 있는지 명확하게 모를 때, 침입은 곤란한 상황을 초래한다.

기억 내 침입은 이른바 '오재인誤再認, false recognition'을 유발할 수 있다. 오재인이란 실제로 경험하지 못한 것을 경험했다고 착각하는 현상이다. 특히 오래전 사건들을 회상할 때 우리는 세부 사항들을 보충하는 수준을 넘어서 실은 전혀 기억하지 못하는 장면과 사건 전체를 직접 체험했다고 여기는 경향이 있다. 예컨대 어린 시절의 추억은 쉽게 조작될 수 있다. 권위 있는 사람(이를테면 손위 형제나 부모)의 말을 듣거나 그럴싸한 사진을 보는 것만으로도 사람이 자신의 어린 시절에 대해서 가진 생각을 충분히 바꿀 수 있다. 이 주제는 잠시 후에 다시 다룰 것이다.

하지만 오류는—다시 전문용어로 말하면—기억을 '저장(보존)'하는 단계에서도 발생할 수 있다. 예컨대 우리는 어떤 사실을 기억하면서도 어떻게 우리가 그 사실 인식에 도달했는지는 망각할 수 있다. 이런 경우를 일컬어 '출처 모니터링source monitoring' 오류라고 한다. 타인의 아이디어를 훔쳤음에도 불구하고 양심의 가책을 못 느끼는 모든 표절자는 자신의 표절을 결함 많은 출처 기억의 탓으로 돌리며 억울함을 호소하곤 한다. 그런 사람은 자신이 그 아이디어를 어디에서 읽었거나 누구에게서 들었는지는 고사하고 읽거나 들었다는 것조차 망각한 채 자신이 스스로 그 아이디어에 도달했다고 믿는다.

끝으로 기억을 '인출'하는 단계에서도 기술적인 오작동이 일어날 수 있다. 너무나 익숙한 이름이나 단어가 떠오르지 않아서 애태워본 경험이 없는 사람은 없다. 그런 상황을 전문용어로 '설단 현상Tip-of-the-tongue phenomenon'이라고 한다. 이 명칭은 예컨대 어떤 이름이 우리의 혀 위에 얹혀 있는데 도무지 입 밖으로 나오려 하지 않는다는 뜻을 담고 있다. 설단 현상은 왜 발생할까? 신경학의 관점에서 그 원인들을 지목할 수 있다. 예컨대 도파민 수치가 높으면, 주어진 시각적 이미지에 맞는 이름을 찾아내는 능력이 봉쇄될 수 있다. 이 상태에서 우리는 한 과제에 너무 집중하기 때문에 그와 동시에 또 다른 과제를 해결할 수 없다. 커피를 너무 많이 마시면 쉽게 그런 상태에 빠질 수 있지만, 정신적 긴장이 다시 풀리면 정상적인 상태가 신속하게 회복된다. 설단 현상 탈출을 위해 자신을 압박하지 말라고 민간요법에서 권하는 이유가 여기에 있다. 우리 뇌의 활동은 소화와 유사한 측면이 있다.

◦ 기술적 무능일까, 의도적 위조일까?

기억 오류에 대해서 이런 적대적인 질문을 던질 수 있다. 기억 오류는 당사자의 의도에서 비롯될 수도 있지 않을까? 이 질문에 대한 탐구는 기술적 오작동에 대한 탐구와는 다른 별개의 과제다. 기억 오류가 의도에서 비롯될 수 있다는 생각은 쉽게 받아들이기 어렵다. 왜냐하면 우리의 통념에 정면으로 반하는 생각이기 때문이다. 하지만 우리의 일화 기억이 (적어도 다른 유형의 기억들과 비교하면) 그리 능숙하게 작동하지 못한다는 것은 엄연한 사실이다. 일부 연구자들은 우리의 일화 기억이 비교적 새로운 진화 산물이라는 점(따라서 아직 제대로 성숙하지 못했다는 점)이 그런 미숙한 작동의 원인이라고 추측한다. 한 걸음 더 나아가, 자연선택의 기준들에 입각하면 일화 기억은 참된 기능이 없다는 추측까지 내놓는 연구자들도 있다. 자신의 과거로 시간 여행을 떠나는 능력이 생존에 무슨 도움이 된다는 말인가, 라고 그들은 묻는다. 심지어 일화 기억은 단지 우리의 실존을 미화하기 위한 장치라는 해석도 제기된다.[5] 요컨대 일화 기억은 기본적으로 지루함이 낳은 산물이라는 것이다.

하지만 우리는 위 질문을 다시 한 번 진지하게 고찰하고자 한다. 왜냐하면 이 장의 첫머리에 나오는 예가 보여주듯이, 우리가 기억을 증인으로 삼아 신뢰하고자 할 때, 기억 오류가 의도에서 비롯될 가능성은 중대한 문제이기 때문이다. 의식적이고 의도적인 기억 위조가 성공을 거둘 가망이 가장 높은 때는 언제일까? 어차피 불완전한 기억이 거론되고 사람들이 기억 위조를 기억 결함의 탓으로 돌릴 때일 것이다.[6] 방금 보았듯이, 기억을 '입력'하는 단계에서 우리는 나중에 거론할 가치가 있을 법한 내용을 모두 수용할 수는 없기 마련이다. 또한 시간이 흐르면 기억은 퇴색한다. 즉 시냅스 연결들이 약화되고, 신호의 세기가 감소하고, 기억이 파편화한다. 또한 기억을 '인출'하는 단계에서도 우리가 기억 내용의 특정 측면에 집중하기 때문에 정신의 눈앞에 빤히 보이는 다른 측면들을 발설하지 못하는 설단 현상이 일어날 수 있다. 그런데 우리는 이런 결함들을 의도적으로 유발할 수도 있다.

기억 조작이 성공적으로 이루어지려면 특정한 기본 조건들이 갖춰져야 한다. 한 가지 조건은, 이식할 거짓 기억이 당사자의 경험과 정면으로 충돌하지 말아야 한다는 것이다. 우리가 특정 시간에 특정 장소에서 한 일을 여전히 생생하게 기억한다면, 바로 그 시간과 장소에서 전혀 다른 일이 일어났다고 우리를 설득하려는 시도는 성공할 가망이 거의 없다. 이식할 거짓 기억이 기존 기억과 시간적으로 일치하면서 내용적으로 충돌할 경우에도 비록 정도는 덜하지만 똑같은 문제가 발생한다. 또한 이식할 거짓 기억이 그것과 인접한 기존 기억들과 명백히 어긋날 때에도 기억 조작은 성공적이기 어렵다.

당사자의 기존 경험 전반과 상충하는 내용도 이식하기 어렵다. 2 더하기 2는 5라고 가르치는 사람이 있다면, 우리는 그의 말을 무시할 것이다. 이런 경우에는 진술의 타당성을 검사하는 이마엽의 계산중추Rechenzentrum가 해마를 간단히 꺼버린다.[7] 이는 무의미한 메시지가 보존되고 처리되는 것을 막기 위해서다. 이미 언급한 대로 어린 시절에 대한 기억은 비교적 쉽게 조작할 수 있다. 왜냐하면 그 기억에 저장된 사건들은 오래전에 일어난 것들이어서 기억의 틈들이 크며 그 먼 과거에 우리가 어린이의 심성으로 우리의 행동을 어떻게 평가했는지를 현재의 우리가 확실히 알 수 없기 때문이다. 어린 시절에 우리가 이런저런 행동을 할 용의가 있었었는지 여부를 지금 우리는 확실히 말할 수 없다. 아마도 그래서 우리는 어린 시절에 대한 우리의 기억에 오류가 있다는 말을 다른 기억에 오류가 있다는 말보다 더 신속하게 받아들이는 듯하다.

기억 조작의 기본 조건들이 갖춰지면, 거짓 기억의 이식은 늘 정해진 기본 패턴에 따라 이루어진다. 그 패턴은 조작자가 추가한 인상('2차 인상')을 피조작자가 직접 체험한 인상('1차 인상')으로 착각하게 만드는 것이다. 이를테면 조작자는 피조작자에게 그림이나 소리, 광경, 이야기를 제시하고 미디어를 통해 반복해서 제공한다. 그러면 언젠가 피조작자는 그것들을 자신이 직접 경험한 바로 여기게 된다.

이식된 경험을 고유한 경험으로 착각하게 만드는 첫 번째 방법은 매우 간단하다. 그것은 피조작자를 거짓 기억에 계속 반복해서 노출시키는 것이다. 이 방법의 배후에 놓인 생각 역시 단순하다. 그 생각이란, 우리가 어떤 지각을 자주 접하면 접할수록, 우리는 그 지각을 평가할 때 그것의 출처에 관심을 덜 기울이게 된다는 것이다. 알다시피 기억은 거듭 회상되면 강화된다. 우리가 자주 회상하는 기억은 대개 유지된다. 그렇게 거듭된 노출을 통해 기억 내용이 차츰 강화되는 동안, 우리가 그 내용에 최초로 노출된 순간은 점점 더 망각된다. 광고는 이런 유형의 신뢰 획득을 늘 새롭게 이용한다.[8] 광고에 거듭 노출되는 소비자는 시간이 지날수록 특정 제품이 실제로 자신에게 유용하다는 확신을 점점 더 강하게 품는 것과 동시에 그 확신을 어디에서 얻었는가라는 질문을 점점 덜 던지게 된다. 이것이 광고업자가 예상하는 바다. 광고 메시지가 거듭될 때마다 소비자의 고유한 생각이 광고업자의 생각으로 대체될 확률은 높아진다.

메시지의 꾸준한 반복은 일상의 광고에서는 유용하더라도 메시지가 전하는 사건이 실제로 일어났다는 확신을 심어주기에는 부족할 수 있다. 그럴 경우에는 피조작자가 조작의 단서로 알아챌 만한 지점을 추가로 개선할 필요가 있다. 즉 피조작자가 특정한 확신을 어떻게 처음으로 얻었는지를 완전히 망각하지 않았을 경우를 대비해서 추가 전략이 필요하다. 그 최초 접촉이 어떠했는지를 피실험자가 충분히 알고 있다면, 혼란을 일으킬 필요가 있다. 즉 피실험자가 한낱 체험 이야기('2차 체험')를 실제 체험('1차 체험')으로 여기도록 만들어야 한다. 이를 위한 묘수는 피조작자의 실제 체험들 중에서 조작자가 이식하고자 하는 거짓 체험과 유사한 것을 찾는 것이다.

이와 관련한 유명한 연구로 이른바 '벅스 버니 실험Bugs Bunny Experiment'이 있다. 많은 사람들은 어린 시절에 디즈니랜드에 가서 만화와 동화의 등장인물들과 만난 적이 있다. 벅스 버니 실험에서 연구진은 피실험자에게 어린 시절에 디즈니랜드에 갔던 일을 회상해서 이야기하라고 요청한 다음에 그 이야기에 맞장구를 치면서 유쾌한 토끼 '벅스 버니'와 만나 악수를 했던 것을 언급했다. 그러나 벅스 버니는 디즈니랜드에서 만날 수 있는 캐릭터가 아니다. 왜냐하면 그 캐릭터의 사용권은 워너브라더스 사에 있지 않기 때문이다. 나중에 연구진은 피실험자를 다시 면담하면서 그가 디즈니랜드에 갔을 때 벅스 버니도 만났느냐고 물었다. 그러자 짐작대로 많은 피실험자들이 그렇다고 대답했다. 이 실험 이후 동일한 유형의 실험들이 점점 더 정교하게 고안되었다. 한 실험은 피실험자 여러 명이 함께 미술관을 관람하는 것을 출발점으로 삼는다. 관람 후 모임에서 연구진은 피실험자들에게 그림들을 보여주었는데, 그중에는 다른 미술관의 소장품이어서 피실험자들이 절대로 볼 수 없었던 그림들도 섞여 있었다. 그렇게 실제로 관람한 작품들 사이에 거짓 작품들을 집어넣는 속임수는 많은 경우에 유효했다. 즉 많은 피실험자들은 거짓 작품들을 실제로 본 작품들로 착각했다.[9]

하지만 이것은 가능한 속임수의 끝이 아니다. 속임수를 한층 더 세련되게 다듬을 수 있다. 핵심은 1차 체험들의 계열 속에 2차 표상들을 더 매끄럽게 삽입하는 것이다. 한 가지 방법은 유사한 것에 이어 유사한 것이—도널드 덕에 이어 벅스 버니가, 반 고흐에 이어 세잔이—나온다는 계열의 법칙을 이용하는 것이다. 또 다른 방법은 피실험자들이 신뢰하는 사람을 동원하여 그에게 거짓말을 시키고 그 거짓말을 연구진이 승인하는 것이다. 방금 거론한 미술관 관람 실험에서는 전시회 기획자를 그런 사람으로 동원할 수 있을 것이다. 그 사람은 전시 계획과 실행을 위임받은 사람이므로 피실험자들은 그를 특별한 권위자로 느낄 테니까 말이다. 어린 시절을 회상하는 실험에서도 피실험자의 부모가 나서서 그때 일은 이러이러했다고 확언한다면 뚜렷한 효과가 나타날 것이다.

또 다른 좋은 예는 사건 현장에 있었고 그 사건을 보고하는 전문가와 관련이 있다. 이를테면 재난 현장에서 상황의 전개를 기록하고 과학적으로 재구성하는 전문가 말이다. 그런 전문가가 증인에게 질문하면서 간단한 암시만 주어도, 증인의 대답은 달라질 수 있다. 예컨대 교통사고를 조사하는 경찰관이 우리에게 검은색 자동차가 노란색 자동차의 앞을 가로막았느냐고 물으면, 부지불식간에 우리는 원래 기억했던 자동차들의 색깔을 검은색과 노란색으로 수정하게 된다. 합리적인 사람은 전문가에게 권위를 부여하고, 기억은 그 권위에 기꺼이 굴복하는 것으로 보인다. 한 마디 보태자면, 많은 사람들의 보고도 이와 유사한 권위를 가진다. 다른 모든 증인들이 (심지어 주저 없이) 검은색 자동차와 노란색 자동차를 언급하면, 우리의 기억은 신속하게 사고 차량들의 색깔을 바꾼다.

◦ 내가 내 기억을 조작할 수 있을까?

기억이 우리를 속일 수 있다는 것은 누구나 알고 때로는 아프게 되새기는 사실이기도 하다. 또한 우리가 늘 속을 뿐더러 심지어 타인이 파놓은 기억 함정에 스스로 뛰어든다는 사실도 우리가 익히 아는 바다. 하지만 나 자신이 착각의 유발자라면 어떨까? 거짓 기억을 유발하는 조치들을 도입한 장본인이 바로 나라면 어떨까? 우리는 기억과 관련해서 우리 자신을 속일 수 있을까? 내가 나의 기억을 조작하면서 그 조작의 장본인이 나라는 자각을 간단히 억압할 수 있을까? 이 특별한 질문들 앞에서 우리는 최신 신경생물학 연구들의 도움을 받을 수 있다. 신경생물학이 밝혀낸 바에 따르면, 기억의 인출을 담당하는 연결망들은 다른 활동들에도 참여하는데, 그 활동들 중 하나는 미래 사건을 떠올리거나 심지어 자유롭게 꾸며내는 것이다.[10] 요컨대 우리가 과거 일을 회상하여 다시 생생하게 눈앞에 떠올릴 때 작동하는 뇌 구역들은 우리가 미래를 떠올려 정신의 눈으로 훑어볼 때—심지어 우리가 어떤 사건을 순전히 허구로 꾸며내어 상상할 때—작동하는 뇌 구역들과 대체로 동일하다. 이 결론은 우리가 꿈을 다루는 장에서 언급했던 '디폴트 모드 네트워크'에 대한 연구에서 나왔다. 뇌가 휴식할 때 켜진다고들 하는 그 네트워크는 우리가 특정한 과제를 수행하지 않고 우리의 주의 집중이 잠시 느슨해질 때면 어김없이 작동한다. 디폴트 모드 네트워크가 작동하면, 우리의 연상은 더 자유로워진다. 이것은 낮꿈과 밤꿈에서 공통적으로 나타나는 현상이다. 그런데 놀라운 발견은 낮꿈과 밤꿈, 즉 낮의 자유로운 상상과 밤의 자유로운 상상만 서로 유사한 것이 아니라는 점이다. 오히려 많은 증거에 입각할 때, 실제 체험을 진실에 충실하게 회상할 때의 뇌 활동 패턴과 자유롭게 상상할 때의 뇌 활동 패턴도 서로 유사한 듯하다.

그러나 기능성 자기공명영상법functional Magnetic Resonance Imaging, fMRI을 이용한 최신 실험들은 위 결론이 너무 성급한 것일 수 있음을 시사한다. 우선 학자들은 미래 시나리오를 떠올릴 때의 뇌 활동과 실제로 체험한 바를 회상할 때의 뇌 활동 사이에 측정 가능한 차이가 있음을 확인했다. 미래 시나리오를 떠올릴 때는 이마엽과 해마에서 강한 활동이 포착된다.[11] 이마엽은 구성적 과제들과 미래 계획을 담당한다. 따라서 이마엽에서 강한 활동을 포착한 학자들은, 우리가 무언가를 자유롭게 구상할 때(따라서 그 무언가가 불특정한 모습일 때) 이마엽이 더 많은 일을 해야 한다고 옳게 추론했다. 해마의 활동이 강해지는 이유도 마찬가지다. 해마는 일반적으로 시각적 내용을 제공하는 역할을 한다. 자유롭게 구상한 표상에 미완성인 부분이 많을수록, 더 많은 그림들과 기타 요소들을 자료실에서 가져와야 한다. 따라서 해마의 활동이 강해지는 것이다. 또한 학자들은 해마 내부에서도 미세한 차이를 발견했다. 즉, 왼쪽 해마 앞부분은 오직 미래를 상상할 때만 작동하는 반면, 왼쪽 해마 뒷부분은 미래를 상상할 때뿐 아니라 과거를 회상할 때도 작동한다.[12]

이 사실에서 어떤 결론들을 끌어낼 수 있을까? 우선 이런 결론을 끌어낼 수 있다. 이마엽에서 일어나는 일은 대개 의식의 문턱 근처에 있기 때문에 자기 점검 과정에서 (우리가 그저 판에 박힌 절차에 따라 처리하거나 꿈속에서 처리하는 일들처럼) 쉽게 간과될 수 없다. 따라서 우리가 능동적으로 기억을 조작할 때는 우리 자신의 관여에 대해서 착각하기가 비교적 어렵다. 또한 최초 구상에서 새로운 줄거리가 완성되는 경우는 거의 없다. 새로운 줄거리는 거듭 조정되고 숙고되어야 한다.

기억을 구성하는 시각 및 청각 재료와 기타 감각 인상들이 새로 산출되어야 할 경우에는 자기 기만이 훨씬 더 어려워진다. 이 경우에는 해마가 많은 일을 해야 한다. 왜냐하면 다양한 표상들을 아주 많이 불러내고 그것들을 재료로 삼아서 새로운 행동과 그에 어울리는 무대를 구성하고 적절히 조립해야 하기 때문이다.

작가가 되기를 꿈꾸는 사람은 누구나 다음과 같은 가르침을 실행하기가 얼마나 어려운지 잘 안다. 작가 지망생을 위한 교육과정에서 가장 먼저 나오는 그 가르침은 세부 사항을 중시하라는 것이다. 이것은 글을 최대한 생생하게 쓰라는 뜻일 뿐 아니라 주어진 맥락에서 예상할 수 없는 특별한 세부 사항을 찾아내어 삽입하라는 뜻이기도 하다. 작가의 서술을 읽는 독자들은 전형적이라고 느껴지는 배경으로부터 최소한 한 대상이 돌출할 때 그 서술을 진짜라고 혹은 최소한 믿음직하다고 여긴다. 특히 범죄소설은 얽히고설킨 줄거리를 풀어나가기 위해 그런 돌출 대상들을 필요로 한다. 부르주아 가정의 거실을 묘사하는 대목에서 등장하는 낡은 아동용 인형은 그런 돌출 대상일 수 있다. 나중에 범인의 억압된 유년기 경험들과 심층적인 범죄 동기가 암시되면, 독자들은 본디 그런 거실에 어울리지 않는 그 인형을 새삼 상기할 것이다. 냉정한 태도를 즐겨 취하는 은행원이 쓰기에는 너무 알록달록한 휴대폰 케이스, 보기보다 훨씬 더 무거워서 무기로 쓸 수 있을 법한 컵, 수사관의 얼굴에서 반복적으로 일어나는 특이한 경련(그 경련은 수사관의 지적인 추리를 방해할 때가 더 많지만, 결국 수사관은 그 방해 덕분에 수수께끼를 해결할 단서를 잡는다)도 그런 돌출 대상일 수 있다.

세부 사항을 중시하라는 가르침은 이 장의 첫머리에서 묘사한 것과 같은 법정 상황에도 적용된다. 줄거리를 벗어난 세부 내용이 많은 증언일수록 더 신뢰할 만하다는 것은 심리학자뿐 아니라 검사와 변호사, 그리고 당연히 판사가 오래전부터 잘 아는 상식이다. 법률가들이 증언을 듣고 보충 질문을 던지는 목적은 한편으로 사태를 더 정확하게 파악하기 위해서지만, 다른 한편으로 증인이 똑같은 장면을 다른 관점에서 다시 서술할 수 있는지 확인하기 위해서이기도 하다. 실제로 사건을 목격한 사람은 관점을 바꿔 새로운 세부 사항들을 이야기함으로써 사건의 다른 측면들을 부각할 수 있다. 따라서 증인 심문에서 법률가들은 똑같은 질문을 반복해서 던진다. 이는 증인이 직접 목격했다고 주장하는 장면을 항상 똑같은 단어들로 서술하는지, 아니면 스스로 대안적인 서술을 시도하는지 알아보기 위해서다. 장면이 복잡할수록, 사건을 세부까지 꾸며내기가 더 어려워진다. 따라서 거짓 증언이 자기모순에 빠질 개연성은 그만큼 더 높아진다.

또한 학자들이 알아낸 바에 따르면, 인상들이 아직 생생할 때 장면을 시각적으로 재현하기는 훨씬 더 쉽다. 왜냐하면 그럴 때는 방금 전 지각 과정에서 작동했던 뇌 구역들, 곧 뒤통수의 시각 피질 구역들(방추형 이랑gyrus fusiformis, 혀 이랑gyrus lingualis, 가쪽 뒤통수엽 이랑lateral occipital gyrus, 설상엽cuneus)이 여전히 작동하기 때문이다.[13] 사건 직후에 질문을 받고 대답한 증인은 사건을 생생하고 정확하게 떠올릴 뿐 아니라 나중에도 의문시되는 인상들을 (사건 직후에 증언해야 할 필요가 없었던 사람들보다) 더 잘 기억한다.

하지만 짐작하건대 우리가 모든 타인을 속이는 데 성공하더라도 우리 자신만큼은 속일 수 없을 것이다. 왜냐하면 우리의 상상이 빚어낸 찬란한 산물을 우리 자신이나 타인들에게 제시하기 위해 꺼낼 때, 다시 한 번 '양심의 목소리'라고 할 만한 것이 들려올 것이 틀림없기 때문이다. 무슨 말이냐면, 거짓 기억과 참된 기억은 동일한 기억의 서랍에 보관되지 않는다. 따라서 전자를 꺼내는 방법과 후자를 꺼내는 방법이 서로 다르다. 우리가 의도적으로 거짓말을 하면, 우리는 당연히 그 사실을 의식한다. 하지만 설령 우리가 거짓 내용을 다룬다는 사실을 의식하지 못하는 채로 다루더라도, 뇌에서는 우리가 참된 내용을 다룰 때와는 다른 활동이 일어나는 것으로 보인다.

학자들은 그 활동에 대해서 다음과 같은 단서들을 포착했다. 신경과학자 요코 오카다Okada Yoko와 크리스토퍼 스타크Christopher Stark는 우리가 공들여 되짚으며 무언가를 애써 탐색할 때 오른쪽 대상이랑 앞부분이 작동한다는 것을 발견했다.[14] 애를 써야 하는 이유는 기억 내용의 세부사항이 정확히 어떠하고 요점이 정확히 무엇인지에 대한 불확실성이 있기 때문이다. 그런데 오른쪽 대상이랑 앞부분은 기억 내용들이 서로 모순되어 우리가 내적인 갈등을 겪을 때, 즉 기억 속에 원래 없던 요소들이 들어 있을 때에도 작동한다. 최신 연구들은, 우리가 참된 기억을 다룰 때는 시각피질 앞부분과 오른쪽 해마가 비교적 강하게 활동하지만 (우리가 의식적으로 기만을 의도하지는 않았더라도) 꾸며낸 기억을 다룰 때는 그렇지 않다는 것을 시사한다.[15]

이런 뇌 활동의 차이 때문에 당사자가 자신이 다루는 기억이 참되지 않다는 것을 의식하는지 여부에 대해서는 아직 연구가 이루어지지 않았다.

결론적으로 우리가 앞서 제시한 (우리가 모든 타인을 속이는 데 성공하더라도 우리 자신만큼은 속일 수 없을 것이라는) 직관적 판단은 타당한 것으로 보인다. 물론 당신은 어떤 대상을 경험해놓고도 그 대상이 당신의 실제 경험과 달랐다고 믿으려 노력할 수 있다. 그러나 그 노력은 항상 한계에 부딪히는 듯하다. 그 한계는 의식적인 위조가 이루어지는 단계, 활동하면 그 활동이 의식되지 않기 어려운 뇌 구역들이 개입하는 단계에서 찾아온다. 한 장면을 반복해서 두루 살피며 새롭게 구성하는 사람은 대개 그 작업을 위해 명확한 이성을 필요로 하며 밤꿈을 꿀 때와 달리 정신적 활동에 대한 통상적 감시를 벗어날 수 없다. 또한 그는 그 구성된 장면이 진짜 장면이라는 인상을 주기 위해 방대한 시각 자료를 필요로 한다. 그는 그 자료를 여기저기 흩어진 다양한 기억들에서 수집하거나 기타 매체들을 광범위하게 뒤져서 모아야 한다. 더 나아가 이야기를 똑같이 반복하지 않고 질문자들의 요구에 따라 충분히 변형하기 위해서는 수집된 시각 자료를 바탕으로 상당히 능숙하고 교활하게 전체 장면을 구성해야 한다. 마지막으로, 진짜 기억과 가짜 기억을 구분할 필요가 있을 때, 다시 한 번 기억 관리에 관한 난점이 불거진다. 진짜 기억과 가짜 기억은 동일한 뉴런 연결망에서 다뤄지지 않으며 따라서 상이한 접근 코드가 부여되어 있는 것으로 보인다.

그렇다면 아예 불가능하지는 않더라도 개연성이 턱없이 떨어지는 경험담을 진지하게 내놓는 사람들을 어떻게 이해해야 할까? 가장 좋은 예로 외계인들에게 납치되어 그들의 우주선에 감금된 적이 있다고 이야기하는 사람들을 들 수 있다. 외계인의 침공이 임박한 상황을 묘사하고자 하는 할리우드 영화 제작자는 즐겨 그 사람들의 조언을 듣고 영화에 반영한다. 그러나 학자들은 그 사람들의 증상을 이른바 '작화증作話症, confabulation'으로 판정한다. 작화증의 원인은 대개 병이나 부상에 의한 안와이마엽 피질orbitofrontal cortex 손상이다. 동맥류, 알츠하이머병, 알코올이나 기타 약물 남용에 따른 출혈은 장기적으로 뇌 속 티아민(수용성이며 비타민B의 일종이다) 결핍을 가져오는데, 이 결핍의 결과로 안와이마엽 피질이 손상될 수 있다.

이 장의 첫머리에 언급한 폭행 사건 역시 매우 유능하고 상상력이 풍부한 연출가가 명확한 최종적 진실의 외관을 띠도록 꾸며낸 허구인 것으로 추측된다. 피해자로 자처하는 여자의 완고한 주장은 새빨간 거짓말까지는 아니더라도 부적절한 자기 확신에서 비롯된 것이든지 아니면 진실이든지 둘 중 하나인 듯하다. 만일 부적절한 자기 확신에서 비롯된 주장이라면, 그 여자는 그 사건을 묘사하는 과정에서 서투름을 드러내 의심을 샀을 것이다. 하지만 또 다른 가능성이 있다(이 대목에서도 할리우드 영화들을 참조할 만하다). 기억과 상상 사이의 장벽은 그것을 뛰어넘는 행동이 음흉한 짓이거나 처벌해야 할 범죄로 느껴지지 않을 정도로 충분히 낮을 수도 있다.

5장

감정 기억

어린 시절과 첫사랑이 대개 환한 색조로 기억되고,
우리를 문 개를 잊을 수 없는 이유

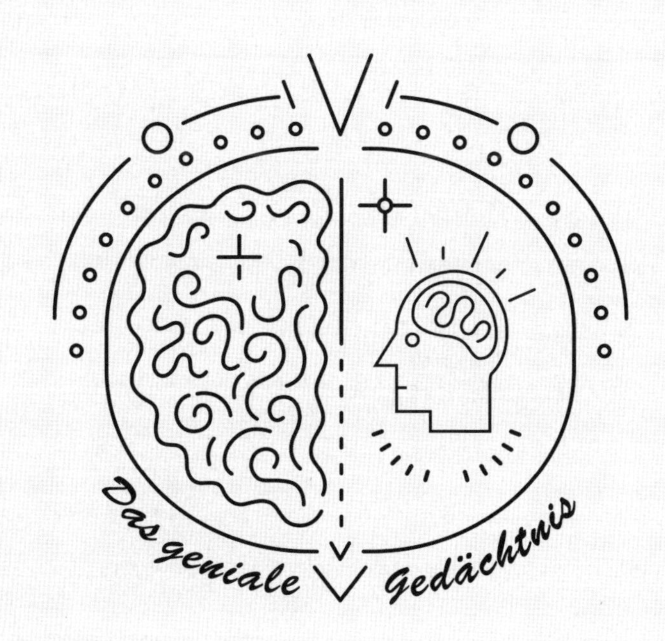

이 장의 주제는 아주 특별한 순간들이다. 예컨대 당신이 우연히 살구를 밟은 후 신발 바닥에 들러붙은 과육을 떼어내려 애쓰는 순간을 생각해보자. 그 노르스름한 과일의 독특한 향기가 콧속으로 들어오고, 문득 당신은 부모님이 내민 살구 과육을 난생 처음으로 들여다보던 어린 시절의 당신을 떠올린다. 그 열매가 열리는 나무의 이름과 그 열매로 만들 수 있는 것들을 배우고 호기심으로 그 열매를 으깨는 당신 자신을 말이다. 혹은 이런 장면을 생각해보라. 당신은 배우자나 여자 친구와 함께 대형 무도회장에서 춤춘다. 줄지어 늘어선 수많은 탁자를 지나치다가 당신은 복숭아 색 샤넬 드레스에 흰색 숄을 두르고 앉아 있는 젊은 여성을 본다. 그 순간 당신은 그녀의 옷차림이 당신의 첫 여자 친구가 졸업식 무도회에서 했던 옷차림과 똑같다는 것을 알아챈다. 무도회의 소음이 요란한 가운데 당신은 문득 모든 감각인상으로부터 격리되어 기억의 거품 방울 안에서 과거의 여자 친구와 친밀하게 만난다. 잠깐 동안 당신은 다시 10대 청소년으로 돌아간다. 지금은 자식들을 키우는 어머니일 수도 있는 과거의 소녀와 깊은 사랑에 빠진 소년으로 말이다.

이런 순간들을 모르는 사람은 없다. 마치 과거에서 온 섬광처럼 우리에게 들이닥치는 그 순간들은 대개 내용이 너무나 뚜렷하고 항상 아주 익숙한 감정을 동반한다. 문학은 이 같은 '플래시백flashback'의 잠재력을 일찌감치 간파했다. 그런 문학 작품의 가장 유명한 예로 마르셀 프루스트의 소설《잃어버린 시간을 찾아서A la recherche du temps perdu》를 들 수 있다. 소설 속 화자가 마들렌 과자를 보리수 꽃차에 적셔 입에 넣는 순간, 그 맛과 향은 그를 과거로, 어린 시절에 그가 콩브레에 있는 레오니 고모 집에 머물던 때로 단번에 데려간다. 그리고 어린 시절의 세계가 다시 나타난다.[1] 철학의 견해에 따르면, 그런 시간 여행은 기본적으로 스트레스와 엄격한 시간 관리에 지친 근대인들이 스스로에게 허락한 휴식이다. 로베르트 무질Robert Musil은 '삶으로부터의 휴가'라는 멋진 표현을 고안하기도 했다. 이 현상을 고찰한 철학자들의 계보는 마르틴 하이데거와 에드문트 후설을 거쳐 앙리 베르그송까지 거슬러 오른다.

그런데 플래시백 순간에 우리 머릿속에서는 과연 어떤 일이 일어날까? 플래시백이 과거의 전근대적 시간 감각과 관련이 있다는 작가들과 철학자들의 추측은 충분히 일리가 있다. 우리가 할 일은 이 해석을 진화의 맥락 안에 집어넣는 것뿐이다. 실제로 플래시백 형태의 회상은 우리가 파충류 및 포유동물과 더 가까웠으며 오늘날의 문화인이 아직 아니었던 시절에 우리 뇌에서 형성된 아주 오래된 구조물들에서 비롯된다. 플래시백을 이해하려면 우리에게 냄새가 지금보다 훨씬 더 중요했고 우리가 세계 안에서 능숙하게 활동하기 위해 후각을 필요로 했던 시절로 되돌아가야 한다. 실제로 개, 고양이, 생쥐만 봐도 알 수 있듯이, 지금도 많은 포유동물들은 후각에 크게 의존한다.

그 까마득한 과거의 흔적을 오늘날 우리 뇌의 해부학에서 확인할 수 있다.[2] 즉, 우리의 후각세포들은 대뇌 피질과 특별한 방식으로 연결되어 있다. 다른 감각기관들에서 유래한 자극은 우선 시상으로 입력된다. 시상은 '의식의 관문'으로 불리는 뇌 구역이다. 반면에 후각 자극은 시상을 거치지 않고 곧바로 대뇌 피질에 도달한다. 따라서 우리가 맡은 냄새는 우리에게서 즉각적인 반응을 유발할 수 있다. 그 반응은 사전에 의식적 평가 과정을 거치지 않고도 일어날 수 있다. 후각세포들과 대뇌 피질의 직접 연결은 후각 인상에 의해 해마와 편도체—이 구조물들은 잠시 후에 자세히 다룰 것이다—등의 중추들이 활성화될 때 특히 명확하게 드러난다. 그럴 때는 우리 안에서 감정들이 일어나는데, 그 감정들은 우리가 그것들에 대해서 의식적인 태도를 취하기도 전에 일어난다. 바꿔 말해서 그 감정들은 우리를 덮친다(이 같은 감정의 급습은 편도체의 활동과 관련이 있다). 혹은 우리의 정신적인 눈앞에 예상 밖의—우리가 의식의 수준에서 다루지 않은 지 오래되어 예상할 수 없었던—광경이 나타날 수도 있다.

플래시백 시간 여행의 효과는 오래전에 버려진 아이를 대면하는 것과 유사하다. 그 아이가 성장하던 시절의 상황은 이제 문화적 존재로 발달한 우리의 관점에서 볼 때 흔적 없이 사라진 지 오래다. 따라서 우리가 문화적 의식이 깨어 있는 상태에서 불현듯 그런 과거의 잔재와 맞닥뜨릴 때 깜짝 놀라는 것은 납득할 만한 일이다. 기본적으로 우리는 그 잔재를 가지고 무엇을 할지 전혀 모른다. 물론 그 잔재를 반갑게 맞이하고 미적인 쾌락을 누릴 수는 있겠지만 말이다.

◦ 프루스트 회상

20세기가 저물고 21세기가 밝아오던 무렵에 신경생물학자들은 방금 서술한 '마들렌 효과'를 실험적으로 탐구하기 시작했다. 우리는 이 효과를 '프루스트 회상Proust'sche Erinnern'으로 부르고자 한다(영어권에서 더 많이 쓰이는 용어는 '프루스트 현상Proust phenomenon'). 프루스트 회상은 네 가지 고유한 속성을 지녔다. 우선 기본 전제는 회상이 맛과 냄새에 의해 유발되어야 한다는 것이다. 미각과 후각의 우열을 가릴 때는, 많은 경우에 우리가 맛이라고 느끼는 것이 실은 냄새라는 점을 간과하지 말아야 한다. 코감기에 걸린 사람은 음식의 맛을 제대로 느낄 수 없다. 요컨대 후각이 미각보다 우위에 있다.

프루스트 회상의 첫째 기준은 회상 내용이 형성된 시기에 관한 것이다. 즉, 프루스트 회상을 연구하는 학자들은 그 회상을 통해 되살아난 기억이 피실험자의 인생에서 몇 살 때 형성되었는지를 중시한다.

둘째 기준은 기억과 결부된 감정, 즉 우리가 생생하게 회상하는 어린 시절의 사건에 어떤 감정이 실려 있는가 하는 것이다. 셋째 기준은 기억의 생생함과 강렬함이며, 넷째 기준은 갑자기 어린 시절로 되돌아간 느낌이다(이 느낌은 실험적으로 입증될 필요가 있다).

프루스트 회상을 탐구하기 위해 학자들이 고안한 실험은, 피실험자의 정신적 눈앞에서 그런 시간 여행이 일어날 때 뇌에서는 정확히 어느 부위에서 어떤 일이 일어나는지 관찰하는 것이었다. 연구진은 피실험자를 자기공명영상 촬영기 안에 눕히고 특정한 유형의 회상을 유발할 만한 여러 냄새, 그림, 단어에 노출시켰다. 또한 이 작업에 앞서 연구진은 피실험자에게 이런저런 질문들을 던지고 대답을 들었다. 이 실험에서 다음 사실이 경험적으로 입증되었다(이 사실은 위에 열거한 첫째 기준과 관련이 있다). 즉 회상을 유발한 열쇠가 무엇이냐에 따라서 떠오른 기억의 나이가 상이했다. 한 스웨덴 연구팀은 중년의 피실험자 93명을 방금 언급한 세 가지 유형의 회상 열쇠—냄새, 그림, 단어—에 노출시켰다. 그 결과, 일반적으로 냄새는 피실험자가 그림을 보거나 단어를 듣고 회상한 기억보다 더 오래된 기억을 되살렸다. 냄새에 의해 되살아난 기억은 어린 시절의 광경, 더 정확히 말하면 피실험자가 10세 이하였을 때 겪은 경험이었다. 반면에 단어와 그림은 11세에서 20세 사이에 겪은 일을 되살렸다.[3]

자기공명영상법을 이용한 실험들은 기억에 동반된 감정도 탐구했다(이 탐구는 위의 둘째 기준과 관련이 있다). 이스라엘에서 이루어진 한 연구에서 밝혀진 바에 따르면, 냄새의 도움으로 기억이 형성될 때는 특히 왼쪽 해마와 오른쪽 편도체가 작동한다.[4] 편도체—왼쪽 편도체와 오른쪽 편도체가 있으므로 '편도체들'이라고 하는 것이 더 정확하다—에 대해서는 잠시 후에 더 자세히 설명할 것이다. 여기에서는 편도체의 주요 기능이 감정 형성, 특히 불쾌한 감정과 기분의 형성을 담당하는 것이라는 점을 언급하는 것으로 충분하다. 이스라엘 텔아비브의 연구자들은 피실험자를 불쾌한 냄새에 노출시켰으므로, 편도체의 작동은 예측할 수 있는 반응이었다.

우리의 논의에서 냄새가 편도체에 미치는 영향보다 더 의미심장한 것은 해마의 작동이다. 왜냐하면 해마는 광경 기억scenic memory의 형성과 관련이 있기 때문이다. 위 연구에서 해마와 편도체가 함께 반응한 것은 이 두 구역이 연결되어 있기 때문이라고 여겨진다. 우리 내면에서 감정을 일으키는 인상은 곧바로 해마로 전달된다. 또한 우리가 학습할 뿐 아니라 감정과 연결하는 인상은 기본적으로 더 잘 간직된다.[5] 여러 기억 시스템—이 경우에서는 감정 기억 시스템과 인지 기억 시스템—이 관여한다는 사실 자체가 기억이 더 오래 유지될 개연성을 높인다. 따라서 〈들어가는 말〉에서 언급한 환자 H. M.이 모든 냄새를 똑같게 느낀 것은 놀라운 일이 아니다. 그는 냄새를 맡을 수 있었지만 냄새들을 구별할 수 없었다. 기억하겠지만, H. M.은 해마와 그 주변 구역들(편도체 포함)을 절제하는 수술을 받은 환자였다.[6]

기억이 형성될 때 편도체가 작동하면, 또 하나의 효과가 발생한다. 그 효과를 쉽게 표현하면, 터보 엔진이 켜지는 것이라고 할 수 있다. 조금 더 과학적으로 말하면, 그 효과란 스트레스가 개입하여 혈류 속으로 호르몬들(여러 글루코코르티코이드)이 분비되는 것이다. 이 호르몬들은 뇌에 진입하여 기저 편도체basal amygdala의 뉴런들과 결합함으로써 편도체의 작동을 더욱 강화한다. 또한 편도체와 해마 사이의 연결이 활성화되고, 그 결과로 감정과 스트레스가 동반된 상황은 기억에 더 생생하게 간직된다. 더 극적으로 말하면, 그런 상황은 기억에 각인된다. 지금 우리가 다루는 주제는 유쾌한 유년기 기억이므로, 기억이 이렇게 잘 보존되는 것은 기쁜 일로 느껴질 것이다. 하지만 우리는 그런 견고한 기억의 부정적 측면에 대해서도 당연히 이야기해야 한다. 안타까운 일이지만, 나쁜 광경들도 기억에 아주 잘 각인된다. 따라서 그 광경들을 기억에서 지우거나 차츰 망각하는 것은 그리 쉬운 일이 아니다.

왜 냄새가 되살리는 기억은 긍정적이거나 부정적인 감정과 근본적으로 연결되어 있는 것으로 보일까? 일단 가능한 설명 하나를 제시할 수 있다. 냄새는 그것을 풍긴 대상에 대한 객관적 분석이 시작되기도 전에 편도체를 활성화한다. 즉 냄새 인상은 즉각적으로 수용되고 감정적으로 평가된다. 그리고 곧이어 해마가 활성화되어 그 냄새를 맡은 상황을 기억에 수용하고 등재한다.[7]

놀랍게도 냄새와 기억 속 인생 이력 상의 경험 사이의 연결은 최초 회상에서만 작동한다. 텔아비브의 과학자들이 밝혀냈듯이, 냄새를 통한 회상을 다시 시도하면 최초 회상 직후에 시도하더라도, 회상은 잘 이루어지지 않는다. 냄새 자극이 계속 반복되고 다양한 환경에서 지각되면, 회상되는 사건 계열은 손상되지 않지만 원천 체험은 손상된다. 다양한 맥락에서 점점 더 빈번하게 회상이 시도되면, 냄새와 체험 맥락 사이의 원천적 연결은 결국 완전히 와해된다.[8] 그 이유에 대해서는 추측만 가능하다. 누구나 알다시피 사람이 어떤 대상 앞에서 정말로 깜짝 놀랄 수 있는 것은 단 한 번뿐이다. 즉 우리는 대상이 전혀 낯설다고 느낄 때만 깜짝 놀랄 수 있다. 냄새와 그것을 둘러싼 환경에 대한 우리의 반응도 이와 유사한 것이 분명하다. 냄새와 환경이 후각 지각이라는 핫라인을 통해 처음으로 따라서 어떤 매개도 없이 우리에게 도달할 때만 우리는—준비가 되어 있지 않은 상태이기 때문에—입력에 대해서 더 높은 개방성을 보인다. 우리가 특정한 환경에서 어떤 냄새를 처음 접할 때, 그 상황이 기억 속에 코드화된다. 다른 감각들과 달리 후각 연상은 교란에 덜 취약한 것처럼 느껴진다. 이 느낌이 옳다는 것은 여러 연구에서 입증되었다. 인지심리학자 게수알도 주코Gesualdo Zucco는 시각 인상과 청각 인상과 비교할 때 후각 인상이 우리의 기억 속에서 얼마나 잘 보존되는지 연구했다.[9] 피실험자들은 세 가지 자극에 노출되었고, 연구진은 나중에 기억 검사를 실시했는데, 냄새 자극에 대한 기억 검사에서 최고 성적이 나왔다. 앞서 언급한 프루스트 회상에서 짐작할 수 있듯이, 어린 시절의 후각 인상은 기억에 매우 뚜렷하게 각인될 수 있다. 그런데 최근에 밝혀진 바에 따르면, 이미 젖먹이 시절이나 자궁 속 태아 시절에 우리는 맛에 대한 취향을 개발한다. 그 원인은 어머니의 식습관일 가능성이 있다. 어머니가 영양분을 섭취하는 방식이 우리로 하여금 이 요리와 저 음료를 다른 음식보다 더 좋아하게 만드는 것으로 보인다. 현재 연구는 특정 문화

권이나 민족에서 식습관과 출생 전 태아의 입맛(미각 취향)을 관련짓는 수준에 도달했다.[10]

다시 어린 시절에 대한 기억으로 돌아가자. 왜 유년기의 체험은 그토록 생생하게 회상될까? 이 질문도 실험적인 맥락에서 일단 다음과 같이 아주 간단하게 대답할 수 있다. 왜냐하면 이미 최초 체험 당시에 해마가 활발하게 작동하여 뇌가 세부사항을 풍부하게 수용할 수 있는 상태로 되기 때문이다. 텔아비브 연구자들의 연구 결과를 보면, 해마에서는 인상들을 한 구역에서 인접한 다른 구역으로 옮기는 작업이 이루어지는 것으로 보인다. 이때 전자의 구역은 사건이 입력되고 같은 날 최초로 회상될 때 활동하는 장소, 후자의 구역은 일주일 뒤에 사건이 다시 회상될 때 활동하는 장소다. 이런 장소 이동까지 감안하면, 나중에 더 성숙했을 때 과거의 잔재로서 우리 곁에 남을 기억은 이미 우리의 어린 시절에 특별하게 간직되는 것일 수 있다. 그렇다면, 생생한 회상을 위해 필요한 것은 적당한 기회뿐이다.

냄새는 이른 유년기에 대한 회상을 유발할 수 있고, 단어와 그림은 10대 시절에 대한 회상에서 중요한 구실을 한다. 이 사실은 통계에서 확인된다. 통계 조사에서 학자들이 즐겨 묻는 항목은 첫 키스의 기억이다. 냄새 자극으로 회상을 유발할 때와 마찬가지로, '첫 키스'라는 문구를 읽는 피조사자는 곧바로 그 문구에 적합한 그림들을 떠올린다. 냄새와 관련해서 우리가 세운 공식은 여기에서도 타당하다. 긴장과 흥분과 감정이 (긴장과 흥분은 일정한 한도 안에서) 많이 밴 체험일수록 영속적인 인상을 남길 개연성이 더 높다. 결국 해마와 그 주변의 중요한 뇌 구역들에서 평소보다 더 격렬하게 점화하는 뉴런들이 전부일지라도, 경우에 따라 그 격렬한 뉴런 활동은 우리의 삶을 결정적으로 변화시키기에 충분하다.

마지막으로, 프루스트의 소설에 나오는 사례로 다시 돌아가자. 이제 우리의 관심사는 우리가 특히 냄새와 관련짓는 어린 시절의 인상이다. 우리는 다음 질문에 아직 대답하지 않았다. 왜 기억 속의 후각 인상은—다른 감각 인상들과는 근본적으로 다르게—마치 마른하늘에 날벼락처럼 우리를 덮칠까? 후각을 통한 회상은 예측 불가능하며 거의 일회적이다. 대신에 그 회상은 다른 감각들을 통한 회상과 비교할 수 없을 정도로 강렬하고 질이 높다. 더 나아가 기억 속 사건의 발생 장소에 실제로 다시 서 있는 느낌, 과거에 보았던 모습을 실제로 보고 과거에 들었던 소리를 실제로 듣는 느낌, 과거의 기분이 다시 드는 느낌이 가세하면, 회상이라는 시간 여행은 한층 더 높은 경지에 이른다.

후각 기억의 특이성을 설명하기 위한 결정적 단서 하나를 통계에서 얻을 수 있다. 통계 조사에 따르면, 사람들은 기억 속 냄새와 관련된 기억 내용들을 평소에 사실상 전혀 생각하지 않는다. 무슨 말이냐면, 사람들은 갑자기 과거에서 날아온 메시지로서 자신을 놀라게 하는 그 내용들을 일상이나 기타 상황에서 다루지 않는다.[11] 그 이유는 일단 인생 여정과 관련이 있다. 이제 성인으로서 생활하는 나로서는 내가 일요일 산책 중에 처음으로 살구를 밟은 장소가 어디였는지에 신경을 쓸 이유가 없지 않겠는가. 심지어 살구를 연구하는 과학자에게도 그 장소가 일상이나 직업을 위해 중요해질 가능성은 거의 없을 것이다.

또한 뇌의 생리학적 변화를 고려해야 한다. 기억의 작동을 위해 냄새 자극이 중요한 구실을 하는 단계에서 단어와 그림이 중요한 구실을 하는 단계로의 이행은 의심할 바 없이, 뇌의 구조가 사춘기에 크게 변화하는 것과 관련이 있다. 더 구체적으로, 그 변화에서 대뇌의 발달과 신호 전달 속도의 향상이 결정적인 구실을 한다는 점이 중요하다. 사춘기에 후각은 우리의 세계 이해에서 한참 뒤로 밀려나는 반면, 합리적 접근 및 처리 방식들은 더 뚜렷해지고 중요해진다. 이 변화를 과거에 인류가 겪은 발전이 개인의 수준에서 반복되는 것이라고 표현할 수도 있겠다. 계통발생에서 이미 성취된 것이 개체발생에서 재성취되는 것이라고 말이다.

이를 염두에 두면, 과거로 이동한 느낌을 이중적인 의미로 이해할 가능성이 열린다. 우리는 냄새를 통한 회상에서 우리 자신의 어린 시절로 복귀함과 동시에 인류의 어린 시절로 복귀한다. 냄새는 우리에게 세계가 아직 거대한 냄새들의 꾸러미였던 시절로 우리를 데려간다. 그 세계에서 우리는 다시 찾아내야 할 좋은 것이 있는 장소와 피해야 할 나쁜 것이 있는 장소를 기억해냄으로써 길을 찾았다. 그런 길 찾기를 즉각적으로 해내야 하는 세계에서 우리는 더 빠르고 직감이 발달한 타인들에게 결정적으로 뒤처지고 싶지 않았다. 또한 그 세계에서 우정과 사랑은 우리가 타인들의 냄새를 (지속적으로) 맡을 수 있는지 여부와 직결되었다.

요컨대 우리가 좋은 냄새를 맡을 때 되살아나는 어린 시절의 기억이 그토록 신선하고 온전한 이유는 그 기억이 우리 기억 시스템의 외딴 구석에서 외롭게 세월을 견뎌냈다는 점에 있다. 그 기억은 대륙에서 분리된 섬에 살면서 여전히 옛 노래를 부르는 새와 같다. 대륙의 새들은 이미 오래전부터 다른 노래들을 부르는데도 말이다. 어린 시절의 기억은 마치 머나먼 낙원에서 날아온 진기한 새처럼 우리를 놀라게 한다.

그렇다면 다른 모든 기억들은 늘 다시 회상되고 그러면서 다시 편집되는데, 왜 프루스트 회상이 되살리는 어린 시절의 기억은 그렇지 않은 것일까? 첫째 장에서 설명했듯이 기억의 근본 특징은 결코 변함없이 유지되지 않고 현재의 새로운 관심사에 맞게 끊임없이 적응하고 재편되는 것이다. 그러나 냄새를 매개로 갑자기 우리를 덮치는 어린 시절의 기억은 새롭게 평가되거나 현재에 비추어 새롭게 해석되는 일이 결코 없다. 그 기억을 마주한 당사자가 할 수 있는 일은 그 기억의 현존에, 혹은 더 인문학적인 표현을 쓰면, 그 기억의 아름다움에 순수한 기쁨을 느끼는 것이 전부다. 우리가 그 기억을 대하는 태도는 미술관의 그림들을 대하는 태도와 기본적으로 같다. 양쪽 상황 모두에서 우리는 도저히 있을 법하지 않거나 있으리라는 기대를 접은 지 오래인 대상들이 세계 안에 있다는 사실 앞에서 기묘한 경악에 빠질 뿐이다.

어린 시절에 대한 회상은 이제 과거가 된 세계가 어떠했는지에 대한 느낌을 우리에게 전달하는 것만으로 제몫을 다하는 것이다. 그리고 그 회상은 우리가 요구하지 않아도 제몫을 다한다. 그 회상이 낳는 것은 기껏해야 문학이나 영화가 전부다.

그리하여 우리는 루이스 캐럴Lewis Carroll과 그의 작품 속 주인공인 앨리스와 함께 이상한 나라를 방문하고 잃어버린 시간을 찾아가는 마르셀 프루스트의 뒤를 좇고 열성적인 영화 팬으로서 벤 스틸러Ben Stiller〔영화 〈박물관이 살아있다Night at the Museum〉 3부작에 나오는 배우〕와 함께 밤중에 박물관을 누빈다.

◦ 한번 물리면, 두 배로 겁먹는다

요점을 분명히 하자. 감정 기억은 기억이 독창적으로 작동하지 않는 유일한 분야다. 우리는 기억을 독자적으로 발전하고 영리하게 다시 서술하고 창조적으로 미래를 계획하는 능력으로 규정했는데, 감정 기억은 그런 면모를 보이지 않는다. 감정이 밴 기억은 우리의 합리적 개입에 저항한다. 그 개입을 한사코 피하거나, 개입하더라도 아랑곳하지 않는다.

이 특징은 얼마든지 긍정적인 결과로 이어질 수 있다. 기억에 밴 감정이 유쾌하기만 하다면, 우리는 낭만적 태도로 기꺼이 그 기억에 이끌려 일상과 반대되는 세계로 갈 수 있다. 그곳에서는 인상파 화가들의 작품에서 볼 법한 인상들이 우리를 기다린다(테오도르 아도르노Theodor W. Adorno는 인상파 화가들이 일요일의 세계만 알았다고 평가한 바 있다). 그곳의 모든 것은 마법에 걸린 듯하고 고유한 '아우라Aura'를 지녔다. 발터 베냐민Walter Benjamin의 정의에 따르면, 아우라는 "공간과 시간으로 짠 기이한 직물: 아무리 가깝더라도 먼 것의 일회적인 나타남"을 뜻한다.[12]

그러나 감정 기억이 불쾌하고 그 결과가 긍정적이지 않으면, 달콤한 마법은 순식간에 사라진다. 늦어도 이 대목에서는 감정 기억의 시대착오성이 문제로 불거진다. 더 나은(최소한 다른) 삶을 시도할 미래를 향해 자신을 개방하는 대신에 감정 기억은 드문 완고함으로 과거에 매달리고, 과거는 우리를 놓아주려 하지 않는다. 우리는 간절히 벗어나고픈 기억에 묶인다. 벗어나고픈 이유는 간단히 그 기억이 불쾌하거나 정말 고통스럽기 때문이다. 다시 니체를 인용하면, 그럴 때 우리는 '순간의 말뚝'에 매여 실은 전진하고 싶은데 그저 맴돌기만 하는 동물과 같다. 우리는 무언가를, 예컨대 고통스러웠던 경험, 삐걱거렸던 관계, 힘들었던 어린 시절을 떨쳐내야 한다는 것을 오래전에 깨달았지만 그렇게 하지 못한다.

다시 마르셀 프루스트의 작품으로 돌아가 적절한 예를 찾아보자. 그의 소설《잃어버린 시간을 찾아서》가 다루는 또 하나의 큰 주제는 질투다. 질투 역시, 불가항력적으로 떠오르는 특정한 표상에 감정이 배어 있는 것과 관련이 있다. 다만 질투에서는 행복했던 어린 시절의 기억이 떠오르는 것이 아니라 사랑하는 사람에게 기만이나 버림을 당할 수 있다는 생각이 떠오른다는 점이 다르다. 소설 1권의 한 장인

〈스완의 사랑Un amour de Swann〉에서 주인공이 경험하는 바와 같이, 불안에 빠진 정신은 자신의 기분에 부합하는 모습들을 찾아낸다. 그럴 때면 그 자체로는 아무것도 아닌 장면이 현재 진행되거나 시도되는 기만의 증거로 간주된다.

때때로 우리는 자신의 질투를 일찌감치 깨닫고 적어도 생각 속에서는 넉넉히 극복한다. 그러나 그럴 때조차도 우리는 질투를 억누르지 못하곤 하는데, 그 이유는 무엇일까? 심지어 이혼한 지 오래된 과거 배우자를 다시 볼 때도 우리는—스스로 원하든 말든 간에—강렬한 질투 감정이 꿈틀거리는 것을 느낄 때가 많은데, 그 이유는 무엇일까?

앞서 예고한 대로 편도체에 대해서 이야기할 때가 되었다. 특히 기억에서 편도체가 하는 역할을 설명할 필요가 있다. 뇌에 관한 글들을 조금만 살펴보면 알 수 있듯이, 편도체는 거의 숭배의 대상으로 등극했다. 편도체의 광범위한 작용에 관한 신화들은 대중문화에까지 진입했다. 따라서 우리는 편도체를 최대한 간략하고 냉정하게 다루고자 한다. 약 20년 전부터 편도체 연구를 누구보다도 앞서 발전시키고 대중에게 알린 심리학자 겸 신경과학자 조지프 르두Joseph LeDoux의 근본적인 통찰 하나는, 편도체에서 대뇌 피질로 뻗은 연결선들이 대뇌 피질에서 편도체로 뻗은 연결선들보다 훨씬 더 강하다는 것이다. 이 사실이 의미하는 바는 다음과 같다. 우리가 숙고하고 계획하고 우리의 목표를 합리적으로 검토할 수 있는 것은 대뇌 피질 구역들 덕분인데, 편도체가 그 구역들로 보내는 출력은 편도체가 그 구역들로부터 받는 입력보다 훨씬 더 강하다. 간단히 말해서 편도체는 독자적으로 결정하기를 즐기고 다른 구역들에게는 발언권을 거의 주지 않는다. 이 근본 통찰을 주춧돌로 삼으면, 공포나 질투 같은 일부 감정에 대항하기가 왜 그토록 어렵거나 최소한 힘겨운지 설명할 수 있다.

기억과 관련해서도 편도체는 독단적 성향을 두드러지게 나타낸다. 기억흔적들 가운데 편도체의 도움으로 감정이 스며든 흔적은 더 강화된다. 다시 말해 감정이 밴 기억은 더 오랫동안 더 뚜렷하게 보존된다. 이 사실은 이미 1950년대에 이루어진 실험들에서 밝혀졌다. 이 사실은 감정에 대항하는 것뿐 아니라 감정이 밴 기억을 떨쳐내는 것도 어려운 일인 까닭을 짐작하게 해준다.

또 다른 근본적 통찰은 우리의 감정 기억이 따르는 특수한 논리에 관한 것이다. 우리가 감정 기억 때문에 마치 강제당하는 사람처럼 결정하고 행동할 때 우리 자신을 스스로 이해하기가 매우 어려운 것은 감정 기억의 특수한 논리 때문이다.

감정 기억의 학습 내용은 지각됨과 동시에 평가된다. 내가 벌겋게 달아오른 불판에 손을 댄다고 해보자. 나는 불그스름한 광채를 보고 열기를 감지함과 동시에 고통을 느낀다. 사람이 살면서 손을 잘 보존하고 활용하려면, 이 상황에 대한 앎은 매우 중요하다. 따라서 이 상황은 아주 잘 기억된다. 고통이 주의 집중을 유발하는 것이다.

여기까지는 쉽게 이해할 수 있다. 문제는 감정 기억에서 통상적인 고통 회피 논리로는 이해할 수 없는 연결이 발생할 때 비로소 불거진다. 이른바 파블로프의 조건반사를 아는 독자는 이 이야기를 쉽게 이해할 수 있을 것이다. 19세기 말과 20세기 초에 활동한 러시아 의사 겸 생리학자 이반 페트로비치 파블로프Ivan Petrovich Pavlov는 동물을 대상으로 한 행동 연구로 널리 알려져 있다. 대중적으로 특히 유명한 것은 개를 대상으로 한 그의 실험들이다. 한 실험에서 개는 좋아하는 먹이를 받는다. 그런데 연구진은 그 먹이를 주면서 종소리를 들려준다. 이런 방식의 먹이 공급이 여러 번 반복된다. 그런 다음에 연구진이 종소리를 들려주면, 개는 침을 흘린다. 개에게 먹이를 전혀 주지 않더라도 말이다. 우리가 통상적으로 받아들이는 원리는 인과 연결이다. 즉, 음식이 근처에 있어서 냄새를 풍기면, 그 냄새가 우리의 침 분비를 유발한다. 그런데 냄새를 통해 드러나는 음식의 근접성을 임의의 자극으로 대체하는 것이 가능하다. 단지 헵의 규칙에 따라서 음식 제공과 동시에 그 자극을 가하기만 하면 된다. 그러면 우리의 기억은 조건화된다. 즉, 그 자체로는 전혀 무관한 두 사건을 연결한다. 종소리는 음식이 준비되었다는 신호일 수 있는 것에 못지않게 누군가가 문 앞에 서 있다는 신호일 수도 있다. 또한 전혀 무의미한 소음일 수도 있다. 음식이 제공될 때 종소리가 나는 것은 그냥 우연일 수도 있다(문이 열리면서 바람이 불고, 그 바람 때문에 종이 울리는 것일 수 있다).

파블로프의 조건반사에서처럼 고통에 관한 연결학습도 조작될 수 있다. 이 사실은 생쥐와 쥐를 대상으로 한 공포조건화 실험들에서 입증되었다. 연구진은 실험동물에게 특정한 신호를 제공함과 동시에 고통을 가한다. 이때 실험동물은 그 고통의 원인을 의식하지 못한다. 계속 종소리를 예로 들면, 연구진은 실험동물에게 종소리를 들려주면서 예컨대 전기충격을 가한다. 조건화가 이루어지면, 실험동물은 종소리가 들리면 곧이은 고통을 예상하고 공포 반응을 나타낸다. 전형적인 반응은 얼어붙은 듯이 모든 동작을 멈추는 것(영어 전문용어로 '동결freezing')이다. 이런 공포 반응은 종소리와 같은 열쇠 자극(영어로 '큐cue')을 통해서만 일어나는 것이 아니다. 큐 의존성 반응뿐 아니라 맥락 의존성 반응도 있다.[13] 후자에서는 전기 충격이 일으키는 고통이 공간이나 환경과 연결된다. 특정한 환경에서 전기 충격을 받은 동물을 나중에 그 환경에 다시 집어넣으면, 동물은 동결 반응을 보인다. 흥미롭게도 이런 유형의 공포 조건화를 성취하려면 반드시 동물로 하여금 수면을 취하게 해야 한다. 왜냐하면 공포와 환경의 연결은 해마의 도움으로 이루어지는데, 해마는 임시 저장소의 구실을 하다가 수면 중에 비로소 학습 내용을 장기 기억으로 이송하기 때문이다. 반면에 큐를 통한 조건화에서는 사정이 다르다.[14] 이 유형의 조건화에서는 편도체가 중요한 구실을 하고, 학습 내용을 굳히기 위한 수면이 필요하지 않다.

이런 메커니즘들을 염두에 두면, 어떻게 인간에서도 그 자체로 보면 비논리적인 공포 반응이 발생하는지 이해할 수 있다. 예컨대 우리가 끔찍한 사고를 경험하면, 그 사고에 이르기까지의 실제 과정이 인과 계열에 따라 기억될 뿐 아니라 부수 현상들도 기억된다. 나중에 그 부수 현상들이 다시 나타나면, 사고로 이어질 만한 과정이 없더라도 우리가 공포를 느끼는 일이 벌어질 수 있다. 더 나아가 동일한 과정도 상황에 따라 다른 결과로 이어진다. 즉, 똑같은 과정이 한 상황에서는 사고로 이어지지만, 다른 상황에서는 그렇지 않다. 그럼에도 우리가 한 과정을 처음 접할 때 그 과정이 고통스러운 경험으로 이어진다는 것을 학습했다면, 우리는 그 과정을 다른 상황에서 다시 접할 때 공포를 느낄 가능성이 높다.

기억의 메커니즘과 감정의 측면에서 우리는 실험실의 생쥐와 쥐보다 더 나을 것이 없다. 이 사실이 감정 기억의 문제를 유발하는 결정적인 요인이다. 실험용 설치동물은 종소리와 곧 이은 고통 사이에 아무런 인과관계가 없다는 것을 통찰하지 못한다. 반면에 우리는 그것을 통찰할 수 있다. 예컨대 우리가 운전 중에 갑자기 라디오 볼륨을 높인 것과 곧이어 뒷차가 우리 차를 추돌한 것 사이에 아무런 인과관계가 없다는 것을 우리는 통찰할 수 있다. 그러나 이 통찰은 감정 기억을 다스리는 데 도움이 되지 않는다. 차들이 꼬리에 꼬리를 무는 교통 상황이라 하더라도 반드시 사고가 빈발하는 것은 아님을 아는 것도 소용이 없다. 우리의 앎과 통찰에도 불구하고, 현재 상황이 최초 학습 상황과 충분히 유사하면, 우리는 쥐와 생쥐처럼 공포에 질려 얼어붙는 것을 피할 수 없다. 이럴 때 감정 기억은 우리의 이성이 이미 오래전에 경보 해제를 발령했는데도 분별없이 굴면서 최고의 경계 태세를 유지해야 한다고 고집한다.

거기에 또 하나의 문제가 추가되는데, 우리는 이 문제의 바탕에 깔린 신경학적 메커니즘을 이미 언급한 바 있다. 무슨 문제인가 하면, 일단 이루어진 공포 조건화는 점점 더 강화될 위험이 있다는 점이다. 이 문제는 공포 반응으로 분비된 호르몬들이 거꾸로 편도체와 해마에 영향을 미쳐 이 두 부위를 재차 활성화하는 것과 관련이 있다. 이미 언급했듯이, 스트레스는 체내 호르몬 분비를 유발하며, 그 호르몬 분비는 다시 뇌에 영향을 미쳐 감정 기억을 다시 한 번 비상경보 상태로 만든다. 그 결과는 공포의 점진적 심화다. 그리고 어느 순간 우리는 과거에 당연시하던 행동을 더는 할 수 없는 지경에 이른다.

이것은 병적인 현상이며 자신에게는 일어나지 않는다고 생각하는 독자도 있을 것이다. 짐작하건대 그 생각의 첫째 부분은 옳지만 둘째 부분은 옳지 않다. 왜냐하면 이런 유형의 과도한 민감화는 누구나 경험하는 것으로 추정되기 때문이다. 당신 스스로 돌이켜보라. 퇴근 후 저녁에 숲 속에서 조깅을 하다가 목줄을 매지 않은 채로 주인 곁에서 껑충껑충 뛰는 개와 마주치면, 당신은 어떻게 반응하는가? 아마도 특별한 일이 발생하지 않는 한, 느긋한 상태를 유지할 것이다. 그러나 당신이 개에게 물린 적이 있다면, 당신은 그렇게 태연하게 반응할 수 없을 것이다. 설령 모든 개 주인이 멀찌감치 떨어진 곳에서부터 큰 소리로 외쳐 개가 위험하지 않다고 알리고 개가 어떤 해코지도 하지 않고 단지 장난만 치더라도, 당신은 어쩔 수 없이 당신의 혈류 속 아드레날린 수치의 상승을 느낄 것이다. 그런 반응을 억누르려고 애써보라. 아무 소용이 없을 것이다. 영어에는 이런 경험에서 유래한 다음과 같은 표현이 있다. '한 번 물리면, 두 배로 겁먹는다Once bitten, twice shy.' 이 비례 관계는 물리는 경험이 거듭되어도 성립한다. 예컨대 두 번 물리면, 네 배로 겁먹는다.

◦ 공포를 극복하기 위해 공포에 직면하기

이처럼 공포 기억이 심화할 위험이 있고 이성의 통찰을 통해 개선하기가 사실상 불가능하다면, 어떻게 공포 기억에 대처해야 하는가라는 긴급한 질문이 제기된다. 당연히 가장 간단한 해결책은 신경생물학에서 기적의 약이 개발되는 것일 터이다. 점점 더 심해지는 공포에 시달리는 환자에게 투여하면 단번에 공포가 사라지는 그런 약 말이다.

1장에서 우리는 기억을 굳힐 때 시냅스에서 일어나는 단백질합성과 관련해서 그런 약을 언급한 바 있다. 항생제 아니소마이신anisomycin은 생쥐를 대상으로 한 실험들에서 편도체에서의 고전적 공포 조건화를 저지하는 효과를 냈다. 그러나 아니소마이신을 인간에 적용하는 것은 아직 먼 미래의 일이다. 우리가 1장에서 언급한 두 번째 가능성, 곧 생쥐에게서 효과를 낸 기억 조작 기술을 인간에 적용할 가능성에 대해서도 똑같은 이야기를 할 수 있다. 생쥐에게서의 기억 조작은 광유전학 기술, 곧 유전자 변형을 통해 뇌세포들을 조작하여 빛에 반응하게 만드는 기술을 통해 이루어졌다. 이 기술로 조작된 뉴런들은 빛 자극에 의해 켜지거나 꺼진다. 따라서 이 기술을 잘 이용하면 불쾌한 기억들을 간단히 꺼버리는 것이 가능할 수도 있다. 그러나 이 기술이 생쥐가 아니라 인간에서 효과를 내는 것은 아직 먼 미래의 일이다. 기억 내용의 임상적 소거를 위한 시도에서 유일하게 효과가 입증된 방법은 고전적 전기충격요법이다(이것도 이미 언급한 바 있다). 하지만 이 방법은 특정 표적을 정밀하게 겨냥하기 어렵다는 점을 비롯한 많은 문제를 지녔다. 따라서 광범위한 부작용은 제쳐두더라도, 이 방법으로는 개별 기억들을 선택적으로 꺼버릴 수 없다.

그러나 최근에 이루어진 한 연구는 공포와 관련한 나중 사건들이 과거 학습 내용에 어떤 영향을 미칠 수 있는지에 대해서 새로운 통찰들을 제공했다. 연구진은 피실험자로 하여금 우선 평범한 상황에서 단어 목록을 외우게 하고 이어서 (약한) 전기 충격을 가하면서 다른 목록을 외우게 했다. 그러자 피실험자는 불쾌한 전기 충격과 연결된 목록을 더 잘 기억했다. 뿐만 아니라 그 전기 충격은 시간을 거슬러 오르는 방향으로도 영향력을 발휘했다. 즉 첫째 목록에 포함된 (따라서 전기 충격 없이 암기된) 단어들 중에서도 (피실험자가 전기 충격을 받으며 외운) 둘째 목록의 단어들과 관련이 있는 것들은 더 잘 기억되었다(이 차이는 전기 충격을 동반한 암기 직후에는 나타나지 않았지만 장기적으로 나타났다). 이 결과가 의미하는 바는, 첫째, 원래 중립적이었던 내용에 감정이 실렸다는 것이다. 왜냐하면 그 내용이 고통을 동반한 단어들과 추후에 연결되었기 때문이다. 둘째, 이 감정 실림 덕분에 그 내용에 대한 기억이 강화되었다.

연구진은 감정 학습이라고 할 만한 것이 존재하며 그 학습을 이용하여 시간에 역행하는 방향의 효과를 얻을 수 있다는 결론을 내렸다.[15] 우리의 논의에서는 똑같은 방식으로 반대 효과를 얻는 것이 중요하다. 즉 중립적인 기억에 감정을 싣는 대신에, 감정이 실린 기억을 중립화하는 것이 중요하다.

우리가 이 논점을 강조하는 것은 이 마지막 한걸음을 내딛는 것이 그리 쉽지 않아 보이기 때문이다. 그러나 희망을 품게 하는 성과들이 있다. 조지프 르두와 그의 동료 엘리자베스 펠프스Elizabeth Phelps는 생쥐에게서뿐 아니라 사람에서 공포 기억을 소거하는 시도에서 초보적인 성과를 거뒀다.[16] 그들은 우리가 1장에서 서술한 한 메커니즘을 이용했는데, 편도체와 관련해서 그 메커니즘은 기억에 대한 새로운 이해를 위해 근본적으로 중요하다.

이번에도 핵심은 단백질합성, 그리고 회상 과정에서 기억 내용은 단지 소환될 뿐 아니라 변형을 거친다는 사실이다. 우리가 회상할 때, 기억 흔적들은 다시 불안정해지고(즉 유연해지고) 다음 단계에서 다시 굳어져야('다시 굳힘'을 겪어야) 한다. 바꿔 말해 우리의 기억 능력은 한 내용을 소환한 뒤에 우선 다음과 같은 물음을 제기한다. 이 내용을 그대로 유지해야 할까, 아니면 최신 상황에 비추어 업데이트해야 할까? 이때 잠깐 동안 기억 흔적은 손상되기 쉬운(영어 전문용어로 '취약한vulnerable') 상태가 되는데, 르두와 펠프스는 감정이 실린 내용이 그렇게 일시적으로 취약해지는 것을 이용했다. 그들은 기억이 현재와 뚜렷이 대비되게 만들었다. 즉 과거에 공포를 유발한 요인이 지금은 어떤 힘도 발휘하지 못하게 했다. 예컨대 과거에 어떤 신호에 이어 특정한 고통이 발생했다면, 지금은 그 신호에 이어 어떤 고통도 발생하지 않거나 심지어 쾌적한 경험이 발생하게 했다. 그런 대비가 회상 후 특정한 시간대에 이루어지면,—앞서 우리는 회상 후 6시간이 지나서 가한 조작으로 기억을 약화하는 실험을 언급한 바 있다[17]—학습된 공포가 소거될 가망이 있는 것으로 보인다. 회상할 때 기억 내용이 취약해지는 메커니즘은 매우 다양한 의존증에서도 작동하는 듯하다.[18] 이 점에 착안한 치료법의 주요 목표는 재발 방지다.

이런 치료법은 정신의학과 심리학이 오래전부터 사용해온 치료법들과 매우 유사하다. 그 치료법들도 불쾌한 감정과 중립적이거나 쾌적한 감정을 대비하는 것을 기초로 삼는다. 예컨대 고소공포증을 완화하는 방법 하나는 치료자가 환자와 함께 높은 곳에 올라가서 환자로 하여금 높은 곳이 꼭 위험한 것은 아님을 경험하게 하는 것이다. 높음 신호가 별다른 귀결을 가져오지 않는 일이 더 자주 반복될수록, 환자가 고소공포증에서 벗어날 가망은 더 커진다.

"적합한 도구는 단 하나. 오직 상처를 낸 창으로만 그 상처를 봉할 수 있어." 리하르트 바그너의 오페라 〈파르지팔Parsifal〉에 나오는 이 대사는 볼프람 폰 에셴바흐Wolfram von Eschenbach에게서 유래했으며 더 거슬러 올라가면 고대그리스인들이 원작자다. 이 대목에서 우리는 다시 한 번 낭만주의와 마주친다. 낭만주의 없이 감정 기억을 이해하는 것은 아마도 불가능할 것이다. 그러나 위 대사를 너무 고지식하게 받아들이는 것은 바람직하지 않다. 창이 상처를 치유한다는 것이 사실이라 하더라도, 창은 여전히 날카롭고 차가운 도구다. 공포를 극복하기 위해 공포에 직면해야 하는 사람은 먼저 자기 자신을 극복해야 한다.

이것으로 과거에서 유래한 감정에 대한 논의를 마무리하고, 이제 비교적 더 아름다운 미래로 옮겨가자. 우리가 나이를 먹으면 우리의 기억이 맞이하게 될 미래로 말이다.

6장

기억과 노화

망각은 인간적이며,
우리를 발전시킨다

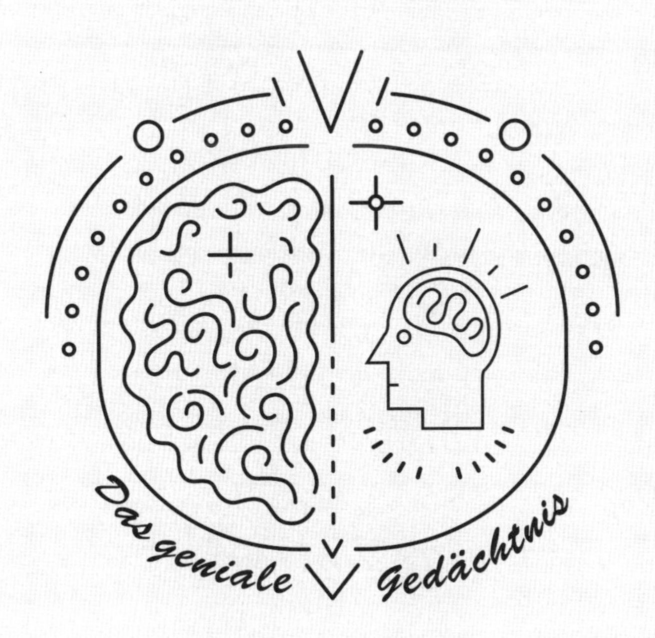

바야흐로 휴가철이다. 당신은 여행에 앞서 모든 것을 꼼꼼히 챙겼다. 신문 배달을 중단시켰고, 화분들을 이웃에 맡겼다. 공항에 도착한 후 보안검색대를 통과하여 탑승구 앞에서 대기 중이다. 옆에 앉은 사람의 주머니에서 열쇠꾸러미가 떨어진다. 문득 약하지만 날카로운 통증처럼 질문 하나가 당신의 뇌리에 떠오른다. 내가 아파트 현관문을 잘 잠갔나? 당신은 마음속으로 모든 것을 다시 점검한다. 맞아, 전등은 모두 껐고, 수도꼭지도 잠갔고, 텔레비전 코드도 뽑았어. 그런데 현관문은 잠갔던가? 그래, 그때 항공사에서 보낸 문자메시지가 도착했어. 이륙이 최소 한 시간 미뤄진다는 내용이었지. 당신은 스마트폰을 다시 주머니에 넣는 당신의 모습을 정확히 떠올린다. 그런데 그 장면에서 당신은 이미 엘리베이터 안에 있다. 그 직전에 어떤 일이 있었지? 내가 현관문을 잘 잠갔나? 의심이 증폭되고, 결국 당신은 이웃에게 전화를 걸어 당신의 현관문을 살펴봐달라고 부탁한다. 용건을 말하기에 앞서 "아이고, 내가 늙어서 기억이 가물가물해요"라고 한탄하면서.

이쯤에서 걱정하지 말라는 다독임을 기대한 독자가 있다면, 우리는 그를 실망시킬 수밖에 없다. 이 일화는 매우 현실적이다. 당신은 늙고 건망증이 생긴다. 우리 모두가 그렇다. 그리고 (아직까지는) 세상에 있는 그 어떤 것으로도 방금 서술한 것과 같은 일화의 발생을 막을 수 없다. 이른바 다중 작업multitasking 능력은 약 25세에서 30세부터 감퇴하기 시작한다. 우리는 다양한 과제들을 한꺼번에 처리하고 동시에 머릿속에 담아두기가 예전보다 더 어렵다고 느낀다. 무언가—이를테면 항공사에서 보낸 문자메시지—에 정신이 팔린 상태에서 수행한 일들을 우리는 나중에 기억하지 못한다. 아마도 우리는 현관문을 잘 잠갔을 것이다. 그것은 늘 하는 판에 박힌 행동이니까 말이다. 아마도 이웃은 답신 전화를 걸어 아무 이상 없으니 안심하라고 (자신도 종종 똑같은 일을 겪으면서도) 약간 우쭐거리며 알려줄 것이다. 우리는 모든 것을 잘 처리했다. 다만 그 사실이 지금 우리 머릿속에 들어 있지 않을 뿐이다.

비교적 젊은 사람들도 이 사실을 잘 안다. 왜냐하면 지금 우리가 거론하는 유형의 기억에서 우리는 금세 한계에 봉착하기 때문이다. 그 기억은 1장에서도 언급한 바 있는 작업 기억이다. 잊지 않았겠지만, 평균적으로 우리는 7개보다 더 많은 정보를 최상의 상태로 머릿속에 보유할 수 없다. 나이를 먹으면 그 한계 개수는 더 줄어든다. 이 변화는 이마엽의 몇몇 구역들이 예전처럼 빠르게 작동하지 못하는 것과 관련이 있다. 또한 계산에서도 우리는 젊은 시절의 속도를 유지할 수 없다.

하지만 노화가 우리의 기억에 해를 끼치기만 하는 것은 아니다. 이를 이해하려면, 우리의 기억이 어떤 맥락 안에서 작동하고 어떤 까다로운 문제들에 동원되는지 살펴보는 것이 중요하다. 최신 연구들에서도 드러났지만, 노화는 절대로 일방적인 손실이 아니다. 오히려 진실은 정반대인 듯하다. 이제껏 우리가 손실로 평가해온 몇몇 변화는 심지어 이득으로 판명될 가능성이 있다. 그렇다면 망각은 수치가 아니라 진보다. 우리 기억의 선택성은 변덕이 아니라 적절한 조치다. 요컨대 전반적으로 노화는 기억 능력의 쇠퇴가 아니라 재구성을 일으킨다. 이어질 논의에서 우리는 다음과 같은 핵심적인 생각을 출발점으로 삼을 것이다. 노화한 기억은 우리의 삶을 제약하기는커녕 우리가 당면 과제들을 적절히 처리하고 해결하도록 돕는다. 우리가 노화한 뒤에도 기억은 여전히 우리의 미래를 위한 협력자다.

◦ 기억 능력을 향상시키는 방법

기억과 노화에 관한 첫 번째 조언은 한마디로 '절대로 속지 말라!'는 것이다. 숱한 실험에서 드러났듯이, 우리가 특정한 정신적 분야에서 유난히 열등하다고 스스로 확신하면, 우리는 그 분야의 시험에서 나쁜 성적을 거두기 마련이다. '남성과 여성 중에 어느 쪽이 수학이나 언어를 더 잘할까', '핀란드 학생들과 독일 학생들 중에 어느 쪽이 독해를 더 잘할까?'와 같은 질문을 다루는 무수한 연구들은 선입견이 성적에 얼마나 큰 영향을 끼치는지를 매우 신뢰할 만하게 보여준다. 자신의 능력 부족을 더 강하게 확신하는 사람일수록 더 나쁜 성적을 낸다. 특히 자신의 능력 부족이 의학적이거나 생물학적인 원인에서 나온다고 짐작하는 사람들, 더 좁히면, 자신의 능력 부족이 노화에서 기인한다고 짐작하는 사람들이 현저히 낮은 성적을 낸다. 자신이 조깅 코스를 예전보다 조금 더 느리게 완주한다는 이유로 사람들은 자신의 지적인 능력들도 극적으로 쇠퇴했을 것이 틀림없다고 믿는다. 자신이 언어 학습이나 음악 연습에서 과거보다 더 큰 어려움을 겪는다고 사람들은 상상한다. 물론 실제로도 어느 정도는 당연히 그렇겠지만, 노화를 경고하는 목소리들이 암시하는 것만큼 심한 쇠퇴는 어쩌면 일어나지 않았을 것이다.

따라서 더 긍정적인 시각을 갖기 위해서 우리는 우선 노화가 어떤 능력들을 향상시키는지 이야기하려 한다. 물론 우리가 방금 인정했듯이, 특정 유형의 기억—작업 기억—은 나이를 먹음에 따라 쇠퇴한다. 그러나 다른 측면에서는 기억 능력의 향상이 일어나고, 그 측면은 작업 기억보다 훨씬 더 근본적이라고 주저 없이 판정할 만하다.

이를 이해하려면 먼저 뇌 전체의 발달을 살펴보아야 한다. 기억 능력의 발달은 뇌 구조 및 사고 구조의 발달에 포함된 한 요소라고 할 수 있다. 이 구조 발달은 항상 동일한 패턴을 따르는데, 언뜻 보면 그 패턴은 기이하게 느껴질 수도 있다. 그 패턴의 첫 단계에서는 지나치게 많은 자원이 준비되고, 둘째 단계에서는 그 자원이 다시 삭감된다. 신생아의 뇌는 엄청나게 많은(천문학적인 개수에 달하는) 연결부, 곧 시냅스를 발생시킨다. 한 예만 들면, 태어날 때부터 첫돌까지 시냅스 개수는 초당(!) 180만 개의 속도로 급격하게 증가한다. 첫돌이 지나면 시냅스 개수의 증가 속도가 줄어들고 심지어 그 개수의 감소가 일어난다. 그리하여 만 4세가 될 때까지 대뇌 피질에서만 200억 개의 시냅스가 다시 제거된다.[1] 이처럼 생후 최초의 4년 동안에도 벌써 뇌는 당면한 요구들에 가장 적합하도록 자신을 형성한다.

그리고 뇌는 실제로 쓰이는 것만 보유한다. 한 예로 언어가 그러하다. 갓 태어난 아이는 매우 다양한 음성 조합들, 문법 패턴들, 의미론적 연결들을 보유할 잠재력이 있다. 그러나 만 4세가 될 때까지 뇌 연결망들에 확고히 자리 잡은 한 언어가 그때부터 그 아이의 모어가 된다. 이런 가능성 축소는 인간이 본래 융통성이 없거나 모어에 관해서는 국수주의적이기 때문에 일어나는 것이 아니다. 오히려 가능한 언어 능력의 축소는 한 언어가 최대한 잘 작동하기 위해서 일어난다. 요컨대 시냅스 개수의 감소는 역량의 결집과 관련이 있다. 한 언어—모어—를 정말 잘하고 결국 완벽하게 하기 위해서 인간은 추가로 습득할 수도 있었을 다른 언어들을 포기해야 한다.

이와 유사한 발달이 사춘기에 다시 일어난다. 이때 뇌는 또 한 번 비약적으로 성장한다. 만 11세부터 이마엽의 용량이 급격히 증가하고, 그 대신에 다른 구역들에서는 시냅스의 감소가 일어난다. 이와 동시에 뇌에서 '미엘린 형성myelination'라는 과정이 강화된다. 미엘린 형성이란 신경섬유(축삭돌기)를 감싸는 피복층이 형성되는 것이다. 그 피복층은 신경섬유의 전기적 절연성을 향상시킴으로써 신호 전달 속도를 높인다. 이 피복층의 양은 사춘기 동안에 거의 두 배로 증가한다.

우리 뇌가 그런 고속 연결망을 가동할 수 있어야만 우리는 성인들이 맞닥뜨리는 사고 과제들을 해결할 수 있는데, 바로 이것이 문제다. 고속 연결망 가동의 단점은 우선 선별이 이루어져야 한다는 것이다. 어떤 신경섬유들을 피복층으로 완벽하게 감쌀 가치가 있을까?

다시 한 번 언어를 예로 들자. 어쩌면 당신도 직접 느끼는 바겠지만, 우리가 성숙하여 사춘기에서 멀어지면 멀어질수록 새로운 외국어를 배우기가 더 어려워진다. 물론 새 외국어의 문법을 이해하거나 단어들을 외울 수 없게 된다는 뜻은 아니다. 정반대로 이미 외국어를 배운 적이 있는 사람은 성인이 되어서도 비교적 더 쉽게 새 외국어를 배운다. 그러나 악센트와 억양 같은 자연스러운 것들을 완벽하게 익히기는 점점 더 어려워진다. 우리가 특정 외국어를 통달하여 그 언어로 지적인 활동을 원활하게 하더라도, 어색한 발음은 끝내 남는다. 영어권에서는 이 현상을 비유적으로 묘사하기 위해 '가소성의 창window of plasticity'이라는 표현을 쓴다. 사춘기가 한참 지나면 외국어 학습을 위한 가소성의 창이 닫힌다는 식으로 말이다. 가소성의 창이 닫히면 비록 새로운 학습의 전망은 좁아지지만 우리가 이미 보유한 지식과 솜씨는 쉽게 망각되지 않고 더 효율적으로 사용될 수 있게 된다. 우리는 과거에 지녔던 가능성들을 포기하는 대신에 반드시 해야 할 일을 과거보다 더 빠르고 우수하게 할 수 있게 된다.

이제 연령대를 10대에서 50대 이상으로 옮겨서 뇌의 해부학적 구조에 관한 논의를 이어가자. 우리 뇌는 균등하게 노화하지 않는다. 즉 일찍부터 노화하는 구역들이 있는가 하면, 어떤 구역들에서는 훨씬 더 늦은 나이에야 쇠퇴가 포착된다. 우리의 논의와 관련해서 의미심장한 것은 좌뇌와 우뇌의 차이다. 노화가 진행되면, 뇌의 크기가 줄어들고 고랑들의 폭이 넓어지고 조직이 감소하는 변화가 좌뇌보다 우뇌에서 더 빠르게 일어난다. 특히 뚜렷하게 변화하는 곳은 마루엽과 뒤통수엽이다. 여기에서 좌측과 우측에 대한 언급은 절대적이지 않다는 점을 유의하라. 우리가 좌뇌와 우뇌 가운데 어느 쪽을 전반적으로 선호하느냐에 따라서 양쪽 뇌에 할당되는 기능들이 달라진다. 예컨대 오른손잡이의 96퍼센트에서는 언어 능력을 좌뇌가 맡고 길 찾기 기능을 우뇌가 맡는다. 왼손잡이에서는 주의력이 양쪽 뇌에 균등하게 할당된다.

한 걸음 더 나아가 뉴욕대학교New York University의 신경심리학자 엘코넌 골드버그Elkhonon Goldberg는 오른손잡이에서 우뇌가 좌뇌보다 약 10년 더 먼저 노화한다는 것을 발견했다.[2] 우뇌는 약 50세부터 노화하기 시작하는 반면, 좌뇌에서는 그와 유사한 노화가 60세에야 시작된다.[3] 이 발견에 기초하여 골드버그는 우뇌가 맡은 기능들이 좌뇌가 맡은 기능들보다 더 일찍 쇠퇴할 가능성이 있다는 결론을 내렸다. 이 연구는 기억과 관련해서 흥미로운데, 그 이유는 다음과 같다. 좌뇌의 주요 역할은 새로운 경험들을 분류하고 정리하기 위한 패턴과 틀을 제공하는 것이다. 언어는 그런 패턴 인식을 가능하게 하는 특별히 보편적인 매개체다. 좌뇌의 도움으로 우리는 이미 보유한 개념을 새롭게 지각한 대상에 (그 대상의 의미로서) 부여한다. 반면에 우뇌는 다르게 작동한다. 우뇌의 주요 역할은 적합한 개념과 적절한 의미를 비로소 만들어내는 것이다. 요컨대 우뇌의 임무는 새로운 것을 다루는 일이다. 이런 의미에서 우뇌는 응급처리를 담당한다고 할 수 있다.[4] '우뇌는 전체론적이다'(전체를 지향한다)라는 표현도 흔히 쓰인다. 이 표현은 우뇌가 항상 개별 현상들 사이에서 연관성을 발견하려 애쓴다는 의미다.[5] 따라서 우뇌는 우리가 맞닥뜨린 대상을 일단 이해해보려 할 때 사용된다. 우뇌의 임무는 말하자면 미지의 땅에서 길 찾기다. 우뇌의 창조물 중에 성공적인 것은 장기 기억에 수용된다.

좌뇌와 우뇌의 이 같은 역할 분담에서 비롯된 한 특징은 기분과 관련이 있다. 우리는 기쁜 소식을 처리할 때 우뇌보다 좌뇌를 더 많이 사용한다. 반면에 새로운 상황을 평가할 때 비판적 반론의 대다수는 우뇌에서 구성된다. 여기에서 보듯이, 우뇌는 좌뇌에 비해 선입견이 더 적은 것으로 보인다. 좌뇌와 우뇌의 차이는 신경전달물질에서도 나타난다. 주의 집중 및 스트레스와 관련이 있는 신경전달물질은 노르아드레날린인데, 이 물질은 주로 우뇌에서 분비된다. 반면에 우리에게 보상을 약속하는 구역들(예컨대 중격 측좌핵Nucleus accumbens)의 중심에 도달하는 도파민은 주로 좌뇌에서 작용한다. 마지막으로 기분이 밝아지는 것은 감정 연결망들과도 관련이 있다. 5장에서 언급한 바 있는 편도체는 왼쪽 것이 오른쪽 것보다 더 긍정적이다. 즉 우뇌 편도체는 주로 공포나 불안 같은 부정적 감정을 일으키지만, 좌뇌 편도체는 그렇지 않다.

마지막으로 뇌의 노화를 알아채지 못하게 만드는 한 요인을 언급할 필요가 있다. 우리 뇌의 구역들은 어느 정도 서로 연대한다. 즉 특정 구역이 약화되면, 가능할 경우 다른 구역이 그 구역의 기능을 떠맡는다. 많은 연구에서 젊은 피실험자들과 늙은 피실험자들을 대상으로 기억 검사를 실시한 결과 양쪽 집단의 성적이 같게 나왔다. 그러나 뇌를 촬영한 자기공명영상을 보니 두 집단의 차이가 드러났다. 늙은 피실험자들에서는 기억 검사 과제를 풀 때 이마엽 구역들이 추가로 동원되었다. 다른 연구들에서는 다른 형태의 연대 활동이 확인되었다.[6] 뇌 구역들의 활동 분포는 주어지는 과제가 무엇이냐에 따라 달라진다.[7]

이제 노화와 기억의 대결에 관해서 다음과 같은 잠정적 결론을 내릴 수 있다. 나이를 먹으면 얻는 것도 있고 잃는 것도 있지만, 전체적으로 볼 때 우리는 이득을 얻는다. 적어도 생물학적 나이의 부정적 효과가 확연히 나타날 때까지 오랫동안 그러하다. 물론 그때가 되면 뇌세포도 결정적이며 회복 불가능한 방식으로 노화한다. 그러나 이 전환기는 85세 즈음으로 여겨질 뿐더러, 개인에 따라 이 한계를 쉽게 뛰어넘는 경우도 많다. 아무튼 60세 초반까지는 확실한 능력 향상을 기대할 수 있다.

물론 노화에 따라서 우리의 몇몇 능력들은 저하된다. 우리는 한 대상에 오랫동안 집중할 수 없게 되고 동시에 많은 대상들을 생각할 수 없게 되고 생각하는 속도가 느려진다. 이미 언급했듯이 작업 기억은 젊을 때처럼 효과적으로 작동하지 않는다. 그럼에도 전체적인 이득이 가능한 것은 우리가 작업 기억의 약화를 만회할 수 있을 뿐 아니라 젊을 때는 보유하지 못했던 기억 내용들을 활용하기 때문이다. 따라서 순전히 양적인 기준에서 보더라도 우리는 젊을 때보다 훨씬 더 많은 앎과 경험을 소환할 수 있을 뿐더러 그 축적된 앎을 더 잘 다룰 수 있다. 수십 년 동안 특정 분야와 조건에서 꾸준히 일하면, 우리의 앎은 일종의 압축과 견고화를 겪는다.

예컨대 우리가 어떤 이론이나 사상을 능동적으로 연구하면서 그 진척 상황을 잘 기록한다면, 이 같은 앎의 압축 및 견고화는 우리가 의식하는 가운데 일어날 수 있다. 그러나 이 과정은 무의식적으로 일어날 수도 있다. 즉 우리의 의식적이거나 의도적인 관여 없이 그 과정의 효과들이 발생할 수 있다. 앎의 축적과 견고화를 통해 능수능란한 능력에 도달하는 과정은 앎의 내용의 차원에서도 일어나는 듯하다. 경험이 쌓이면 언젠가부터 적합한 개념들이 쉽게 떠오른다. 그러면 우리는 내용 이해가 충분히 진척되어 대뇌 피질에서 '개념 세포들conceptual cells'이 형성되었다고 판단할 수 있다. 그러나 우리가 새로운 내용을 처음 접할 때의 학습 과정과 절차에서도 중요한 진보들이 무의식적으로 일어난다. 이와 관련해서 흔히 쓰이는 영어 표현은 '실행을 통한 학습learning by doing', '일하면서 배우기learning on the job' 등이다.

우리는 어떤 일을 그저 계속 반복하면서 스스로 배움으로써 실력 향상을 이룬다. 때로는 그 향상이 어떻게 일어났는지 정확히 알지 못하면서도 말이다.

◦ 암묵 기억

기억 연구자들은 이런 유형의 실력 향상을 이른바 '암묵 기억implicit memory'의 공로로 돌린다. 암묵 기억을 통해 학습되는 것의 예로 자전거 타기와 수영과 같은 신체적 능력들이 있다. 물론 거의 모든 신체적 능력은 순전히 신체적인 것만은 아니지만 말이다. 신체 훈련, 특히 스포츠 훈련은 적어도 상대방이나 동료가 함께할 때부터는 지적으로도 까다로워진다. 음악 연주도 신체와 정신의 경계를 넘나드는 활동의 한 예다. 읽기, 쓰기, 말하기, 기타 언어와 관련이 있는 모든 활동도 마찬가지다. 우리가 교육이나 직업을 통해 숙련한 활동들은 더욱 더 그러하다. 굳이 외과 의사나 우주인이 아니더라도 거의 모든 직업인은 정신적 요소와 신체적 요소가 혼합된 숙련 활동을 한다.

마지막으로 순수한 인식의 차원에서도, 감각 지각에서 일어나는 패턴 인식의 한 형태는 암묵 기억의 공로다. 내가 새로운 대상을 보는데, 그 대상이 나에게 익숙한 개념이 지닌 형태나 구조나 요소들을 지녔다면, 이른바 '점화priming' 효과가 발생한다. 즉 나중에 나타난 대상이 이미 도식으로 자리 잡은 과거 대상으로 환원되고, 우리의 인식 능력은 미리 특정한 방향을 향한다. 이런 점화 효과, 곧 선입견의 작동을 이용하는 중요한 분야 하나는 광고다. 이미 정착되고 높은 평가를 받는 브랜드의 상품은 점화 효과의 덕을 톡톡히 본다.

고맙게도 암묵 기억에 의존한 솜씨들은 기본적으로 평생 동안 쇠퇴하지 않는다. 한번 배운 자전거 타기 솜씨는 망각되지 않는다. 피아노 연주 솜씨도 그리 빨리 퇴보하지 않는다. 물론 아주 오랫동안 연주를 중단하면, 솜씨가 크게 퇴보할 수도 있겠지만 말이다. 직업에서 숙련된 솜씨는 우리가 직업에 종사하는 기간이 길수록 더 훌륭하게 연마된다. 특히 우리가 직업에서 획득한 노하우에 대해서 숙고함으로써 암묵적 지식을 외현적explicit이며 설명 가능한 지식으로 만들면, 우리의 솜씨는 확고해진다. 그렇게 암묵 지식을 외현 지식으로 변환하는 작업을 통해서 학문과 직업에서 진보하는 방법들이 개발된다. 따지고 보면 이 책 역시 우리의 기억에서 무의식적으로 일어나는 과정들에 빛을 비춰 외현 지식을 얻고자 하는 시도에 다름 아니다.

암묵 기억에 의지하여 연마한 솜씨와 긴 세월에 걸쳐 개량한 방법은 긍정적 결과를 가져온다. 기억에서 앎의 조직화가 더 빠르고 자명하고 능숙하게 이루어질수록, 우리는 더 유능해진다. 우리는 우리 자신의 최적화된 처리 방식을 신뢰함으로써 집중력, 다중 작업 능력, 민첩성의 감소로 인한 부정적 효과를 만회한다(또한 만회를 훌쩍 뛰어넘는 성과를 낸다). 그럴 때 우리는 주어지는 모든 것을 처음부터 끝까지 일일이 숙고하지 않고 통상적인 패턴에 어떤 편차들이 추가되었는지 살피는 일에만 시간을 쓴다. 오늘날의 대규모 대학에서 가르치는 선생은 오직 그런 방식으로만 무수한 세미나 과제, 학사 논문, 석사 논문 평가를 유한한 시간 안에 처리할 수 있다. 노련한 정치인이 산더미 같은 행정 업무를 감당해낼 수 있는 것도 오직 그런 방식을 통해서다. 또한 직업을 막론하고 우리는 어느 분야에서나 조만간 겪게 되는 권한과 책임의 증가에 오직 그런 방식으로만 대처할 수 있다. 나이를 먹음에 따라 업무 부담과 신뢰가 증가할 수 있는 것은 우리의 능력이 끊임없이 향상되기 때문이다.

◦ 기억의 밀도

누구나 집에서 직접 해볼 수 있는 실험이 하나 있다. 간단히 이렇게 자문해보는 것인다. 내가 인생을 통틀어 가장 강렬하고 자세하게 기억하는 기간은 언제인가?[8] 통계를 분석해보면 이런 결론을 얻을 수 있다. 최초이며 특별한 경험은 잘 기억된다. 첫 키스, 첫 자동차 운전, 대학 생활의 시작, 직장에서 처음으로 해낸 프로젝트, 첫 아이의 출생 등이 그런 경험이다. 이 모든 경험은 대개 만 15세부터 25세나 30세 사이에 이루어진다. 기억의 절정기는 평균적으로 만 19세를 지나고 25세를 앞둔 때에 찾아온다. 당신이 35세에 어떤 경험을 했는지 되짚어보면(당신의 현재 나이가 35세를 훌쩍 넘겼다면) 당신은 그 시절의 기억이 23~24세 때의 기억보다 훨씬 덜 조밀하다는 것을 깨닫게 될 것이다. 기억의 밀도는 만 39세를 넘기면서 비로소 다시 상승한다. 이때 이

후 대다수 사람들은 직장에서 지위 상승을 경험하는데, 그 경험이 자서전적 기억 속에 하나의 블록이 형성되는 데 기여한다. 사람들은 부서의 우두머리가 되거나 국외 통신원이 되는 등의 방식으로 지위가 높아진 경험을 즐겨 기억한다.

젊은 시절의 기억들이 항상 인생사의 기점들—연애 생활, 학문적 경력, 직장 생활 같은 다양한 인생 단계의 시작—에 관한 것이라면, 대략 40세 이후의 기억들은 지위 상승에 관한 것이다. 예컨대 누군가는 실습생, 대학교 연수생, 신문사 편집자를 거쳐 방송사로 옮겨서 전담 프로그램을 얻고 책임 편집자가 되고 결국 관리자가 된다. 그리고 어느 순간에 우리는 둘째 형태의 기억, 곧 성인으로서 우리의 실존이 끊임없이 축적해가는 기억이 신선한 젊은 시절의 기억보다 더 우세해지는 때를 맞이한다. 찬란한 사건들보다 착실한 한걸음 한걸음이 더 중요해지는 것이다. 적어도 기억 내용의 개수에 있어서는 그러하다. 물론 기억 내용의 절대적 가치에 있어서는 다를 수도 있지만 말이다. 당신도 알다시피 첫 키스, 첫 경험 등의 기억은 대단히 강렬하다. 헤르만 헤세의 시적 표현을 인용하면 "모든 처음에는 마법이 깃들어 있다."[9]

○ 신경 생성, 기억을 위한 젊음의 샘

그런데 환경이 다시 젊음을 요구하면, 우리의 늙은 기억은 어떻게 대처할까? 즉 영리함과 공격성이 필요한 상황이어서 우리가 오랜 경험을 통해 확보한 강점들을 활용할 수 없을 때, 우리의 기억은 어떻게 작동할까? 혹은 우리 자신이 학문적 삶에서, 직업에서, 가정생활에서 다시 한 번 진정한 새 출발을 감행하고자 할 때, 기억은 어떻게 반응할까? 그럴 때 기억은 과연 우리를 도울까?

그렇다. 기억은 다시 젊어지려는 우리의 노력에 동참한다. 그리고 기억 속에는 '젊음의 샘'이라고 할 만한 것이 존재한다. 그 샘의 의학적 명칭은 '신경 생성neurogenesis'이며, 그 뜻은 신경세포들이 새로 만들어진다는 것이다. 그러나 은퇴 이후 노화의 결과는 그 이전의 결과처럼 명백하게 긍정적이지는 않을 것이다. 60세 이전에 우리가 노화에 따른 정신적 능력 감소와의 대결에서 1대 0으로 이겼다면, 은퇴 이후의 대결은 어쩌면 무승부로 만족하는 편이 더 나을 것이다. 물론 슛을 날릴 기회는 남아 있지만, 신중하게 수비에 주력하는 편이 더 낫다. 왜냐하면 세포 생성의 샘이 언젠가는 결국 고갈되기 때문이다. 실용서들은 뇌에서 새로운 세포들이 생성되는 과정을 촉진하기 위해서 스포츠와 기억 훈련을 하라고 권하는데, 독자들은 그 권고를 안심하고 신뢰해도 된다. 우리는 그런 훈련을 전적으로 지지한다. 하지만 다음과 같은 진실도 숨기지 말아야 한다. 언젠가는 신경 생성의 샘도 고갈된다. 물론 우리가 전례 없는 수술들을 받기로 결심한다면 사정이 또 다를 수도 있겠지만 말이다. 이 문제는 나중에 다시 다룰 것이다.

◦ 카나리아와 금화조의 울음소리와 신경 생성

카나리아나 금화조zebra finch를 좋아하고 잘 아는 사람이라면 이 새들이 가을에 노래를 그쳤다가 새봄에 다시 시작하는 것을 눈여겨본 적이 어쩌면 있을 것이다. 또한 귀 기울여 들어보면 알 수 있듯이, 이 새들이 새봄에 부르는 노래는 지난 가을에 부른 옛 노래와 다르다. 녀석들은 창조성을 발휘하여 전혀 다른 멜로디를 지어낸다. 어떻게 카나리아와 금화조는 매년 봄마다 전혀 새로운 노래를 부를 수 있는 것일까?

녀석들의 신경해부학을 연구하면 기억과 창조성을 이해하는 데 도움이 된다. 녀석들의 노래 패턴은 유전적으로 미리 프로그래밍된 것일 수 없다. 만약에 미리 프로그래밍된 것이라면, 새로운 작곡은 불가능하거나 기껏해야 아주 오랜 세월과 많은 세대를 거쳐서만 이루어질 수 있을 것이다. 녀석들이 다른 새를 모범으로 삼을 가능성도 배제된다. 왜냐하면 모든 카나리아와 금화조가 새봄에 백지 상태에서 새롭게 노래를 시작하기 때문이다. 따라서 녀석들 안에서 무언가 놀라운 일이 일어나는 것이 분명하다. 그저 주어진 패턴을 재생하는 것과는 차원이 다른 어떤 일이 말이다. 실제로 가을에는 녀석들의 뇌에서 기존 노래의 저장을 담당한 세포들이 죽고, 이듬해 봄에는 그 세포들이 죽은 자리에서 새 세포들이 생성된다. 이 세포 생성의 발견은 놀라운 성과였다. 왜냐하면 성性적인 성숙 이후에 그런 신경세포 생성이 일어나리라고 생각한 학자는 아무도 없었기 때문이다.[10] 성숙한 인간에 대한 통설도 마찬가지였다. 성인에서 중추신경계와 연결된 세포의 생성은 불가능하다는 것이 1990년대 초까지 학계의 정설이었다.

금화조에서 신경세포 생성이 연구된 것에 이어 쥐와 생쥐에서, 그리고 마침내 인간에서도 같은 연구가 이루어졌다. 쥐와 생쥐에서는 신경세포 생성의 증거들이 나왔고, 현재 학자들은 인간에서도 신경세포 생성이 일어난다고 확신한다.[11] 기억에 대한 논의에서 중요한 것은 해마에서 일어나는 신경 생성이다. 새로 생겨난 세포들은 시냅스 가소성이 크다. 그 세포들이 특정한 코드화 과정에 더 많이, 또 더 오래 가담할수록, 그 세포들의 정확성과 효율성은 더 높아진다. 그러나 그와 동시에 그 세포들은 가소성을 잃는다. 그리하여 그것들은 특정한 개념을 담당하는 세포로 확정된다. 새로운 세포들과 시냅스들의 생성은 전혀 새로운 연결망의 형성을 더 용이하게 해준다.

여기에서도 기억이 미래를 위한 능력이라는 사실이 또 한 번 드러난다. 우리가 상당히 많은 나이에 다시 한 번 완전히 새롭게 처음부터 시작해야 하거나 그렇게 하고 싶을 때에도, 기억은 퉁명스럽게 '안 돼, 그런 생각은 더 일찍 했어야지'라고 말하지 않는다. 기억은 우리의 계획에 동참하고, 놀랍게도 다시 젊어진다. 기억은 우리가 일반적으로 젊은 시절에만 (거의) 무제한으로 만들어낼 수 있는 자원을 새삼 제공한다. 그리하여 우리는 60세 즈음에도 다시 창의력이 풍부해지고 큰 변화에 대처하고 정신적 격변에 참여하거나 심지어 그런 격변을 주도할 수 있다. 이 얘기는 잠시 후에 더 자세히 하겠다.

◦ 기억력을 향상시키는 훈련

성인의 뇌에서 새로운 신경세포들이 생성된다는 것은 그 자체만으로도 놀라운 사실이다. 또한 그런 신경 생성이 원리적으로 노년에도 가능하다는 것은 매우 기쁜 일이다. 하지만 신경 생성의 원천은 유한하다. 그 원천, 곧 신경 줄기세포neural stem cell는 세포분열 능력을 지녔지만 무제한으로 분열할 수는 없다. 따라서 신경 생성이 진행될수록 신경 줄기세포의 총수는 점점 줄어든다. 또한 신경 생성은 노화한 뇌를 전체적으로 수리하는 식의 대규모 사업이 아니며 언젠가 종결된다. 더 나아가 당연한 말이지만, 한 번에 생성되는 세포들이 많을수록, 남은 자원은 더 빠르게 고갈된다. 신경 생성이 종결되는 시점은 예측할 수 없다. 그러나 신경 생성이 이루어지는 나이 범위는 다양한 촉진 요인들(예컨대 스포츠와 정신적 활동)과 저하 요인들(가장 중요한 것은 스트레스)에 좌우된다.

이 문제에 대해서는 수많은 실험 연구와 임상 연구가 이루어졌다. 노래하는 새와 설치동물을 대상으로 한 연구들은 실험동물이 신체 운동과 기억훈련을 얼마나 많이 하는가에 따라서 신경 생성이 얼마나 활발한지가 결정된다는 것을 신뢰할 만하게 보여준다. 이때 기억훈련이란 실험동물을 자극이 많은 환경(전문적인 영어 표현은 '풍부한 환경enriched environment')에 노출시키는 것을 말한다.[12] 인간에서도 신체 운동과 정신적 훈련이 기억력에 긍정적 영향을 미친다는 연구 결과가 점점 더 많이 나오고 있다. 2015년 3월 의학저널《랜싯The Lancet》에 발표된 한 논문은 다이어트와 신체적·인지적 훈련으로 구성된 종합적 처방을 통해 인간의 기억력을 측정 가능한 정도로 향상시키는 데 성공했다고 보고했다.[13]

적어도 동물에서는 단식도 유용한 수단으로 밝혀졌다. 연구진은 실험동물에게 오늘은 먹이를 주고 내일은 주지 않고 모레는 다시 주는 식으로 격일제 단식을 시켰다. 그러자 실험동물의 기억력은 향상되었고 뇌에서의 염증 반응은 억제되었다. 후자의 결과는 단식 처방이 알츠하이머병, 파킨슨병, 헌팅턴병, 뇌졸중 등에 효과적인 이유를 설명해준다.[14] 이제껏 언급한 수단들이 어떻게 상호작용하는지, 그러니까 그것들이 서로를 보완하는지, 시너지 효과를 일으키는지, 혹은 서로 무관한지는 아직 최종적으로 밝혀지지 않았다. 예컨대 신체적 훈련은 세포 생성을 촉진할 뿐더러 새로 생성된 세포가 빨리 사멸하는 것을 막는 효과도 낸다.[15] 반면에 단식은 신경 생성에는 영향을 미치지 않고 세포의 수명에만 영향을 미친다.[16]

이 분야를 연구하는 심리학자들과 의학자들은 정신적 훈련을 너무 편협하게 하지 말라고 조언한다. 기억력 강화 효과가 있다는 훈련 프로그램의 다수는 매우 특수한 기능만 훈련시킨다. 그런 훈련에서 정신은 신체와 유사하다. 정신적 기능들의 상호작용은 복잡하다. 그리고 우리는 투자한 만큼만 얻기 마련이다. 즉 우리는 해당 프로그램이 훈련시킨 매우 특수한 기능에서만 향상된다.[17] 새로 고안된 기억 게임들보다 우리의 기억력 전체를 훈련시키는 과제들이 더 낫다. 그런 과제의 예로 외국어 학습과 악기 연습(약간 어려운 악기가 좋다)이 있다.

또한 이 맥락에서 늘 언급되는 사회생활도 빼놓을 수 없다. 우리는 사람들 속으로 들어가 우정을 맺고 사회적 활동에 참여하고 타인을 돕고 공감하고 함께 생각해야 한다. 간단히 말해서 우리는 타인들을 자극하고 타인들로부터 자극받아야 한다.

이 모든 것은 누구나 어느 정도 알 뿐더러 수많은 책에 잘 서술되어 있는 내용이므로, 여기에서 우리는 기억을 위한 또 하나의 강력한 젊음의 샘을 언급하고자 한다. 우리가 보기에 이 샘은 통상적으로 언급되는 위 수단들보다 더 중요하다. 의사들의 말을 들어보면, 기억력을 위한 노화 방지의 유행이 일부 환자에서 걱정스러운(최소한 역설적인) 결과를 낳았다고 하는데, 이 말은 결코 농담이 아니다. 어느새 진정한 의미의 중독자들이 생겨났다. 그들은 의사와 면담하면서 온갖 신체 훈련과 기억 훈련에 시간을 들이다보니 다른 일을 할 겨를이 없다고 투덜거린다. 그런가 하면, 훈련 효과에 만족하고 자신이 아주 건강하다고 느끼지만 그 건강을 가지고 무엇을 할지 전혀 모르는 사람들도 있다. 정신적 능력이 회복되거나 보존되기는 했는데 그 능력을 일상에서 어디에 쓸지 몰라 사실상 그 능력 자체가 목적이 되어버리는 상황마저 발생할 수 있다. 그럴 때 우리는 정신적 노화 방지 경쟁에서 선두로 나서고 심지어 광고에 출연할 수도 있을 것이다. 그러나 칼을 열심히 갈아서 날카롭게 만들었는데, 베어야 할 단단한 대상이 없다면, 그 칼이 무슨 소용이겠는가.

◦ 시대와 함께 가는 것이 어떤 훈련보다도 낫다

그러나 한 요소가 추가되면 모든 것이 달라진다. 우리의 노력을 몇 배로 증가시키는 그 강력한 요소는 바로 '동기motivation'다. 물론 정신적 건강을 위해 훈련 프로그램에 참가하는 사람들에게도 동기가 있다. 그들은 예컨대 십자말풀이를 가장 빠른 시간 안에 풀고 싶어 한다. 하지만 이런 동기와 달리 우리가 말하는 동기는 단지 재미와 놀이에 관한 것이 아니라 우리의 삶과 직결된 동기다. 이 동기는 우리가 극복하고자 하는 삶의 상황에서, 우리에게 진정한 도전으로 닥친 상황에서 나온다. 그런 상황이 우리에게 안겨주는 과제는 우리가 직업 경력 내내 해왔기에 지금도 그야말로 왼손만으로 놀이하듯이 처리할 수 있는 그런 일이 아니다. 오히려 그 과제는 통용되는 유효한 해결책을 우리가 아직 모르는 진정한 도전이다. 요컨대 그런 상황에서 중요한 것은 노년에 이르러 명성을 관리하는 것이 아니라 명성을 가져다줄 어떤 일을 비로소 시작하는 것이다. 당신의 삶을 품위 있게 마무리하는 것이 아니라 다시 한 번 전혀 새로운 일을 시작하는 것이 중요하다. 카운트다운은 멈추고 스톱워치가 가동된다. 당신은 다시 한 번 무언가를 이뤄내고 이를 세상에 증명할 필요가 있다.

이런 상황은 노년의 새로운 기억력 육성을 위한 최대 동기로 작용할 수 있다. 이 사실은 통계 수치에서도 확인된다. 40대나 50대에 다시 새롭게(혹은 처음으로) 가정을 꾸린 사람들은 더 오래 살고 정신 건강도 더 오래 유지한다. 젊은이들과의 교류는 어떤 유형이냐를 막론하고 정신 건강에 이롭다. 이것은 정신적 민첩성, 그리고 새로운 주제 및 내용에 기꺼이 마음을 여는 태도와 관련이 있다. 강연 여행, 토론회, 행사 참석은 우리가 늘 새롭게 스스로를 챙기고 심지어 새로운 전성기로 상승하는 데 이로운 것이 틀림없다. 예컨대 철학자 한스 게오르크 가다머Hans-Georg Gadamer는 은퇴 후에도 괄목할 만한 경력을 이어갔으며 그 경력을 통해 지식계의 참된 스타로 등극했다. 그는 두 번 결혼했으며 대표작《진리와 방법Wahrheit und Methode》을 60세에 출판하고 성서에나 나올 법한 나이인 102세에 아름다운 하이델베르크에서 삶을 마감했다.

여기까지는 쉽게 납득할 만한 이야기일 것이다. 나이가 꽤 든 사람도 어린 자식들이나 손자들과 놀면 약간 아이처럼 되어 쉽게 놀라고 깔깔거린다. 그러나 다음 이야기는 어쩌면 납득하기 어려울 것이다. 기억은 노년에 이른 우리가 젊은이들과 교류하면서 그들의 생각과 행동에 개입할 때만 새로운 활력을 얻는 것이 아니다. 우리 주변의 사람들이 젊을 때뿐 아니라 우리가 사는 시대 전체가 젊을 때도 우리의 기억은 젊어진다. 젊은이들은 우리가 좋아하거나 소중히 여기는 것들에 무관심할 수 있다. 시대가 젊으면, 우리는 그런 젊은이들(즉 젊은 기억들)에 둘러싸이기만 하는 것이 아니다. 젊은 시대를 맞으면, 우리는 다른 기억 속으로 뛰어든다. 젊은 시대는 우리로 하여금 다른 기억을 마치 새로운 연호처럼 받아들이게 한다.

이런 현상을 나타내는 고전적 (관념론의 색채를 약간 띤) 개념으로

'시대정신Zeitgeist'이 있다. 시대정신은 우리 안으로 스며든다. 기억 연구자들도 이 현상을 '집단 기억'이라는 명칭으로 탐구해왔다. 집단 기억이 무엇이고 어디에서 유래하며 무엇을 낳을 수 있는지에 대해서는 다음 장에서 상세히 다룰 것이다. 지금 우리의 논의를 위해 필요한 내용은 다음이 전부다. 우리를 둘러싼 시대가 새로워지고 기억이 어떤 결정적인 지점에서 젊어지면, 그 지점은 모든 가능한 개별 정신들을 끌어당기는 힘을 발휘한다. 그리하여 발생하는 역사적 소용돌이 속에서 (사람들은 흔히 젊은이들을 가장 먼저 떠올리지만) 젊은이들뿐 아니라 어떤 식으로든 지적인 삶을 아직 마감하지 않은 모든 사람들이 뜨거워진다. 심지어 한참 전에 전성기를 마감했음 직한 인물이 변화를 위한 결정적 충격을 제공하는 경우도 많다. 시대정신은 믿기 어려울 정도로 늙은이에게 관대하여 자신의 진보 의지를 대변할 원숙한 지식인이나 정치가, 또는 아무튼 누군가를 물색한다.[18] 간단히 말해서, 시대정신의 강림 장소가 되는 행운이 누군가에게 닥쳤다면, 그는 자신의 생물학적 나이에 괘념하지 않아도 된다.

우리의 논의에 가장 적합한 예는 철학자 임마누엘 칸트다. 그는 1724년 쾨니히스베르크에서 태어나 1804년 같은 곳에서 죽었다. 칸트는 합리주의 체계들을 공부하며 성장한 지식인이었다. 그 체계들은 매우 포괄적이고 엄밀한 사상적 구조물이었다. 칸트가 선생들의 체계를 계속 다듬는 일에 머물렀다면, 그는 기껏해야 강단철학자로서 명성을 얻었을 것이다. 그러나 젊음을 선호하는 모든 사람을 머쓱하게 만들 법한 일이 1781년부터 1790년까지 벌어졌다. 합리주의 학파의

(3류까지는 아니더라도) 2류 철학자 칸트가 그 기간에 철학책 세 편을 출판했고, 머지않아 그 책들은 철학계에서 '코페르니쿠스적 전환'이라는 평가를 받았다. 전적으로 옳은 평가였다. 왜냐하면 그 책들, 곧 《순수이성비판Kritik der reinen Vernunft》, 《실천이성비판Kritik der praktischen Vernunft》, 《판단력비판Kritik der Urteilskraft》이 출판된 이후, 지성계는 예전과 달라졌기 때문이다. 칸트는 무릇 세계에 대한 고찰의 중심에 주체를 놓았고, 이로써 우리가 아는 근대가 시작되었다.

숫자들을 따져보자. 세 편의 비판서 중 첫 편이 출판될 때 칸트는 이미 57세였고, 마지막 편이 출판될 때는 66세였다. 그 후에도 칸트는 법철학을 다룬 저서 한 편과 윤리학, 역사철학, 과학철학, 정치를 다룬 논문 여러 편을 발표했다.

시대와 함께 가는 것이 기억을 젊게 하는 비법이라는 우리의 주장을 뒷받침하기 위해 역사책을 들여다보자. 1780년대는 여러 모로 변혁의 시대였다. 그 시대의 세계사적 정점은 1789년에 일어난 프랑스 혁명이었다. 칸트의 글을 읽노라면, 혁명을 향해 내달리던 시대정신이 좀스럽고 프로이센적이고 프로테스탄트적인 합리주의자 칸트를 선택한 것이 참으로 기묘한 일이라는 생각이 든다. 칸트는 철학자 중에 최초로 독일어로 글을 썼다는 점에서 이미 혁명적이었지만, 그의 문장들은 여전히 라틴어 투를 벗어나지 못했다. 칸트의 문장은 여러 겹의 중첩 구조를 이루기 일쑤고 의미와 논리가 까다로워서 어떤 독자라도 조만간 절망에 빠뜨린다. 그런 칸트가 종교와 윤리 분야에서 새

판을 짜는 작업을 맡았다. 그는 모든 전통을 근본적으로 청소해버림으로써 '만능 분쇄기Alleszermalmer'라는 별명을 얻었다. 그러나 우리는 어두운 뒷면도 언급하려 한다. 이런 찬란한 학문적 성취도 결국 노년의 칸트를 기억 감퇴로부터 지켜주지 못했다.

다니엘 켈만Daniel Kehlmann의 소설《세계를 재다Die Vermessung der Welt》의 한 대목에서 수학자 카를 프리드리히 가우스는 쾨니히스베르크에 사는 위대한 칸트를 만나고자 하는 간절한 소망을 마침내 이룬다. 칸트의 하인 람페는 몇 마디를 주고받은 후 가우스를 앞세워 칸트에게 가고, 존경심으로 충만한 가우스는 칸트 앞에서 자신의 새로운 공간관을 설명하고 유클리드가 별들의 거리를 잘못 측정할 수밖에 없었던 이유를 이야기한다. 그리고 칸트의 대꾸를 기다린다.

"소시지, 라고 칸트가 말했다. 예? 람페는 소시지를 사야 해요. 소시지와 별들. 사야 해요. 가우스가 일어섰다. 내가 교양을 완전히 잃어버린 건 아니에요, 라고 칸트가 말했다. 여러분! 침 한 방울이 칸트의 턱으로 흘러내렸다. 자비로운 주인님께서 피곤하십니다, 라고 하인이 말했다."[19]

칸트는 정신적 능력이 소진했던 모양이다. 그러나 진지하게 생각해보자. 칸트의 비판서들을 읽으면, 가능하다면 추가로 셰익스피어의 마지막 연극 〈폭풍우The Tempest〉를 보거나 베토벤의 9번 교향곡을 들으면, 칸트처럼 정신적 능력을 소진해버릴 가치가 있다는 생각이 들지 않는가? 우리는 아직 이루지 못한 유일무이하고 위대한 최후의 성취를 이뤄낼 수 있을까? 영원히 불멸할 성취를?

◦ 흡혈귀가 절대로 늙지 않는 이유

'개체결합parabiosis'(생물 개체들을 결합하는 작업)은 독일에서 많이 거론되지 않는 개념이다. 적어도 공개된 자리에서는 그러한데, 그 이유를 어렵지 않게 납득할 수 있다. 개체결합은 흡혈귀 소설이나 프랑켄슈타인의 괴물 이야기를 통해 널리 퍼진 환상들을 연상시킨다. 실제로 개체결합 시도는 이른바 '암흑 낭만주의Dark romanticism'의 시대인 19세기 중반까지 거슬러 올라간다. 2차 세계대전 이후 학자들은 개체결합 실험의 설계와 범위에 있어서 더 조심스러워졌다. 독일에서는 동물을 대상으로 한 개체결합 실험이 1987년 전면 금지되었다. 그러나 미국에서는 지금도 개체결합이 유망한 시도로 여겨진다.

현재 주로 시도되는 개체결합은 젊은 생쥐와 늙은 생쥐를 외과수술로 이어 붙여 두 개체의 혈액 순환을 통합하는 것이다. 이 작업은 프랑켄슈타인을 연상시킨다. 인공적인 방식으로 두 마리의 동물을 샴쌍둥이로 만드는 셈이니까 말이다. 머리가 두 개, 다리가 여덟 개, 심장이 두 개, 순환계가 한 개인 샴쌍둥이로 말이다. 이 개체결합의 목표는 젊은 생쥐의 피를 유입시켜 늙은 생쥐의 노화를 되돌리는 것이다. 이 목표는 흡혈귀 이야기를 연상시킨다.

이 실험에서 어떤 성과가 나왔을까? "결과들은 매우 놀랍다. 대단히 흥미롭다"[20]라고 서던캘리포니아대학교University of Southern California의 베리슬라브 즐로코비치Berislav Zlokovic는 말한다. 우선 늙은 생쥐의 근육이 재생되는 것이 확인되었다. 이 재생은 혈액 속에 있는 한 성장인자GDF11 덕분에 일어난다고 한다. 우리의 논의에서 더 중요한 것은 기억력에 미치는 효과다. 알츠하이머병 같은 질병들뿐 아니라 뇌세포의 평범한 대사장애들에서도 큰 문제 중 하나는 면역계의 약화다. 면역계가 약화되면, 우리가 나이를 먹을수록 뇌에 점점 더 많은 염증병소inflammatory focus가 생겨나고, 그 병소들은 다양한 뇌 기능장애의 원인이 될 수 있다. 스탠퍼드대학교Stanford University의 토니 와이스 코레이Tony Wyss-Coray는 연령 3개월의 젊은 생쥐와 18개월의 늙은 생쥐를 결합하여 5주 동안 샴쌍둥이 상태로 살게 한 다음에 늙은 생쥐의 면역세포들을 현미경으로 관찰했다. 그리고 그 면역세포들이 눈에 띄게 젊어진 것을 발견했다. 세포 본체의 모양만 봐도 세포가 젊어진 것을 알아챌 수 있었다.

후속 실험에서 연구진은 해마 세포들의 시냅스가 어떻게 변화했는지 관찰했고 가시들spines이 증가한 것과 새로운 시냅스들이 형성된 것을 발견했다. 시냅스의 가소성은 전반적으로 증가했다. 즉 시냅스의 가변성이 커졌는데, 특히 중요한 것은 시냅스가 더 잘 강화될 수 있게 된 것이었다. 기억하겠지만, 시냅스의 강화는 학습과 기억의 기본 전제다. 또 다른 실험에서는 젊은 생쥐의 혈장을 늙은 생쥐에게 사흘에 한 번씩 3주 동안 주입했다. 그 후 기능 검사를 해보니, 늙은 생쥐는 미로 기억 검사와 스트레스 검사에서 더 나은 성적을 냈다.

결론적으로 개체결합의 결과를 '신경 생성 증가, 시냅스 형성 증가, 연결 밀도 증가, 염증 감소'로 요약할 수 있다. 이와 더불어 뚜렷한 기억력 향상도 나타났다. 한 마디 덧붙이자면, 개체결합의 긍정적 효과

는 생쥐 암컷과 수컷에서 동등하게 나타났다.[21]

이런 결과를 인간에서, 그것도 어떤 개체도 (젊은 생쥐처럼) 손해 보지 않으면서 얻을 수 있다면 어떨까? 혈장 주입을 통해서, 혹은 앞서 언급한 회춘 인자를 추출하거나 인공 생산하여 주입함으로써 개체결합 효과를 얻을 수 있다면 어떨까?

전혀 과장하지 않더라도, 그 귀결은 우리의 예상을 초월할 것이다. 약간의 상상만 보태면, 우리가 영생할 길이 열릴 것이라는 생각에 도달하게 된다. 또한 다음과 같은 명백한 결론도 나온다. 만일 우리가 개체결합과 혈장 교환의 도움으로 영원한 젊음을 성취한다면, 우리가 이제껏 제기한 기억에 관한 질문들은 아마도 곧 무시될 것이다. 그리고 우리는 오히려 다음과 같은 더 중대한 질문을 던져야 할 것이다. 우리는 정말로 영생을 원할까? 만일 원한다면, 영생은 누구에게 좋을까? 영생은 (니체의 표현을 빌리면) "동일한 것의 영원한 회귀"로 이어지고, 그런 회귀는 다름 아니라 최악의 지루함을 의미하지 않을까? 이로써 우리는 거대한 논쟁의 한 귀퉁이에 발을 들인 셈이다. 하지만 더 심화된 질문과 사변에 앞서 알츠하이머병을 살펴보기로 하자.

◦ 알츠하이머병의 지독한 난감함

다음과 같은 통계는 기본적으로 당신의 걱정을 덜어주어야 마땅하다. 65세에서 69세에 알츠하이머병에 걸리는 사람은 (독일 알츠하이머병 협회에 따르면) 인구의 1.2퍼센트에 불과하다. 70세에서 74세에 걸리는 사람은 2.5퍼센트, 75세에서 79세에 걸리는 사람은 6퍼센트, 80세에서 84세에 걸리는 사람은 13.3퍼센트, 85세에서 89세에 걸리는 사람은 23.9퍼센트, 90세 이상에서 걸리는 사람은 34.6퍼센트다. 그런데 이 같은 비율 증가를 곡선으로 나타내보면, 그것이 지수적 증가임을 알 수 있다. 그 곡선을 연장하면 다음과 같은 예측을 얻을 수 있다. 100세 이상에서 알츠하이머병에 걸리는 사람은 50퍼센트에 달할 것이고, 120세에 이른 사람은 100퍼센트 확실하게 알츠하이머병에 걸릴 것이다.

알츠하이머병은 과연 어떤 병일까? 병의 명칭은 이 병을 발견한 정신과의사 알로이스 알츠하이머에게서 유래했다. 그는 1907년에 튀빙겐에서 열린 학회에서 이 병에 걸린 환자의 사례를 보고했다. 알츠하이머병의 원인은 다양하다고 추정되는데, 병이 진행되는 과정 두 가지는 이미 상세히 밝혀졌다.[22] 눈에 띄는 첫 번째 변화는 세포막(세포를 둘러싼 껍질)에서 일어난다. 세포막에서 효소들(세크레타제들secretases)이 (아밀로이드 전구단백질[APP]을 비롯한) 일련의 단백질들과 반응하고, 그 결과로 '베타아밀로이드'라는 펩티드가 생산된다. 이 반응이 일어나려면 특정한 효소반응들의 조합, 즉 베타세크레타제와 감마세크레타제가 동시에 작용하여 APP가 절단되는 것이 필요한데, 이 반응으로 생산된 베타아밀로이드는 동종의 다른 단백질들과 결합하여 아밀로이드 딱지plaque를 형성한다. 아마 당신도 한번쯤 들어보았을 성싶은 이 아밀로이드 딱지는 기능성 자기공명영상법fMRI으로 관찰할 수 있다. 이 딱지의 작용은 아직 완전히 밝혀지지 않았다. 하지만 이 딱지가 인간 뇌에 미치는 폐해는 생쥐 뇌에 미치는 폐해보다 더 광범위하다는 것이 확인되었다.

알츠하이머병과 밀접한 관련이 있는 두 번째 변화는 뇌세포 외부가 아니라 내부에서 일어난다. 이 변화로 해를 입는 부위는 축삭돌기와 그것의 골격이다. 더 정확히 말하면, 골격의 구실을 하는 특정 성분, 곧 그리스 철자 '타우Tau'로 명명된 단백질이 변화를 겪는데, 구체적으로 이 단백질에 음전하를 띤 인산염이 침전된다. 그러면 타우 단백질이 인산염에 짓눌리면서 원래 고정 위치에서 분리되어 타우 단백질섬유 뭉치를 형성한다. 이런 섬유 뭉치 형성의 결과로 세포 골격이 해체되고 축삭돌기의 미세소관들이 파괴되고 신경연결이 끊기고 세포가 사멸한다. 이 같은 신경 연결선의 변형과 아밀로이드 딱지 사이의 관련성은 아직 최종적으로 밝혀지지 않았다. 학자들은 아밀로이드 딱지가 (앞서 언급한 바 있는) 염증을 일으키고, 그 염증이 세포 내부의 골격 시스템에 악영향을 끼친다고 추측한다. 동물 모형에 기초하면, 아밀로이드 딱지의 형성이 시냅스의 신호전달을 저해한다는 결론을 내릴 수 있다. 염증의 증가와 신호전달의 저해가 결국 신경 경로에 악영향을 끼치는지 여부는 아직 확실히 판단할 수 없다.

알츠하이머병과 그로 인한 세포 사멸은 뇌에서 점진적으로 진행된다. 가장 먼저 피해를 입는 곳은 후각뇌, 그리고 기억을 위해 중요한 중추들인 해마와 내후각피질(후각뇌고랑 안쪽 피질)이다. 따라서 알츠하이머병의 초기 증상은 기억장애다. 후각 약화도 초기에 나타나지만, 이 증상은 자각되지 않는 경우가 많다. 병이 말기에 이르면 대뇌피질 전체가 피해를 입는다. 신경조절물질(조절성 신경전달물질)을 생산하는 뇌 구역들의 사멸은 환자의 기분에 강력한 영향을 미친다. 예컨대 기저핵은 아세틸콜린을 생산하는데, 이 신경전달물질은 우리가 특정한 대상에 주의를 집중하는 것을 돕는다. 따라서 기저핵의 세포들이 사멸하면, 환자는 주의집중을 유지하고 새로운 것들을 학습하기가 어려워진다. 흑질이 생산하는 도파민은 기분 향상과 동기부여에 기여한다.

알츠하이머병의 폐해는 수용체들에도 미친다. 예컨대 해마에서는 글루타메이트의 수용뿐 아니라 분해에도 문제가 생긴다. 따라서 뇌 속에 글루타메이트가 너무 많아져 시냅스에서의 신호전달이 저해된다. 마지막으로, 노르아드레날린은 아드레날린이 몸에서 하는 역할을 뇌에서 한다. 즉 뇌로 하여금 준비 태세를 갖추고 각성하고 주의를 집중하게 한다. 이 물질의 생산에 문제가 생기면, 환자는 새로운 일에 착수할 수 없게 되고 단기기억과 장기기억이 모두 봉쇄된다. 따라서 환자는 아무것도 기억하지 못하거나 학습한 것을 곧바로 망각하게 된다. 순행성 기억상실, 곧 과거를 망각하는 것이 아니라 새로운 내용을 기억에 수용하지 못하는 장애가 발생하는 것이다.

최근 들어 여러 소설과 영화가 알츠하이머병을 다뤘다. 예컨대 줄리안 무어Julianne Moore는 〈스틸 앨리스Stile Alice〉에서 알츠하이머병에 걸린 주인공을 연기하여 2015년 아카데미 여우주연상을 받았다. 이 영화는 점진적으로 악화되어 결국 완벽한 파국에 이르는 기억상실을 매우 실감 나게 보여준다. 그 기억상실을 가장 간단하게 묘사하는 방법 하나는 공학적 비유를 사용하는 것이다. 즉 그 기억상실은 '분해'와 같다. 우리가 성인으로서 살면서 획득한 모든 뇌 기능과 능력이 점진적으로 분해된다. 결국 우리는 다시 어린아이가 되고 더 나중에는 자궁 속 태아가 되어 방향조차 모르게 된다. 왼쪽, 오른쪽, 위, 아래가 없어지는 것이다.

알츠하이머병은 유전될 수 있으며 경우에 따라 30세에 최초 증상이 나타날 수 있다. 그러나 유전적 요인이 차지하는 비중은 2퍼센트 미만으로 매우 작다. 다른 사례들에서는 일반적으로 약 30년에서 50년에 걸쳐 병이 진행된다. 발병 후 10년이 지나서야 눈에 띄는 증상이 나타나는 경우도 많으며, 일부 사례에서는 그 기간이 30년에 달하기도 한다. 따라서 이미 30세에 알츠하이머병에 걸린 환자가 60대 초반에야 증상을 보일 수도 있다.

이 책이 허용하는 범위 안에서 알츠하이머병에 대해 확실히 이야기할 수 있는 내용은 대충 여기까지가 전부다. 이 병의 원인은 (극소수의 유전적 알츠하이머병을 제외하면) 아직 불확실하다. 학자들이 발견한 위험요인들은 심혈관계 질환의 위험요인들과 유사하다. 즉 고혈압, 과체중, 관상동맥 질환이 알츠하이머병 위험요인으로 꼽히며, 부정맥 환자는 알츠하이머병에 걸릴 위험이 특히 높다. 이 병의 예방을 위해 삼가야 할 것들 중 하나는 알코올 남용이다. 당신이 50세가 넘어서 흡연을 시작한다면, 아마도 신경과의사는 당신을 곱지 않은 시선으로 바라볼 것이다. 왜냐하면 그렇게 하면 알츠하이머병에 걸릴 위험이 두 배로 높아지기 때문이다.

스틸 앨리스는 '여전히 앨리스'라는 뜻이다. 인간적인 관점에서 볼 때 알츠하이머병과 함께 우리에게 닥치는 드라마를 이 영화 제목보다 더 짧게 요약할 길은 아마도 없을 것이다. 영화를 보는 관객은 기억을 잃는 것은 인격 전체를 잃는 것임을 뼈아프게 깨달을 수밖에 없다. 우리를 현재의 우리로, 또 우리가 되고자 하는 존재로 만드는 모든 것은 과거와 미래를 향한 관점을 가지는 능력에 의존한다. 기억 능력이 감퇴하고 타인을 알아보기가 점점 더 어려워지고 자신의 평소 특징들이 하루가 다르게 퇴색해가는 사람에게 무엇이 남겠는가? 영화 〈스틸 앨리스〉는 이 질문에 대한 대답도 내놓는다. 여주인공이 들려주는 열쇳말은 '사랑'이다.

7장

집단 기억

뇌들의 연결망과 우리가 모두
'빨간 모자'를 아는 이유

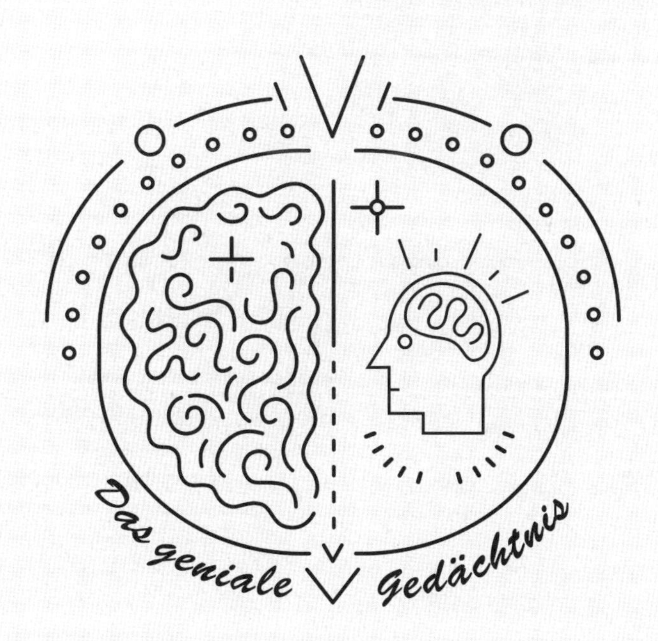

이제 이런 질문을 던져보자. 우리의 뇌가 사멸한 뒤에도 우리의 기억은 살아남을 수 있지 않을까? 이 질문에 대한 고전적 대답 하나를 성서에서 읽을 수 있지만, 그 대답을 받아들이려면, 사후의 삶이 존재한다는 것과 최후의 날에 우리가 마치 늙은 적도 없고 죽은 적도 없는 듯이 부활하리라는 것을 믿어야 한다. 또 다른 가능성은 우리가 죽은 뒤에도 우리의 사상이나 업적이 계속 영향력을 발휘하여 사실상 우리가 계속 사는 것과 다름없게 되는 것이다. 일찍이 고대 그리스의 영웅 아킬레우스는 자신이 나중에 (호메로스의) 서사시들에서 언급되고 사람들의 추모를 받는 방식으로 불멸하는 것을 꿈꿨다. 사람들이 그의 사상과 행동을 모범으로 여기고 애써 모방한다면, 그는 계속 사는 셈일 것이었다. 많은 지식인은 책에 담긴 자신의 기억이 계속 영향력을 발휘하고 다음 세대들에 전해지기를 꿈꾸는데, 이런 점에서 그들은 아킬레우스의 후계자라고 할 수 있다.

그러나 또 하나의 대안이 있고, 이 대안은 우리로 하여금 개인적 해결책들—부활, 숭배자, 추종자—에 매달리지 않고 집단적 해결책을 고려하게 한다. 그 해결책은 집단 기억collective memory이다. 바탕에 깔린 아이디어는 단순하다. 즉 우리 외에 다른 사람들도 기억을 가졌다는 것이 그 아이디어다. 당연한 말이지만, 우리와 우리 주위의 모든 타인들은 각자 나름의 기억을 보유하고 있다. 만일 그 다양한 기억들을 연결할 수 있다면, 공동의 기억 풀pool이 생겨날 테고, 우리 각자의 개인적 기억은 그 풀에 유입될 것이다(2001년 뉴욕에서 쌍둥이 빌딩이 무너질 때에 대한 기억처럼 중요한 기억들이 유입되는 것이 최선일 터이다). 그렇게 풀에 유입된 개인적 기억은 타인들과 공유될 테고 그것의 원천 제공자가 사망한 뒤에도 존속할 것이다.

쌍둥이 빌딩의 잔해 속에 매몰된 채 전화로 가족에게 마지막 안부를 전한 소방대원. 이제부터 세계는 어제의 세계가 아닐 것이라고 무의식적으로 내뱉은 어느 언론인. 망연자실한 표정으로 말문이 막힌 목격자들. 이런 예들에서 우리는 어떻게 개인의 기억이 하룻밤 사이에 공동의 소유가 될 수 있는지 배운다. 우리도 사건 현장에 있었던 것 같은 인상을 품는다는 의미에서 우리는 타인들의 기억을 넘겨받는다. 동영상을 보고 목격자들의 증언을 들은 뒤에 실은 낯선 테러 인상을 우리가 직접 경험한 인상처럼 여기는 우리 자신을 우리는 신뢰한다. 그 인상이 우리의 자서전에 중요한 흔적으로 남는 한에서, 그것은 우리의 개인적 기억이 된다. 2001년 9월 11일 늦은 오후에 무엇을 했느냐는 질문을 우리는 얼마나 자주 받는가. 그 질문에 답할 때 우리는 이미 우리 자신의 경험과 타인의 경험을 뒤섞는 일의 합법성을 기꺼이 인정하는 셈이다. 맨해튼 중심에서 일어난 그 테러를 어디에서 어떻게 지켜보았는지 증언할 수 있다면, 우리는 일종의 증인 구실을 하는 것이다. 그렇게 우리는 그 테러에 대한 기억의 공증에 기여하고 스스로 집단 기억의 원천이 된다.

이처럼 우리의 생각, 인상, 기억은 우리가 말할 수 없게 되거나 사멸하더라도 계속 생존할 수 있다. 우리에게 개인적으로 중대한 체험이었던 것은 이제 타인들에게도 중대한 체험이 된다. 우리는 9·11 테러의 끔찍한 광경과 극심한 공포를 공유한다. 비록 실제로 그 현장에 있었던 증인들은 소수에 불과하고 다수의 시청자와 청취자는 거기에서 멀리 떨어져 있었지만 말이다. 더 나아가 당시에 아직 태어나지 않았지만 나중에 그 테러에 대해서 알게 된 모든 타인들도 우리와 그때의 인상을 공유한다. 그렇게 원래 사적이었던 인상과 느낌이 공유물이 되고, 개인의 체험이 집단 기억에 유입된다. 집단 기억은 우리 모두를 포용하고 균일하게 인상들을 공급한다.

그러나 이것은 진실이기에는 너무 아름다운 이야기라고 깐깐한 비판자들은 반발한다. 그들에 따르면, 나의 체험이 동료 인간들과 나중 세대들의 기억 속에서 계속 생존한다는 것은 소설 속 인물이 영원히 젊음을 유지하면서 불멸한다는 것과 마찬가지로 공허하다. 그 이유는 다음과 같다. 내가 실제로 무엇을 체험하고 느끼는가, 내가 대상들을 어떻게 지각하고 평가하는가는 극히 사적이고 특수해서 실은 타인에게 전혀 전달할 수 없다. 가까운 예로 경악과 공포는 고유한 질을 가진다. 타인의 경악과 공포를 우리는 기껏해야 짐작할 수 있을 뿐이다. 내가 9·11 테러 현장에서 그 빌딩들이 무너지는 모습을 (심지어 그 빌딩들 안에 있는 가족이나 동료나 지인을 걱정하면서) 목격했다면 어떠했을까를 나는 단지 상상할 수만 있다. 혹은 나의 내면에서 다음과 같은 확신이 선다고 해보자. '내 눈앞에서 온 세계가 무너진다. 한 시대 전체가 마감되고, 전쟁과 재난으로 점철된 한 세기가 잔인한 종말을 맞는다.' 설령 이런 확신이 든다 하더라도, 나는 그 테러를 진정으로 이해할 수 없다. 그 순간을, 그 참사에 얽힌 온갖 생각들과 연상들을 추체험할 수 없다. 현장 사진들은 물론 많은 것을 보여주지만 내면 풍경을 보여주지는 못한다. 실제로 현장에 있었던 사람들의 감정이 질적으로 어떠했는지는 사진에서 전혀 드러나지 않는다. 한 사건이 우리의 내면에서 무엇을 일으키는지 묘사하는 과제 앞에서 언어는 무력하다. 심지어 내가 9·11 테러 목격자들의 얼굴을 볼 때 마주치는 공포에 질린 눈빛도 그들의 공포가 얼마나 컸는지 알려줄지언정 그 공포의 질적인 측면에 대해서는 아무것도 알려주지 않는다.

지금까지 지적한 난점을 다음과 같이 일반화할 수 있다. 우리가 타인의 머릿속에 실제로 들어가는 것은 결코 불가능하다. 타인의 내면에 접근하려 할 때, 언어, 그림, 숙고는 무력한 수단에 불과하다. 이 수단들에 의지하는 것은 손끝으로만 쓰다듬을 수 있는 대상을 두꺼운 벙어리장갑을 낀 손으로 더듬는 것과 같다. 모든 것이 부정확하고 오류가 많고 결국엔 심한 착각을 유발한다. 타인의 실제 감정은 전혀 다를 수도 있다. 철학자 토머스 네이글Thomas Nagel은 1970년대 초에 이 난점을 다음과 같은 질문으로 요약한 바 있다. "박쥐로 산다는 것은 과연 어떤 것일까?"[1] 네이글에 따르면, 우리는 이 질문에 대답할 수 없다. 그가 전하려 한 메시지를 이렇게 해석할 수 있을 것이다. 우리 이웃의 머릿속에서 일어나는 일조차도 우리에게는 지극히 낯설어서, 우리가 그 일을 이해하려 하는 것은 (우리에게 매우 낯선) 다른 종을 이해하려 하는 것과 같다. 우리는 모르고, 앞으로도 모를 것이다. 이처럼 우리가 동료 인간의 생각과 느낌에 진정으로 접근할 길조차 발견할 수 없다면, 집단 기억을 운운하는 것이 과연 의미가 있겠는가? 참된 인상과 그것의 질은 모두 나의 내면에 머문다. 그것들은 내 머릿속에서 발생했고 나의 사적인 기억에 저장된다. 그것들이 나의 기억에서 다시 나올 수 없다면—혹은 변형되고 오류가 섞인 채로만 다시 나올 수 있다면—대체 무엇이 집단 기억에 저장된다는 말인가? 공적인 인상? 그것이 대체 무엇인가?

설령 집단이 공유한 기억 같은 것이 존재한다 하더라도, 그런 집단 기억을 저장할 뇌가 따로 있을 수는 없을 것이다. 다시 말해 세상의 모든 기억 저장소에는 이미 개인의 사적인 기억이 쌓여 있을 것이다. 요컨대 집단 기억을 우리의 평범한 기억과 구별하는 것은 전혀 불가능할 것이다. 그렇다면 우리가 서로의 기억과 그것을 공개적으로 다루는 방식에서 유사성을 발견한다는 것이 집단 기억을 거론하는 근거의 전부일까? 하지만 그 유사성은 우리 각자의 체험과 기억의 참된 본질에 기초를 두지 않는 듯하다. 생물학 용어로 다시 말하면, 그 유사성은 우리 각자의 뇌에 기초를 두지 않는 듯하다. 요컨대 집단 기억은 마치 참된 기억인 양 행세하지만 실은 그 존재의 근거를 느슨한 어법에 둔 것으로 보인다. 바꿔 말해 집단 기억은 나중에 생각을 통해 이차적으로 추가된 현상으로 간주해야 할 듯하다.

◦ 텔레파시로 타인의 머릿속에 들어가기

이런 비판 앞에서 집단 기억의 옹호자들에게 힘을 보태주는 실험이 하나 있다. 2014년에 하버드대학교의 신경과학자 알바로 파스큐얼-레오네Alvaro Pascual-Leone가 이끄는 팀이 최초로 성공적으로 수행한 그 실험은 '텔레파시 실험'으로 널리 알려졌다.[2] 실험의 개요는 이러하다. 피실험자는 '안녕Hello'이나 '잘 가Bye bye' 같은 간단한 메시지를 생각한다. 그러는 동안에 연구진은 피실험자의 뇌파를 측정한다. 측정된 뇌파 데이터는 디지털화된 상태로 이메일을 통해 수천 킬로미터 떨어진 곳으로 전송된다. 수신자는 그 데이터를 섬광들의 계열로 변환한다. 그리고 그 섬광 계열을 또 다른 피실험자의 망막에 투사하는데, 정확히 말하면 시야의 가장자리, 곧 피실험자가 선명하게 보지 못하는 위치에 투사한다. 실험은 성공적이었다. 두 번째 피실험자는 첫 번째 피실험자가 보낸 메시지를 이해했다. 더구나 그 이해는 문자나 발설된 말이나 코드화된 그림을 비롯한 어떤 문화적 산물의 도움도 없이, 다시 말해 인위적 매체에 의존하지 않고 이루어졌다. 오로지 한 사람의 뇌파를 다운로드하고 광학적 신호로 변환하여 다른 사람의 뇌에 업로드하는 것만으로 소통이 이루어진 것이다.

이 성공은 마치 텔레파시 옹호자들이 오래전부터 꿈꿔온 직통 통신선이 발견된 것과도 같은 듯하다. 이 통신선은 직통이다. 왜냐하면 이 통신에서는 최초 신호와 최종 신호가 다르지 않을 뿐더러 중간에 다른 소통 수단으로의 번역이 필수적이지 않기 때문이다. 이 통신에서 생각의 전달은 생각의 원천 코드, 곧 생각의 모어母語를 통해 이루어진다. 그 모어는 다름 아니라 뇌파다. 지금까지의 소통에서 우리가 발설된 언어에 의존했다면, 이제 우리는 내면의 모어를 한 뇌에서 다른 뇌로 전달한다. 이것은 마술이 아니다.

물론 다음과 같이 반론할 수 있을 것이다. 내용의 손실, 특히 감정의 손실이 없는 텔레파시를 정말로 실현하기까지는 아직 갈 길이 멀다. 또한 이런 실험들은 모든 면에서 과학적으로 신뢰할 만하다고 평가하기에 턱없이 부족하다. 아직 많은 보완이 필요하다. 또한 이런 문제도 제기할 수 있을 것이다. 언어나 그림과 마찬가지로 뇌파도 하나의 매체가 아닐까? 다시 말해 다른 매체들이 우리의 생각을 담을 때 코드화를 거치는 것과 마찬가지로, 뇌파도 우리의 사적인 생각을 모종의 방식으로 코드화하여 담는 것이 아닐까? 이 문제 제기를 일축한다 하더라도, 최소한 뇌파의 디지털화가 메시지의 변형을 일으킨다는 지적은 아마도 무시할 수 없을 것이다.

◦ 한 사람이 다른 사람을 정말로 이해할 수 있을까?

은밀한 내면의 소통 가능성을 둘러싼 해석 논쟁은 40여 년 전부터 뜨겁게 달아올랐다. 내가 가장 깊은 내면에서 생각하고 느끼고 감각하는 바를 타인이 정말로 이해할 수 있을까? 더 일반적으로 말하면, 철저히 나의 내면에 있는 정신적 대상을 타인들이 알아볼 수 있게 외면화하고 물질화하는 것이 과연 가능할까? (논쟁의 수준을 한 단계 더 높이면) 과연 정신을 물질로 번역할 수 있다고 전제해도 될까? 이성과 감각을 아우르는 정신은 그 자체로 하나의 세계이고, 물질은 또 다른 세계, 어쩌면 정신과 맞선 세계가 아닐까?

결국 논쟁은 두 세계관 사이의 전쟁으로 발전했다. 관념론과 실재론이 맞붙은 것이다. 관념론자들에 따르면, 정신은 고유한 우주를 이루고 그 우주 안에는 손에 잡히는 묵직한 것이 전혀 없다. 그리고 그 우주는 나의 정신적 자아의 거처다. 관념론자들은 최후의 진실은 오로지 내가 그것을 생각하고 진실로 간주할 때만 발견된다고 주장한다. 즉 진실은 오직 일인칭 관점으로만 파악하고 이해할 수 있다는 것이 관념론자들의 기본 전제다. 반면에 실재론자들은 정반대가 옳다고 주장한다. 즉 중립적이며 거리를 둔 과학자의 관점으로, 곧 삼인칭 관점으로 진실을 고찰해야 한다는 것이다. 실재론에 따르면, 오로지 자연과학의 모범에 따라 객관화될 수 있는 통찰만이 진지하게 취급될 자격이 있다. 또한 물질적 기계적으로 이해할 수 있는 과정들만이 실재한다고 인정받을 자격이 있다. 따라서 어떤 물질성도 띠지 않은 순수 정신적 과정은 신화이거나 기껏해야 (텔레파시가 아직까지는 과학적 허구인 것과 마찬가지로) 과학적 허구다.

논쟁을 풀어가기 위해서 두 가지 원칙을 제안하고자 한다. 첫째, 종교적이거나 신학적인 동기가 끼어들어 논의가 불필요하게 복잡해지는 것을 경계해야 한다. 한 사람이 다른 사람을 완전히 이해하는 것이 궁극적으로 불가능한 이유는 과연 무엇일까라고 누군가가 집요하게 묻는다면, 그 물음 속에는 종교적이거나 신학적인 동기가 들어 있을 가능성이 매우 높다. 물론 내가 내 피부 안에 갇힌 채로 이런저런 대상을 체험하고 평가하는 것, 혹은 나의 특수한 이성이 특정한 생각을 품는 것은 당연히 특수한 일이다. 그럼에도 우리는 타인들과 소통할 때 상대방의 감정이 어떠하다거나 그가 어떤 생각을 한다는 것을 대개 아주 잘 헤아릴 수 있다. 설령 오해가 발생하더라도 우리에게는 재차 질문하고 더 잘 공감할 기회가 있다.

소설을 읽으면서 일인칭 화자의 말에 귀를 기울이는 독자는, 타인의 내면에서 일어나는 일을 그의 글을 읽는 등의 방식으로 체험하거나 이해할 수 있다는 것을 항상 기본적으로 전제하는 셈이다. 이 전제에 대한 근본적인 불신은 다른 전제들, 예컨대 종교적이거나 신학적인 전제들이 끼어들 때 비로소 발생한다. 그런 전제의 한 예를 프로테스탄트 신학에서 발견할 수 있다. 그 신학에 따르면, 유한한 주체들은 결코 서로를 완전히 이해할 수 없고 오로지 유한하지 않은 주체인 신만이 유한한 존재인 우리를 완전히 꿰뚫어볼 수 있다. 오직 신만이 우리의 영혼을 들여다보고 거기에서 일어나는 일을 정당하게 평가할 수 있으며, 인간은 그렇게 할 수 없다. 따라서 우리의 소통이 만족스럽게 잘 이루어진다는 판단을 뒷받침하는 최선의 근거들을 들이대더라도, 프로테스탄트 신학적 전제를 채택한 사람은 그 근거들을 믿지 않을 것이다.

두 번째로 제안하는 원칙은 새로운 설명 모형을 출발점으로 삼고 연결망의 개념을 진지하게 숙고하자는 것이다. 이 원칙이 유용할 수 있는 이유는 실재론의 근본문제를 돌아보면 명확히 드러난다. 실재론자는 우리 세계의 개별 요소들 사이에 인과관계만 존재한다고 생각한다. 이 생각에 따르면, 뇌에서는 항상 한 뉴런이 다른 뉴런에 영향을 미치고, 이런 인과관계들이 이어져 작용 사슬들을 이루고, 그 작용 사슬들은 우리를 포함한 환경의 인과 계열들에 편입된다. 따라서 우리의 모든 행동은 결국 인과적으로 결정된다. 우리가 어떤 행동을 한다면, 우리는 순전히 기계적인 인과 계열을 따를 뿐이다. 시계에서 태엽이 발휘하는 힘이 톱니바퀴들을 돌리고 결국 시곗바늘을 돌리는 것처럼, 인간의 행동도 (언젠가 우리가 방대한 데이터를 잘 다룰 수 있게 되면) 원리적으로 설명 가능하고 예측 가능해야 마땅하다.

그러나 관념론자들은 이런 생각에 반발한다. 우리의 삶은 한낱 인과 연쇄일 수 없다고, 추가로 정신적 작용이—더 인간적이고 강하게 표현하면, 자유가—개입한다고 그들은 강하게 주장한다. 우리가 자연의 기계적 힘들에 휘둘리는 공으로 머물지 않으려면, 적어도 인과 연쇄를 촉발하는 최초 충격은 우리에게서 나와야 한다. 18세기 학자들이 정신의 작용을 설명하기 위해 동원했던 시계 비유를 다시 한 번 인용하면, 시계 속에서 모든 일이 역학의 법칙들에 따라 일어날 수 있으려면 애당초 누군가가 시계의 태엽을 감아야 한다.

'자유냐, 결정론이냐?'라는 문구는 오늘날 실재론자들과 관념론자들이 벌이는 논쟁의 핵심이다. 이 주제를 다루는 학술논문이 벌써 산더미처럼 쌓였지만, 논쟁이 끝날 전망은 아직 없다. 실재론자는 우리의 뇌에서도 결국 인과법칙들만 작동한다는 입장을 고수하는 반면, 관념론자는 그 입장을 채택하면 가장 단순한 형태의 자유(행동에 관한 자유로운 결정)조차도 상실하게 된다고 단언한다. 관념론자들에 따르면, 세계 안에서 모종의 시작만큼은 인간에 의해 이루어질 수 있어야 한다. 인간이 세계 안에서 창조적인 역할을 한다는 점을 인정함으로써 인간에게도 신의 지위를 약간은 허용해야 한다.

◦ 자유냐, 결정론이냐?

그러나 인간의 정신을 복잡한 시계장치에 빗대어 순전히 인과적으로 설명하는 이론은 오늘날 우리가 풍부하게 축적한 통찰들을 수용하기에 턱없이 부족하다. 이미 오래전에 신경생물학에서 밝혀졌듯이, 마치 톱니바퀴 하나가 이웃 톱니바퀴와 맞물리는 것처럼 오직 한 뉴런이 다른 뉴런에 영향을 미치는 것이 아니다. 오히려 개별 뉴런 하나의 점화에도 수많은 뉴런들이 영향을 미친다는 것을 우리는 안다. 또한 한 뉴런은 하나의 연결망에만 속하는 것이 아니라 매우 다양한 연결망들에 속할 수 있다. 감각 지각에 관여하는 뉴런이 감정에도 관여할 수 있다. 마지막으로, 개별 연결망들도 서로 연결된다. 즉, 국소적 연결망들이 더 높은 층위의 연결망을 형성한다.

요컨대 실재론자와 관념론자가 끊임없이 싸우면서도 함께 고수하는 생각과 달리, 어떤 뉴런이 원인이고 어떤 뉴런이 결과인지 일목요연하게 식별하는 것은 전혀 불가능하다. 왜냐하면 연결망(심지어 연결망들의 연결망) 안에서의 인과관계는 워낙 복잡할 뿐더러 여러 겹의 상호작용과 얽혀 있어서, '자유냐, 결정론이냐?'라는 물음이 요구하는 유형의 단순한 대답은 무의미할 수밖에 없기 때문이다. 특정 뉴런이 한 맥락에서 이러이러한 작용을 한다는 것이 밝혀졌다면, 그 작용이 전혀 다른 맥락들에서 다시금 그 뉴런에 영향을 미칠 가능성을 한 번 더 숙고해야 한다. 만일 그런 인과 고리가 형성된다면, 지금 고찰되는 인과 사슬의 첫 항(특정 뉴런의 작용)은 더 포괄적인 인과 맥락에서 발생한 결과로 간주해야 할 것이다.

더 자세히 살펴보면, 단순하고 일차원적인 고전적 인과 사슬의 개념은 뇌에서 실제로 일어나는 과정들에 부합하지 않는다는 사실이 쉽게 드러난다. 거의 30년 전에 밝혀졌듯이, 세포 수준에서의 신호 전달은 선형으로 진행되지 않는다. 생화학적 신호 전달 과정들을 모형화하는 작업의 전문가인 하이델베르크대학교Ruprecht-Karls-Universität Heidelberg의 우르줄라 쿰머Ursula Kummer가 설명하듯이, 그 과정들은 'A가 B를 흥분시킨다'는 식의 단순한 패턴을 따르지 않는다.[3] 다시 말해 단순히 한 신경전달물질이 분비되고 이어서 그 결과로 반응이 일어나는 것이 아니다. 오히려 신경전달물질(예컨대 칼슘 이온) 농도가 빠르게 요동한다(더 정확히 말하면 진동한다). 그럴 때 진짜 정보는 '농도 진동의 진폭뿐 아니라 진동수에서도' 발견된다. 이처럼 한 신경전달물질이 분비될 때에도 매우 다양한 메시지들이 전달될 수 있다.

게다가 수용체 단백질에는 신경전달물질이 들러붙을 수 있는 결합 부위가 하나만 있지 않고 여러 개 있다. 신경전달물질이 그 결합 부위들에 얼마나 강하게 결합하느냐에 따라서, 다양한 유형의 신호가 수용될 수 있다. 이런 '협동 결합cooperative binding'에서는 되먹임(피드백) 효과들이 발생하고, 그 효과들이 출발점이 되어 연결망 수준에서 훨씬 더 광범위한 상호작용들이 일어난다.

더 나아가 연결망의 전반적 활동이 거꾸로 개별 세포들이나 세포 유형들의 활동에 매순간 영향을 미친다는 점을 감안하면, 사태는 더욱 더 복잡해진다.[4] 가장 단순한 감각 지각 과정들도 정보 순환 고리들이 만들어내는 결과물이다. 감각기관이 뇌로 어떤 정보를 전달하느냐는 거꾸로 뇌에 의해 통제되고 조절된다.[5]

요컨대 우리는 다음과 같은 결론을 내릴 수 있다. '자유냐, 결정론이냐?'라는 양자택일은 뇌에 대한 기계적·인과적·결정론적 해석에 기초를 둔다. 반면에 우리가 연결망을 우리 시대에 어울리는 뇌과학의 모형으로 삼으면—이 모형의 배후에는 당연히 우리가 인터넷 시대에 경험하는 다양한 연결망들이 있다—자유와 결정론은 연결망에서 결정이 내려지는 다양한 방식들 가운데 양극단에 불과하다. 요컨대 자유와 결정론은 연결망의 활동에서 나오는 결과에 불과하다. 자유와 결정론을 근본 개념으로 삼는 세계관으로 우리 뇌에서 일어나는 과정들을 이해하려는 시도는 이미 오래전에 부적절해졌다.

◦ 우리가 〈빨간 모자〉를 전혀 읽지 않았더라도 '빨간 모자'를 기억하는 이유

지금까지 우리의 논의는 한동안 본론을 벗어났다. 그 목적은 집단 기억을 상정하는 것에 반발하는 비판자들의 매우 근본적인 의문을 불식하는 것이었다. 그 의문은 이런 질문들로 표출된다. 한 개인의 기억과 다른 개인의 기억이 직통으로 연결될 수 있을까? 한 개인이 다른 개인을 이해할 수 있을까? 내가 타인의 머릿속에서 일어나는 일을 마치 나의 체험처럼 이해할 수 있을까? 우리가 정신적으로 긴밀하게 연결되면, 궁극적으로 우리의 자유가 위태로워지지 않을까?

이제 그런 근본적인 논의를 매듭짓고 다시 본론으로 돌아가자. 우리에게 중요한 질문은 이것이다. 집단 기억은 실제로 어떤 구조이고 어떻게 작동할까? '집단 기억'이라는 개념은 약 90년 전에 프랑스 사회학자 모리스 알박스Maurice Halbwachs에 의해 고안되었다.[6] 그후 이 개념은 여러 측면에서 확장되고 다듬어졌다.[7] 지금은 집단 기억의 한 형태로 '소통 기억communicative memory'이 거론되는데, 이 기억은 구전된 정보만 내용으로 삼는다.[8] 반면에 '문화 기억cultural memory'은 문자나 기타 정보 매체에 의존한 내용도 허용한다. 소통 기억의 수명은 유한하다고(대략 3~4세대라고) 여겨지는 반면, 문화 기억은 원리적으로 영원히 존속할 수 있다.

집단 기억의 구조가 어떠한가, 무엇을 모형으로 삼아서 집단 기억의 구조를 이해해야 하는가, 라는 질문에 대해서 다양한 대답들이 제시되었다. 알박스는 우리의 개인적 기억들이 집단 기억 안에서 마치 거대한 오케스트라에 속한 악기들처럼 조화를 이룬다고 생각했다. 그렇다면 집단 기억은 우리 모두가 제각각 그러나 동시에 연주하는 오케스트라 총보Partitur에 해당할 것이다. 그리고 그 총보는 문화 전체에 해당할 것이다. 다른 모형은 신학적 모범을 기초로 삼는다. 이집트 학자 얀 아스만Jan Assmann은 일신교 믿음 체계를 집단 기억의 모범으로 보았다.[9] 그에 따르면, 집단 기억 이전에 모든 개인 각각이 독자적으로 믿었던 바가 집단 기억 안에서 표준화되고 반복 가능한 공식과 원칙의 형태로 나타난다. 함께 기도문을 낭송하는 과정에서 개별 기억들이 동기화되고, 신앙공동체는 그 기억들의 본질적 내용을 확증하고 진리의 기반을 공유한다.

마지막으로, 피에르 노라Pierre Nora를 비롯한 프랑스 역사학자들은 집단 기억 속에서 우리가 '기억이 깃든 장소들lieux de mémoire'에 도달한다고 생각한다.[10] 예컨대 누군가가 애국심에 고취되어 프랑스 국가를 경청하거나 함께 부른다면, 그 감격의 순간에 그는 마찬가지로 행동하는 모든 타인들과 집단 기억을 공유한다. 이처럼 집단 기억은 정치적 민족적 공동체의 형성과 관련지어진다.

여기까지는 20세기에 나온 견해들이다. 이제 우리는 21세기 초인 현재 다양한 연결망들을 모범으로 삼아 집단 기억을 이해하려는 새로운 시도가 어느 수준까지 발전했는지를 최소한 간략하게 살펴보려 한다. 한 예를 출발점으로 삼자.

텔레비전 퀴즈 프로그램 〈누가 백만장자가 될까Wer wird Millionär〉를 즐겨 보는 독자는 감탄하면서 이런 의문들을 품은 적이 아마 자주 있을 것이다. 제출된 문제의 정답을 배우기는커녕 그 문제를 접해본 경험조차 전혀 없을 성싶은 사람들이 어떻게 정답을 맞힐 수 있을까? 어떻게 직감과 추측으로 정답을 댈 수 있을까? 왜 다수 관객의 조언은 대개 옳을까? 진행자는 재치 있는 추가 질문이나 애매한 표정으로 정답을 유도하곤 하는데, 어떻게 그럴 수 있을까?

그 퀴즈 프로그램에서 정답에 이르는 과정은 이런 식으로 진행된다. 예컨대 동화 〈빨간 모자〉의 세부 내용에 관한 문제가 나온다고 해보자. "사냥꾼이 못된 늑대의 뱃속에서 빨간 모자와 할머니를 꺼낸 후, 그 늑대의 뱃속은 무엇으로 채워질까요?" 이어서 늘 그렇듯이 네 개의 선택지가 제시된다. A)납, B)돌, C)과자, D)포도주. 안타깝게도 출연자는 그림 형제가 수집한 그 동화를 읽은 적이 없거나 읽었지만 잊어버렸다. 따라서 영리하게 숙고하면서 어떤 선택지가 정답일 확률이 가장 높은지 따져보는 수밖에 없다. 이야기의 논리에 입각하면, 사냥꾼이 늑대의 뱃속을 납으로 채우는 것은 충분히 가능한 일이다. 사냥꾼은 납 탄환을 사용하는 데다가 뱃속에 무거운 납이 들어찬 늑대는 움직이기 어려울 테니까 말이다. 과자는 정답일 리 없다. 빨간 모자의 바구니 속에 할머니에게 줄 과자가 들어 있는 것은 맞지만, 못된 짓을 저지른 늑대의 뱃속을 과자로 채우는 것은 마땅한 징벌로 볼 수 없으니까 말이다. 빨간 모자가 할머니에게 주려고 가져온 포도주로 늑대의 뱃속을 채우는 것도 마찬가지다. 따라서 납과 돌 중에 하나를 고르는 과제가 남는다. 어쩌면 출연자는 찬스를 써서 선택지 두 개를 제거함으로써 이 단계에 이르렀을 수도 있다. 남은 선택에서 출연자는 다음과 같은 방식으로 집단 기억의 도움을 받을 수 있다. 이제 그는 동화의 논리만 따지지 않는다. 즉, 눈앞에 놓인 맥락에만 기초해서 정답을 알아내려 하지 않는다. 오히려 그는 그 동화가 전승되는 과정에서 남았을 법한 흔적, 즉 긴 세월에 걸쳐서 우리의 집단 기억에 진입했을 법한 흔적을 탐색한다. 그런 흔적은 예컨대 일상적인 관용구에서 나타난다. 지금도 독일인들은 무언가가 '뱃속의 돌처럼' 고민스럽다는 표현을 사용한다. 뱃속의 돌은 무언가를 잘못 먹었을 때도 거론되지만 도덕적인 이유로 자책감을 느낄 때도 거론된다. 내가 저질러 책임져야 하는 행동이나 어쩔 수 없이 내려야 하는 결정은 나의 뱃속에 든 돌처럼 거북스럽다. 독일어의 관용적 표현들에서 도덕적 가책은 배에서 감지된다. 그리고 동화는 그런 비유적 표현을 선호한다.

이처럼 집단 기억은 우리의 지식이 한계에 이르렀을 때 우리를 도울 수 있다. 우리가 특정한 내용을 완전히 망각했을 때, 우리를 돕는 것은 역설적이게도 내용들의 연결망이다. 기억들이 맥락 안으로 들어가 그 맥락의 구성요소가 되기 때문에, 우리는 맥락에 기초해서 내용을 알아내는 역추론을 할 수 있다. 내가 연결망에서 한 요소를 끄집어내면, 그 요소와 연결된 다른 요소들이 나를 돕는 예비 작업에 나선다. 그리고 이 예비 작업은 과거의 정보 교환 모형에서처럼 단순히 데이터를 제공하는 것에 그치지 않는다. 오히려 이 유용한 예비 작업은 생활세계의 온갖 맥락에서 다양하게 나타난다. 기억들은 하나의 연결망 공동체를 이룬다. 그 공동체는, 특정 내용이 사용자나 사회에 얼마나 중요한지, 그 내용이 우리의 기존 생각을 얼마나 바꾸거나 그대로 놔두는지 평가한다. 어떤 의미에서 집단 기억은 위키피디아를 모범으로 삼은 온라인 백과사전들처럼 작동한다. 그 백과사전들은 전체에 대한 조망과 세부적 연결망을 보여주려 애쓴다. 또한 매일 새로운 내용이 추가되고 분류되고 교정되어 지식의 현재 상태로 제시된다. 마지막으로 그 백과사전들과 마찬가지로 집단 기억은 불확실한 상황에서 우리에게 길 찾기 도움을 제공하여 기존 가치 평가들과 정보들을 어떻게 다뤄야 할지 알려준다.

우리가 예로 든 퀴즈 프로그램에서는 이 역할을 진행자가 맡는다. 그는 힌트를 주고, 출연자가 성급하게 굴면 경고를 보내고, 출연자가 너무 머뭇거리면 격려하고 용기를 준다. 이런 의미에서 출연자, 관객, 찬스 사용 시에 등장하는 전문가들, 그리고 진행자는 집단 기억이 일상적으로 해내는 바가 무엇인지를 상징적으로 보여주는 셈이다. 당신이 스스로의 체험과 학습에 기초해서는 전혀 알 수 없는 것에 관한 질문에 직면했을 때, 집단 기억은 당신을 돕는다. 결론적으로 어린 시절에 동화를 전혀 읽지 않은 사람까지 포함해서 우리 모두가 '빨간 모자'를 잘 아는 것은 집단 기억 덕분이다.

8장

인간 뇌 프로젝트

기억의 업로드가
조만간 가능해질까?

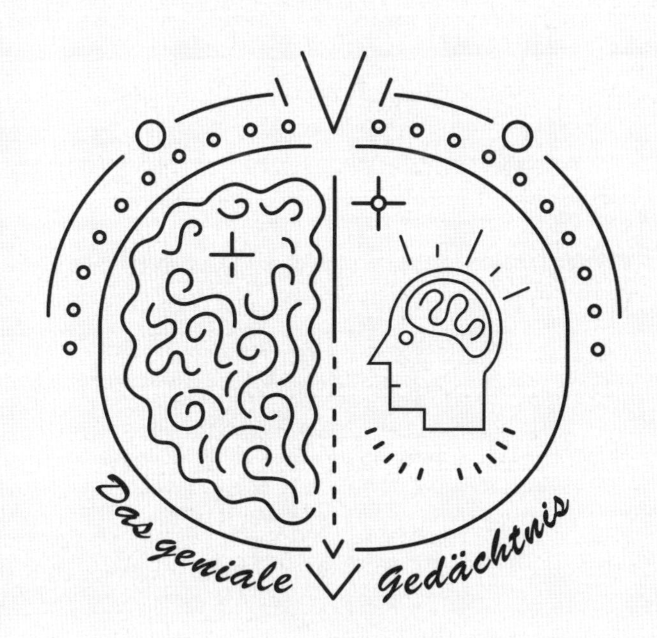

우리의 논제는 여전히 기억을 불멸하게 만드는 문제다. 앞서 우리는 이 문제에 대한 고전적 접근법들과 해결책들을 보았다. 이제 마지막으로 미래를 내다보기로 하자. 영화를 자주 보는 독자는 아마도 그럴싸한 상상의 해결책들을 본 적이 있을 것이다. 현재 인기를 누리는 상상은 우리의 기억을 기계에 업로드하여 소멸을 막는다는 것이다. 2014년 조니 뎁Johnny Depp이 주인공으로 출연한 영화 〈트랜센던스Transcendence〉는 이 상상의 해결책을 다룬다. 만약에 이 해결책이 현실화된다면, 우리가 학습하고 숙고한 내용 전부를 디지털화하여 외부의 거대한 저장 장치에 업로드할 수 있을 것이다. 그리고 더 나중에 (영화 〈트랜센던스〉에서처럼) 몸을 복구할 수 있게 되면, 그 저장된 내용을 새로 복구된 몸에 다운로드할 수 있을 것이다. 그렇게 기억은 나중에 복구된 몸에서 다시 재생됨으로써 우리의 물리적 죽음 이후에도 살아남을 것이다.

물론 이것은 아직 허구다. 그러나 인간의 뇌와 기억을 디지털화하고 컴퓨터 시뮬레이션으로 모방하는 시도들은 이미 지금도 진지하게 이루어지고 있다. 그 시도들 가운데 현재 가장 유명한 것은 이른바 '인간 뇌 프로젝트Human Brain Project'다. 2013년에 시작된 이 프로젝트는 투입되는 노력에 있어서 어쩌면 역시 스위스에서 진행되는 또 하나의 대형 프로젝트에만 뒤질 것이다. 후자는 유럽원자핵공동연구소CERN의 거대한 입자가속기가 동원되는 핵물리학 연구 프로젝트다. 유럽연합은 인간 뇌 프로젝트에 11억 9천만 유로의 지원금을 책정했고, 유럽과 전 세계의 연구소와 학술기관 80여 곳이 이 프로젝트에 참여한다. 게다가 같은 시기에 미국에서 '브레인 이니셔티브Brain Initiative'라는 유사 프로젝트가 시작되었다는 점을 생각하면, 이런 유형의 연구를 더욱 주목하지 않을 수 없다. 브레인 이니셔티브는 매년 3억 달러 이상을 투입하여 10년 동안 진행될 계획이다. 그러니까 유럽과 미국에서 단 하나의 목표를 위해 거의 40억 유로가 투입되는 셈이다. 그 목표는 모든 뉴런 각각의 활동을 계산하고 추적하는 것이다.

미국의 브레인 이니셔티브는 21세기 초에 유전암호 해독에 성공한 '인간 게놈 프로젝트'의 후계자로 자처하면서 이제 '정신암호mind code'가 해독될 차례라고 포부를 밝힌다. 인류의 역사는 항상 새로운 세계와 대륙을 발견하는 여정이라는 생각을 바탕에 깔고 있다는 점에서 이 포부는 미국적 색채가 짙다. 목표는 현재 뇌 지도들에 남아 있는 공백들을 메워 마치 '구글 어스Google Earth'처럼 인간 뇌를 완벽하고 정밀하게 보여주는 뇌 지도를 제작하는 것이다. 반면에 유럽에서 진행되는 인간 뇌 프로젝트의 목표는 컴퓨터 모형을 제작하여 뇌의 모든 활동을 시뮬레이션하는 것이다. 이 목표는 최초 시계 제작자들의 꿈을 연상시킨다. 그들은 정밀한 시계 제작을 거대한 우주의 운행을 모방하는 일로 여겼으니까 말이다. 인간 뇌 프로젝트 참여자들은 인간의 정신이 어떻게 작동하고 어떻게 그 안에서 온 세계가 조립되는지 이해하고 싶어 한다. 헨리 마크람Henry Markram이 지휘하는 이 프로젝트가 시계 제작으로 유명한 스위스를 거점으로 삼은 것은 우연이 아닌 듯하다(마크람은 '블루 브레인 프로젝트Blue Brain Prosect'의 지휘자이기도 하다).

인간 뇌 프로젝트의 부분 프로젝트 하나는 이미 2007년 말에 완결되었다. 그 프로젝트를 시작할 당시의 목표는 '신피질 원주neocortical column' 하나를 컴퓨터 애니메이션으로 모방하는 것이었다. 명칭에서 짐작할 수 있듯이, 신피질 원주는 대뇌 피질 표면에 수직인 방향으로 기둥처럼 분포한 뉴런들의 집단을 의미하며 그 굵기는 핀과 같다. 인간의 신피질 원주 하나에 들어 있는 뉴런의 개수는 대략 6만 개다. 프로젝트 초기에는 작업을 조금 더 쉽게 하기 위해 우선 쥐의 신피질 원주를 모방했다. 왜냐하면 쥐의 신피질 원주는 약 1만 개의 뉴런으로 이루어졌기 때문이다. 마크람이 설명하듯이, 기본 아이디어는 지극히 단순했다. 연구진은 뉴런 각각을 노트북 컴퓨터 하나로 대체하기로 했다. 즉 거대한 냉장고 안에 노트북 컴퓨터 1만 개를 배치하고 서로 연결한 다음에 어떤 일이 벌어지는지 관찰하기로 했다. 그후 연구가 급속히 발전하여 2011년에는 신피질 원주 100개(뉴런 100만 개)의 상호작용을 시뮬레이션하는 수준에 도달했다. 현재 목표는 인간의 대뇌 전체를 모방한 컴퓨터 모형을 2023년에 작동시키는 것이다. 이 목표가 실현되면, 용량을 기준으로 볼 때 우리의 시뮬레이션은 쥐 뇌 1000개와 맞먹는 규모(뉴런 개수로는 약 860억 개)에 도달할 것이다.

그러나 그 목표까지는 아직 갈 길이 멀다. 우리는 뉴런과 시냅스의 엄청난 개수뿐 아니라 종종 '축축한 컴퓨터wet computer'라고 불리는 뇌의 엄청난 정보 처리 속도도 따라잡아야 한다. 2012년에 컴퓨터 연결망의 정보 처리 속도는 뇌보다 여전히 300배나 느렸다. 따라서 1초 동안의 뇌 활동을 컴퓨터 연결망으로 재현하려면 5분이 걸렸다.

인간 뇌 프로젝트의 바탕에는 윤리적 동기와 실용적 동기가 깔려 있다. 우선 컴퓨터 프로그램을 연구 수단으로 삼으면 동물실험을 하지 않아도 된다. 하물며 인간 뇌에 침입하는 연구는 어차피 현실적으로 불가능할 뿐더러 설령 가능하더라도 여전히 도덕적 논란이 남는다. 또한 컴퓨터 시뮬레이션은 실제 실험보다 더 명확한 실험 결과를 산출할 수 있다(적어도 연구진은 그러하기를 기대한다). 왜냐하면 시뮬레이션에서는 우연한 교란이나 연구진이 고려하지 않은 다른 요소들과의 상호작용이 발생하지 않기 때문이다. 더구나 가상세계에서의 실험은 이처럼 더 정확하고 효과적일 뿐 아니라 더 저렴하기까지 하다.

프로젝트에 참여한 학자들은 전문 분야에 따라 상이한 목표를 추구한다. 의학자들은 우리 뇌의 소프트웨어 버전에서 도움을 받아 실제 뇌의 질병을 더 잘 평가하고 진단할 수 있기를 바란다. 다시 말해 한편으로는 환자의 뇌에서 정확히 무엇이 문제인지 알아내고, 다른 한편으로는 그 문제가 어떻게 전개되고 어디로 귀착할지를 과거처럼 그냥 지켜보는 것에 머물지 않고 미리 예측할 수 있기를 바란다.

반면에 정보학자들과 소프트웨어 설계자들은 여전히 존재하는 인간 지능과 기계 지능 사이의 격차를 좁히는 과제와 관련해서 나름의 성과를 거두기를 바란다. 즉 기계의 특성을 벗어나 인간에 못지않은 융통성과 적응력으로 과제를 처리하는 사유기계를 제작하는 작업이 더 진척되기를 바란다.

마지막으로, 인간 뇌 프로젝트의 목표는 실용적 차원에 국한되지 않는다. 이론과 철학을 위한 기초연구도 이 프로젝트의 임무다. 프로젝트 홈페이지를 보면, '과학적 호기심'도 참여자들의 주요 동기라는 점과, 그 호기심이 '의식', '인간 정신' 등에 관한 것이라는 점이 명시되어있다.

최근에 인간 뇌 프로젝트에 참여하는 전문가들 사이에서 갈등이 불거졌다.[1] 신경생물학자들은 자신들이 정보학자들에 비해 홀대당한다고 여긴다. 고전적 생물학 실험을 위한 예산이 부족할 뿐더러 컴퓨터 과학자들이 독단적이고 이기적으로 연구 목표들을 변경한다는 것이 신경생물학자들의 불만이다. 2014년에는 쟁점들을 널리 알리는 공개서한이 작성되기도 했다.

그러나 우리가 보기에 조직과 예산 분배에 관한 난점들보다 더 까다로운 것은 프로젝트 자체의 원리적 문제들이다. 프로젝트 주도자들은 그 문제들을 점점 더 명확히 깨닫는 중이다. 뮌헨대학교Ludwig-

Maximilians-Universität München의 이론 신경과학 교수이며 분쟁 중인 양 진영의 중재자로 선임된 안드레아스 헤르츠Andreas Herz는 다음과 같은 문제들을 지적한다. 첫째, 데이터를 인간 뇌에서 컴퓨터로 옮기는 것이 실제로 가능할지부터가 의문스럽다. 뇌에서 일어나는 생리학적 과정들과 마이크로프로세서에서 일어나는 과정들 사이의 차이가 프로젝트가 예상하고 극복할 수 있다고 판단한 수준보다 훨씬 더 클 수도 있다. 뿐만 아니라(이것이 둘째 문제다) 데이터 선별에 쓰이는 알고리즘들이 성공을 위해 적합한 열쇠인지 여부도 재검토해야 한다. 이 문제는 현재 빅 데이터를 둘러싼 논의에서 자주 등장한다. 알고리즘은 주어진 데이터 집합에서 서로 유사하리라고 예측되는 데이터들만 걸러내고 그 데이터들에서 패턴을 발견하는 방식으로 작동하기 마련이다. 게다가 알고리즘의 패턴 인식은 무엇을 패턴으로 간주할 것이냐에 관한 나름의 수학적 기준에 바탕을 둔다. 따라서 우리가 분석 알고리즘의 도움으로 모방하는 것이 정말로 뇌에서 일어나는 과정들인지 아니면 단지 컴퓨터가 나름대로 예상한 모범 과정들에 불과한지 의문이 남는다.

◦ 모나리자의 미소

하지만 훨씬 더 근본적인 반론은 따로 있다. 이 반론은 우리 두 저자 모두의 감사를 받아야 마땅한 하이델베르크대학교 마르질리우스

칼리지Marsilius-Kolleg〔하이델베르크대학교가 학제 간 연구를 위해 설립한 기관〕에서 유래했다. 반론의 요지는 다음과 같다. 인간 뇌 프로젝트가 최선의 성과를 내면, 우리는 인간 뇌를 그 기능의 측면에서 똑같이 모방한 복사본을 얻게 될 것이다. 그런데 그 복사본이 우리에게 무슨 도움이 될까? 그 복사본 덕분에 우리는 병들과 그것들의 진행을 더 잘 이해하게 될까? '인간 정신'과 '의식'이 무엇을 의미하는지 더 잘 통찰하게 될까?

한 예를 들어보자. 우리는 누구나 레오나르도 다 빈치의 〈모나리자〉를 본 적이 있다. 파리 루브르박물관에서 원본을 본 사람도 있고, 고급 파스타 포장지에 인쇄된 모사화를 본 사람도 있겠지만 말이다. 그 회화 작품이 등장한 이래로 사람들은 그림 속 여인의 미소에 담긴 의미를 궁금히 여겨왔다. 예술품 하나에 관한 궁금증 가운데 이보다 더 큰 것은 어쩌면 없을 성싶다. 그 미소의 의미에 어떻게 접근하건 간에, 예컨대 미술사적으로 접근하건(더 먼저 그런 수수께끼 같은 미소를 묘사한 작품들이 있을까?), 전기적으로 접근하건(그 작품의 모델이 실제로 그런 미소를 지었을지도 몰라), 심층심리학적으로 접근하건(화가가 자신의 여성적 측면을 묘사한 거야) 간에, 모든 사람을 만족시키는 설명을 발견할 수는 없을 것이다.

그런데 누군가가 〈모나리자〉의 비밀을 밝혀내기 위해 간단히 그 작품의 복사본을 만들자고 제안한다고 해보자. 우리는 이 제안을 받아들여야 할까? 복사본을 만들면, 그림 속 여인의 미소를 더 잘 이해할 수 있을까? 원본에서나 복사본에서나 여인은 똑같은 미소를 지을 테고, 그 미소는 똑같이 수수께끼일 것이다.

이 예에서와 마찬가지로 인간 뇌 프로젝트에서도 우리는 인간 뇌에 대한 이해를 증진시키지 못할 것이 뻔하다(여기에서 '이해'가 엄밀한 과학적 의미에서의 이해를 뜻한다면). 복사본은 아무것도 설명해주지 않는다. 복사본을 마주하는 것은 원본을 그냥 한 번 더 마주하는 것과 다르지 않다. 인간 뇌를 마주하고 던졌던 질문들을 우리는 그 복사본을 마주하고 똑같이 던지게 될 것이다. 따라서 단지 질문들이 반복될 뿐이다. 설령 겨우 10년 만에 인간 뇌의 완벽한 컴퓨터 시뮬레이션을 제작하는 데 성공하더라도, 그때 우리는 진정한 연구의 출발점에 서게 될 뿐이다. 우리는 인간 뇌의 원본에서 연구하고자 했던 것을 그 시뮬레이션에서 다시 처음부터 연구해야 할 것이다.

그럼에도 인간 뇌 프로젝트의 모형 제작 전략을 이렇게 얕잡아보는 것은 너무 경솔하지 않은가라는 찜찜한 느낌이 남을 수 있다. 대상의 내부에서 실제로 일어나는 일을 들여다보고 추적할 수 있으면 그 대상을 더 쉽게 이해할 수 있다는 것은 틀림없는 사실이 아닌가? 이 질문은 300여 년 전에 고트프리트 빌헬름 라이프니츠에 의해 제기되었다. 라이프니츠는 철학자였을 뿐 아니라 선구적인 수학자였다. 그는 아이작 뉴턴과 동시에 미분법의 단초를 발견했다. 많은 동시대인들과 마찬가지로 라이프니츠도 계산 기계에 큰 관심을 기울였다. 당대의 계산 기계들은 비록 아날로그 방식으로 작동했지만 이미 놀라운 성능에 도달했다. 하지만 동시대인들과 달리 라이프니츠는 계산 기계에 매혹되지 않았다. 당대 사람들은 기계적 계산 과정 속에 신적인 면모가 있다고, 단순한 톱니바퀴 장치의 작동 속에 영원한 합리적 결합의 법칙들이 있다고 믿었다. 라이프니츠는 아날로그 컴퓨터 속에 '기계 속 정신'이라고 할 만한 것이 들어 있다는 생각을 흥미롭게 여겼지만 한 가지 점에서만큼은 그 생각에 동의하지 않았다. 즉 사람들은 간단히 기계를 열고 그 내부에서 일어나는 일을 관찰하면 기계 속 정신을 발견할 수 있다고 믿은 반면, 라이프니츠는 그렇게 믿지 않았다.

라이프니츠가 자신의 견해를 설명하기 위해 든 예는 더없이 간단하다. 당신이 풍차를 한 번도 본 적이 없다고 해보자. 시골 풍경 속에서 풍차의 날개가 유유히 돌아가는 모습은 대개 그림처럼 아름답다. 당신이 처음 본 풍차에 다가가 문이나 창을 열고 그 내부를 들여다본다고 하자. 어떤 것들이 보일까? 지렛대들, 톱니바퀴들, 먼지가 보이고 목재가 삐걱거리는 소리가 요란할 것이다. 이제 당신은 풍차가 무엇인지 더 잘 알게 되었을까? 만일 당신이 그 모든 기계 장치를 보유한 풍차가 무엇을 위한 시설인지 미리 알았거나 최소한 짐작했다면, 틀림없이 당신은 풍차가 무엇인지 더 잘 알게 되었을 것이다. 그러나 당신이 풍차가 무엇인지 전혀 모르는 상태에서 그 내부를 보았다면, 당신은 풍차가 무엇인지 여전히 모를 것이다. 당신이 풍차를 풍차로 인식할 수 있으려면, 당신은 풍차의 본질에 대해서 모종의 생각을 이미 가지고 있어야 한다. 당신이 풍차의 내부를 들여다보면, 단지 기계적인 톱니바퀴 장치만 보이고, 그 장치 자체는 거기에서 일어나는 온갖 운동들의 목적이 무엇인지 알려주는 열쇠를 당신에게 제공하지 않는다.[2]

라이프니츠의 생각을 뇌과학에 적용해보면, 우리가 논하는 인간 뇌 프로젝트에서도 똑같은 문제가 발생한다는 것을 알 수 있다. 설령 우리가 감쪽같은 모형의 도움으로 인간 뇌의 내부 작동을 더 잘 들여다본다 하더라도, 우리는 (정신이 무엇인지 이미 알고 있지 않은 한) 정신이 무엇인지 이해하지 못할 것이다. 백지 상태에서 풍차 내부의 기계 장치만 보고서는 그 장치를 보유한 시설이 풍차라는 것을 깨달을 수 없는 것과 마찬가지로, 뉴런들을 대체한 노트북들 간 데이터 교환을 보고서 그 교환의 의미와 목적을 깨달을 수는 없다. 이것은 뇌 모형을 만들기 전의 상황과 다를 바 없다. 원래 우리가 직면했던 문제는, 뉴런들의 점화 행동을 보고서 그 행동의 의미를 이해할 수 없다는 것이었으니까 말이다. 그러므로 우리가 뉴런 점화 패턴을 컴퓨터 언어로 번역하고 최대한 원본에 충실하게 모방하더라도, 우리는 기본적으로 제자리걸음을 할 뿐이다.

마지막으로 인간 뇌 프로젝트가 무엇보다도 명성을 위한 사업이 아닌지, 그토록 많은 연구비를 투입할 가치가 정말로 있는지 다시 한 번 따져보자. 정신의 비밀이나 의식의 본질 등에 관한 인류사의 거대한 질문들이 그 프로젝트의 도움으로 해결될 가망은 전혀 없다. 그 이유는 간단하다. 그런 질문들을 실험적으로 해결하는 것은 단적으로 불가능하기 때문이다. 방금 이야기했듯이, 정신이 무엇을 할 수 있는지 이해하려면, 정신이 무엇인지 이미 알아야 한다.

실용적인 목표들과 관련해서는 이런 의문을 제기할 필요가 있다.

규모가 더 작은 프로젝트들에서 성과가 나올 가망이 더 높지 않을까? 과학 연구에서는 개별적인 질문과 문제에 집중하는 것이 기본적으로 유익하다. 진지한 개별 프로젝트들을 면밀하게 조직화하면 결국 더 광범위한 성과들이 나오지 않을지 숙고해볼 필요가 있다. 물론 컴퓨터과학은 인간 뇌 프로젝트에서 나름의 목표들을 달성할 가능성이 매우 높다. 그 목표들이 달성되면, 우리는 인간의 뇌를 디지털화한다는 기획의 실현에 한 걸음 더 접근할 것이다. 더 나아가 우리의 모든 기억을 외부 저장장치로 옮겼다가 나중에 인간과 유사한 운반체에 다시 입력하는 것을 구체적으로 상상할 수 있을 것이다. 그런데 우리가 우리 자신과 독자에게 던지는 질문은 이것이다. 우리는 그렇게 하기를 원하는가? 사람들이 잠자는 숲 속의 공주처럼 오랫동안 잠들었다가 현재와 전혀 다른 미래에 다시 깨어난다면, 이 세상은 어떻게 될까? 우리는 어떤 의식도 꺼지지 않고 우리 모두가 불멸하는 세상에서 살기를 정말로 원할까? 이 흥미롭고 까다로운 질문들은 전혀 다른 새 책의 소재다.

나가는 말

천재적인 기억의 미래

길고도 힘겨운 장애물 경주를 마친 지금, 남아 있는 질문은 이것이다. 우리의 기억은 어떤 미래를 맞이할까? 앞서 암시했듯이, 우리 자신과 우리의 기억을 불멸하게 해줄 유토피아가 이미 가까이 다가온 듯하다. 미국 시트콤 〈빅뱅 이론The Big Bang Theory〉에 나오는 셸던 리 쿠퍼 박사는 자신의 기억과 187에 달하는 아이큐를 새로운 운반체로 옮길 수 있게 되는 날까지 살아남기 위해 다이어트와 운동을 결심한다. 구글의 연구개발 책임자 레이 커즈와일Ray Kurzweil도 인간이 자신의 '생물학을 극복할' 날을 꿈꾼다.[1] 그는 그날이 2045년에 오리라고 예상한다. 또한 그날 이후 우리는 로봇의 형태를 띠고 우주로 퍼질 것이라고 예상한다. 우리는 낯선 은하들에 정착하고, 우리 문화는 외계 문화들과 접촉할 것이라고 한다. 하지만 비판적인 목소리들도 있다. 예컨대 앞서 언급한 영화 〈트랜센던스〉는 인류가 방금 서술한 대로 개량되면 사회적 저항이 일어나리라고 예상한다. 디스토피아를 묘사하는 영화

장르는 늦어도 〈터미네이터Terminator〉 시리즈 이래로 양과 질에서 유토피아 장르와 어깨를 나란히 하고 있다.

미래의 전망이 (적어도 일부 사람들에게는) 이처럼 불안스럽다 하더라도, 여기에서 다시 한 번 우리는 이미 연구되고 있는 새로운 기술들이 현재와 가까운 장래에 가져올 변화를 논하고자 한다. 기억의 과제들은 오늘날 이미 변화하는 중이다. 문제는 우리가 그 변화에 어떻게 대처하는 것이 합리적일까 하는 것이다. 그 변화는 우리가 이미 보유한 기술 문화에서 비롯된다. 그러므로 굳이 과학적 허구를 거론할 필요는 없다.

우선 예들을 살펴보자. 얼마 전까지만 해도 런던 택시운전사는 런던 지도와 도로 2만 5000개와 관광명소 2만 곳을 외워야만 자격증을 획득하고 갱신할 수 있었다. 그들의 해마를 조사해보니, 기억을 담당하는 그 구역의 크기가 평균보다 더 크다는 사실이 신뢰할 만하게 드러났다. 그러나 지금은 스마트폰 하나만 있으면 그런 장소 기억을 쉽게 휴대할 수 있다. 얼마 전까지만 해도 지식인들은 정교한 이론을 구성하는 데 필요한 방대한 사실들을 학습하기 위해 여러 해 동안 공부해야 했다. 그러나 지금은 온라인 백과사전을 이용하여 신뢰할 만한 사실 지식을 언제라도 즉시 얻을 수 있다. 위키피디아 시대에 성장하는 모든 학생은 (낡은) 교과서에 나오는 내용을 더는 외울 필요가 없음을 자연스럽게 깨닫는다. 그 내용이 필요하면 언제든지 온라인 백과사전에서 신뢰할 만하게 얻을 수 있으니까 말이다. 우리의 일상 문화도 뚜렷하게 달라졌다. 사실상 언제 어디서나 촬영되는 셀카를 생각해보라. 만남들이 기록되고, 새로운 장소를 방문하여 겪은 일도 보존된다. 과거에 우리는 이런 기록과 보존을 기억에 맡겼다. 우리가 지금 짧게 거론한 변화들 중 다수는 아니더라도 소수를 비판할 수 있을 것이다. 오늘날 젊은이들이 시를 한 편도 못 외운다는 것을 개탄할 수 있을 테고, 우리가 내비게이션 장치에 전적으로 의존하는 것이 과연 좋을까(그 장치가 고장 나면 정말 난감해질 텐데)라는 의문을 품을 수 있을 것이다. 또한 사람들이 파티에 가서 그저 서로의 사진이나 동영상을 찍는 일에 몰두하다가 귀가하는 모습을 황당하게 여길 수 있을 것이다. 과거의 일부 관행은 사라져가고, 많은 새로운 풍습은 의문을 자아내고, 특정한 변화들은 아마도 영원히 납득하기 어려울 것이다.

하지만 지금 우리의 관심은 다른 곳에 있다. 중요한 것은, 새로운 기술적 보조장치들 덕분에 지금 우리의 기억이 이제껏 상상할 수 없던 상황에 처했다는 점이다. 우리의 기억은 많은 부담을 덜어내고 과거에 보유한 적 없는 여유를 얻었다. 기억의 전통적 과제인 보존은 외부 저장 시스템들로 이전되었다. 이제 기억의 가치는 다른 분야들에서 입증되어야 한다. 그런데 그 분야들은 무엇일까?

이 책에서 우리는 기억을 더 포괄적인 맥락 안에서 이해하려고 노력했다. 그 노력은 특히 기억을 단지 데이터 저장소로 보지 않고 삶의 계획을 담당하는 장치로 보는 것을 포함했다. 최근의 기술 발전은 우리의 노력에 도움이 된다. 이제 기억이 삶을 위한 실천적 능력이라는 점이 더 뚜렷이 드러나게 되었기 때문이다. 다시 한 번 예들을 들어보

자. 이제 우리가 길을 찾을 때는, A 지점에서 B 지점까지 가는 방법을 기억하는 것은 그리 중요하지 않다. 오히려 우리가 B 지점에 도착했을 때 무엇을 할 것인지가 중요하다. 경로 계획의 자리를 도착 후 행동 계획이 차지하게 된 것이다.

마찬가지로 우리는 온라인 백과사전들 덕분에 지식에 접근하는 새로운 통로를 얻었다. 이제 중요한 것은 지식의 수집만이 아니다. 오히려 이미 우리 앞에 놓인 지식을 해석하는 것이 중요하다. 우리에게 필요한 것은 사실들을 모아놓은 장소로서의 기억이 아니라 해석하는 능력으로서의 기억이다. 이제 사실들을 재료로 삼아서 무언가 중요한 행동을 비로소 시작할 필요가 있다. 마지막으로, 새로운 셀카 문화도 우리의 노력과 무관하지 않다. 만남을 셀카로 기록함으로써 우리는 그 만남에 정확히 누구누구가 참석했고 어떤 일들이 일어났는지 돌이켜 자문해야 하는 부담에서 벗어난다. 다시 말해 우리는 기억을 더 이상 과거를 재구성하기 위해 동원하지 않고, 오히려 다음 모임에서 무엇을 시도할 수 있을지를 과거에 기초하여 궁리하기 위해 동원한다.

이 예들에서 요구되는 계획, 해석, 편집에 기억이 관여한다는 사실을 우리는 이 책에서 다양한 방식으로 보았다. 기억은 우리의 현재 활동이 미래에 어떻게 전개될 수 있을지에 관한 시나리오들을 이미—낮꿈부터 밤꿈까지, 자유롭다고 할 만한 모든 순간에—구상한다. 이런 의미에서 우리의 기억은 경험된 과거의 요소들을 재료로 삼아 가능한 미래 예측들을 산출하는 미래 실험실인 셈이다. 기억의 핵심 과제가 무엇인지를 한마디로 이렇게 요약할 수 있다. 기억의 임무는 우리의 크고 작은 미래 전망들을 자서전의 틀 안에서 제작하고 총괄하는 것이다. 이미 앞에 놓인 재료로부터 총체적인 의미를 구성할 필요가 있다. 그 의미가 우리의 계속적인 자기실현을 비로소 가능케 하니까 말이다. 만일 삶의 마지막 날에 우리가 우리의 지난 삶에서 우리 자신을 알아볼 수 있다면, 우리의 기억은 제 본분을 잘 수행한 것이다. 우리의 인생행로가 아무리 얽히고설켰다 하더라도, 이러이러하게 삶을 헤쳐온 자가 바로 우리라고 우리가 말할 수 있다면, 우리의 기억은 훌륭하게 임무를 수행한 것이다.

현재의 쌍방향 문화는 기억을 삶의 동반자로 보는 관점이 널리 퍼지는 데 아마도 도움이 될 것이다. 그 관점에서 볼 때 기억은 복잡한 초기 상황을 창조적으로 해석하여 늘 우리를 돕는 동반자다. 그리고 우리는 천재적인 기억이 그런 식으로 과거를 재료로 삼아 우리의 미래를 만든다는 것을 안다.

후주

들어가는 말

1 W. B. Scoville, B. Milner, »Loss of recent memory after bilateral hippocampal lesions«, in: J. Neurol. Neurosurg. Psychiatry 20 (1957), pp. 11~21.

2 I. Kant, Kritik der Urteilskraft, § 46, B 182/ A 180.

3 A. Augustinus, Bekenntnisse (Confessiones) XI, 14. 원문은 다음과 같다. "Quid est ergo tempus? Si nemo a me quaerat, scio; si quaerenti explicare velim, nescio«."

4 Aristoteles, »Über Gedächtnis und Erinnerung« (»De memoria et reminiscentia«), in: Kleine naturwissenschaftliche Schriften (Parva naturalia), 450 b 1~11.

1장

1 이 인용문이 기초로 삼은 것은 Donald O. Hebb, The Organization of Behaviour. A neuropsychological theory, Mahwah/ N. J. 1949/2002, p. 62에 나오는 다음과 같은 대목이다. "세포 A의 축삭돌기가 B를 흥분시키기 충분할 만큼 가까이 있고 B의 점화에 반복적으로 혹은 항상 참여하면, 한쪽 세포나 양쪽 세포에서 모종의 성장

과정 혹은 대사적 변화가 일어나 B를 점화하는 세포 중 하나로서 A의 효율이 향상된다." 뇌과학자 칼라 조 샤츠Carla J. Shatz는 이 내용을 '함께 점화하는 세포는 연결된다'고 간략하고 날카롭게 표현했다. C. Shatz, "The Developing Brain", Scientific American 267 (1992), pp. 60~67, 인용문 출처는 p. 64.

2 T. V. Bliss/ T. Lomo, »Long-lasting potentiation of synaptic transmission in the dentate area of the anaesthetized rabbit following stimulation of the perforant path«, in: J. Neurol. Neurosurg. Psychiatry, 20 (1957), pp. 11~21.

3 J. Lisman/ R. Yasuda/ S. Raghavachari, »Mechanisms of CaMKII action in long-term potentiation«, in: Nat. Rev. Neurosci. 13 (2012), pp. 169~82.

4 A. J. Granger/ R. A. Nicoll, »Expression mechanisms underlying long-term potentiation: a postsynaptic view, 10 years on«, in: Philos. Trans. R. Soc. Lond B. Biol. Sci. (2013) 369 (1633).

5 D. M. Kullmann, »The Mother of All Battles 20 years on: is LTP expressed pre- or postsynaptically? « J. Physiol. 590 (2012), pp. 2213~2216.

6 D. B. Chklovskii/ B. W. Mel/ K. Svoboda, »Cortical rewiring and information storage«, Nature 14 431 (2004), pp. 782~788.

7 새로운 학습 내용이 조만간 다른 뇌 구역으로 운반되어 거기에서 장기 기억에 저장된다는 것은 현재 확실한 사실로 여겨진다. 학습 내용이 해마에 얼마나 오랫동안 임시 저장되는지는 확실히 밝혀지지 않았다. P. Alvarez/ L. R. Squire, »Memory consolidation and the medial temporal lobe: a simple network model«, in: Proc. Natl. Acad. Sci. USA 91 (1994), pp. 7041~7045.

8 우리가 'Schema(도식)'의 복수형으로 'Schemate'를 쓴 것을 의아하게 여기는 독자가 없기를 바란다. 우리는 임마누엘 칸트의 인식론에서 사용된 어법을 따른 것이다. 도식이란 '개념의 시간화Verzeitlichungen von Begriffen'라고 할 수 있다.

9 C. M. Alberini, »Mechanisms of memory stabilization: are consolidation and reconsolidation similar or distinct processes?«, in: Trends Neurosci. 28 (1) (2005), pp. 51~56.; H. P. Davis/ L. R. Squire, »Protein synthesis and memory: a review«, in: Psychol. Bull. 96 (1984), pp. 518~559 참조.

10 K. Nader/ G. E. Schafe/ J. E. LeDoux, »Fear memories require protein synthesis in the amygdala for reconsolidation after retrieval«, in: Nature 406 (6797) (2000), pp. 722~726.

11 für unseren Zusammenhang: T. Amano/ C. T. Unal/ D. Paré, »Synaptic correlates of fear extinction in the amygdala«, in: Nature Neuroscience 13 (2010), pp. 489~494 참조.

12 N. C. Tronson/ J. R. Taylor, »Molecular mechanisms of memory reconsolidation«, in: Nat. Rev. Neurosci. 8 (4) (2007), pp. 262~275; »Addiction: a drug induced disorder of memory reconsolidation«, in: Current Opinion in Neurobiology 23 (4) (2013), pp. 573~580 참조.

13 A. Reiner/ E. Y. Isacoff, »The Brain Prize 2013: the optogenetics revolution«, in: Trends Neurosci. 36 (2013), pp. 557~560.

14 Man nutzt verschiedene Lichtfrequenzen, um zum Beispiel unterschiedliche Zellpopulationen zu aktivieren, vgl. N. C. Klapoetke/ Y. Murata/ S. S. Kim/ St. R. Pulver/ A. Birdsey-Benson/ Y. K. Cho/ T. K. Morimoto/ A. S. Chuong/ E. J. Carpenter/ Z. Tian/ J. Wang/ Y. Xie/ Z. Yan/ Y. Zhang/ B. Y. Chow/ B. Surek/ M. Melkonian/ V. Jayaraman/ M. Constantine-Paton/ G. Ka-Shu Wong/ E. S. Boyden, »Independent optical excitation of distinct neural populations«, in: Nature Methods 11 (3) (2014), pp. 338~346.

15 J. Y. Lin/ P. M. Knutsen/ A. Muller/ D. Kleinfeld/ R. Y. Tsien, »ReaChR: a red-shifted variant of channelrhodopsin enables deep transcranial optogenetic excitation«, in: Nature Neuroscience 16 (10) (2013), pp. 499~1510.

16 M. Folcher/ S. Oesterle/ K. Zwicky/ T. Thekkottil/ J. Heymoz/ M. Fussenegger, »Mind-controlled transgene expression by a wire-less-powered optogenetic designer cell implant«, in: Nature Communications (2014), pp. 1~11.

17 X. Liu/ S. Ramirez/ P. T. Pang/ C. B. Puryear/ A. Govindarajan/ K. Deisseroth/ S. Tonegawa, »Optogenetic stimulation of a hippocampal engram activates fear memory recall«, in: Nature 484(2012), pp. 381~385.

18 A. R. Garner/ D. C. Rowland/ S. Y. Hwang/ K. Baumgaertel/ B. L. Roth/ C. Kentros/ M. Mayford, »Generation of a synthetic memory trace«, in: Science 335 (6075) (2012), pp. 1513~1516.

19 C. M. Gray/ W. Singer, »Stimulus-specific neuronal oscillations in orientation columns of cat visual cortex«, in: Proc. Natl. Acad. Sci. U S A 86 (1989), pp. 1698~1702.

20 P. Fries/ D. Nikolić/ W. Singer, »The gamma cycle«, in: Trends Neurosci. 30 (2007), pp. 309~316.

21 J. E. Lisman/ G. Buzsáki, »A neural coding scheme formed by the combined function of gamma and theta oscillations«, in: Schizophr. Bull. 34 (2008), pp. 974~980.

22 J. E. Lisman/ M. A. Idiart, »Storage of 7 +/- 2 short-term memories in oscillatory subcycles«, in: Science 267 (1995), pp. 1512~1515.

23 G. A. Miller, »The Magical Number Seven, Plus or Minus Two: Some limits on Our Capacity for processing Information«, in: The Psychological Review 63 (1956), pp. 81~97.

24 M. Bartos/ I. Vida/ P. Jonas, »Synaptic mechanisms of synchronized gamma oscillations in inhibitory interneuron networks«, Nat. Rev. Neurosci. 8 (1) (2007), pp. 45~56. R. D. Traub/ I. Pais/ A. Bibbig/ Fiona/ E. N. LeBeau/ E. H. Buhl/ Sh. G. Hormuzdi/ H. Monyer/ M. A. Whittington, »Contrasting roles of axonal (pyramidal cell) and dendritic (interneuron) electrical coupling in the generation of neuronal network oscillations«, in: Proceedings of the National Academy of Sciences of the United States of America, 100 (3) (2003), pp. 1370~1374. J. Cardin/ M. Carlén/ K. Meletis/ U. Knoblich/ F. Zhang/ K. Deisseroth/ L.-H. Tsai/ Ch. I. Moore, »Driving fast-spiking cells induces gamma rhythm and controls sensory responses«, in: Nature 459 (2009), pp. 663~668 참조.

25 S. G. Hormuzdi/ I. Pais/ F. E. LeBeau/ S. K. Towers/ A. Rozov/ E. H. Buhl/ M. H. Whittington/ H. Monyer, »Impaired electrical signaling disrupts gamma frequency oscillations in connexin 36-deficient mice«, in: Neuron 9 (2001); pp. 487~495 참조.

26 S. Melzer/ M. Michael/ A. Caputi/ M. Eliava/ E. C. Fuchs/ M. A. Whittington/ H. Monyer, »Long-range-projecting GABAergic neurons modulate inhibition in hippocampus and entorhinal cortex«, in: Science 335 (2012), pp. 1506~1510.

27 이 대목에서 2003년에 사망한 에버하르트 불Eberhard Buhl을 언급하지 않을 수 없다. 불의 예비적인 연구는 한나 모니어 팀을 옳은 길로 이끌었다. 그는 옳은 아이디어가 있었지만, 뇌에서 광범위한 지휘가 일어난다는 그 아이디어를 검증할 기술적 수단을 발견하지 못했다.

2장

1 깨어 있는 상태에서 수면으로 이행하는 단계를 '선잠Hypnagogie'이라고 한다. 독일어 Hypnagogie는 고대 그리스어에서 '잠'을 뜻하는 'hypnos'와 '행동하다, 이끌다'를 뜻하는 'agein'을 합쳐서 만든 것이다. 즉 선잠은 '잠으로 이끄는 단계'를 뜻한다. 선잠 중에 보는 이미지와 환상은 문학, 특히 낭만주의 문학에 수없이 등장한다. 예컨대 에드거 앨런 포Edgar Allan Poe는 선잠을 영감의 원천으로 여겼다. 과학에서는 19세기부터 선잠에 대한 실험적 연구가 시작되었다. 최신 연구는 본문에 언급된 이야기의 부재(아무 일도 일어나지 않음)와 자아의 참여 부재가 선잠 중에 꾸는 꿈의 두드러진 특징임을 시사한다. D. Vaitl/ N. Birbaumer/ J. Gruzelier/ G. A. Jamieson/ B. Kotchoubey/ A. Kübler/ D. Lehmann/ W. H. Miltner/ U. Ott/ P. Pütz/ G. Sammer/ I. Strauch/ U. Strehl/ J. Wackermann/ T. Weiss, »Psychobiology of alteredstates of consciousness«, in: Psychological Bulletin 131, 1 (2005), pp. 98~127 참조.

2 P. McNamara/ D. McLaren/ K. Durso, »Representations of the Self in REM and NREM Dreams«, in: Dreaming 17, 2 (2007), pp. 113~126 참조.

3 이 분야의 연구를 선도한 인물은 1960년대의 윌리엄 데먼트William Dement와 더 나중의 데이비드 풀케스David Foulkes다. D. Foulkes, A Grammar of Dreams, Hassocks/Sussex 1978. Zu dem Fragenkomplex insgesamt M. Solms, »The neuropsychology of dreams. A clinico-anatomical study«, Mahwah 1997 참조.

4 H. Suzuki/ M. Uchiyama/ H. Tagaya/ A. Ozaki/ K. Kuriyama/ S. Aritake/ K. Shibui/ X. Tau/ Y. Kamei/ R. Kuga, »Dreaming during nonrapid eye movement sleep in the absence of prior rapid eye movement sleep«, in: SLEEP 27, 8 (2004), pp. 1486~1490 참조.

5 R. Manni, »Rapid Eye Movement Sleep, Non-rapid Eye Movement Sleep, Dreams, and Hallucinations«, in: Curr. Psychiatry Rep. 7 (3) (2005), pp. 196~200; P. McNamara P. Johson/ D. McLaren/ E. Harris/ C. Beauharnais/ S. Auerbach, »REM and NREM Sleep Mentation«, in: International Review of Neurobiology 92 (2010), pp. 69~86 참조.

6 뇌파 측정은 1924년에 시작되었다. 당시 예나대학교Friedrich-Schiller-Universität Jena의 신경학자 한스 베르거Hans Berger는 최초로 뇌파를 측정해 '규칙적인 곡선'을 포착했다. 《코스모스Kosmos》, 1930년 9월호, 통권 8호, p. 291 참조.

7 빠른 눈 운동REM과 꿈의 관련성은 1953년 시카고대학교University of Chicago의 대학원생 유진 아세린스키Eugene Aserinsky와 그의 지도 교수 너새니얼 클레이트먼Nathaniel Kleitman이 발견했다.

8 J. O'Keefe/ J. Dostrovsky, »The hippocampus as a spatial map. Preliminary evidence from unit activity in the freely-moving rat«, in: Brain Res. 34 (1971), pp. 171~175.

9 C. Pavlides/ J. Winson, »Influences of hippocampal place cell firing in the awake state on the activity of these cells during subsequent sleep episodes«, in: J. Neurosci. 9 (1989), pp. 2907~2918; auch M. A. Wilson/ B. L. McNaughton, »Reactivation of hippo-campal ensemble memories during sleep«, Science 265 (1994), pp. 676~679; weiter W. E. Skaggs/ B. L. McNaughton, »Replay of neuronal firing sequences in rat hippocampus during sleep following spatial experience«, in: Science 271 (1996), pp. 1870~1873; zuletzt H. S. Kudrimoti/ C. A. Barnes/ B. L. McNaughton, »Reactivation of hippocampal cell assemblies: effects of behavioral state, experience, and EEG dynamics«, in: J. Neurosci. 19 (1999), pp. 4090~4101 참조.

10 Th. J. Davidosn/ F. Kloosterman/ M. A. Wilson, »Hippocampal Replay of Extended

Experience«, in: Neuron (63) (2009), pp. 497~507.

11 G. Girardeau/ K. Benchenane/ S. I. Wiener/ G. Buzsáki/ M. B. Zugaro, »Selective suppression of hippocampal ripples impairs spatial memory«, in: Nat. Neurosci. 12 (2009), pp. 1222~1223; V. Ego-Stengel/ M. A. Wilson, »Disruption of ripple-associated hippocampal activity during rest impairs spatial learning in the rat Hippocampus«, in: Hippocampus 20 (2010), pp. 1~10 참조.

12 J. O'Neill/ B. Pleydell-Bouverie/ D. Dupret/ J. Csicsvari, »Play it again: reactivation of waking experience and memory«, in: Trends Neurosci. 33 (5) (2010), pp. 220~229.

13 M. P. Karlsson/ L. M. Frank, »Awake replay of remote experiences in the hippocampus«, in: Nat. Neurosci. 12 (7) (2009), pp. 913~918.

14 A. C. Singer/ L. M. Frank, »Rewarded outcomes enhance reactivation of experience in the hippocampus«, in: Neuron 64 (2009), pp. 910~921.

15 K. Diba/ G. Buzsáki, »Forward and reverse hippocampal place-cell sequences during ripples«, in: Nature Neuroscience 10 (2007), pp. 1241~1242; D. J. Foster/ M. A. Wilson, »Reverse replay of behavioural sequences in hippocampal place cells during the awake state«, in: Nature 30 (2006), pp. 680~683 참조.

16 R. L. Buckner, »The role of the hippocampus in prediction and imagination«, in: Annu. Rev. Psychol. 61 (2010), pp. 27~48; A. S. Gupta/ M. A. van der Meer/ D. S. Touretzky/ A. D. Redish, »Hippocampal replay is not a simple function of experience«, in: Neuron 65 (5) (2010), pp. 695~705; B. E. Pfeiffer/ D. J. Foster, »Hippocampal place-cell sequences depict future paths to remembered goals«, in: Nature 497 (7447) (2013), pp. 74~79 참조.

17 E. Husserl, Vorlesungen zur Phänomenologie des inneren Zeitbewusstseins, Tübingen 1980, §§12 und 24 참조.

18 기억의 굳힘에 대한 연구는 1900년에 시작되었다. '굳힘Konsolidierung'이라는 용어는 뮐러G. E. Müller와 필체커A. Pilzecker가 고안하여 〈기억 이론을 위한 실험적 기여Experimentelle Beiträge zur Lehre von Gedächtnis〉라는 논문에서 처음 사용했다.

Zeitschrift für Psychologie I, pp. 1~300 참조. 숙면 중 기억의 굳힘을 어떻게 이해해야 할지, 특히 그 현상이 우리의 미래 계획에 어떤 기여를 할 수 있는지 최근에 출판된 J. Born/ I. Wilhelm, »System consolidation of memory during sleep«, in: Psychol. Res. 76 (2) (2012), pp. 192~203을 참조하라.

19 S. Llewellyn/ J. A. Hobson, »Not only ... but also: REM sleep creates and NREM Stage 2 instantiates landmark junctions in cortical memory networks«, in: Neurobiology of Learning and Memory 122 (2015), pp. 69~87.

20 따라서 꿈에 대한 기억이 잠에서 깨어나는 순간 날조되는 것이 아닌가 하는 의심을 제기할 수 있다. 즉 모든 꿈 이야기는 나중의 상상에서 비롯된 것일지 모른다고 의심할 수 있다. Petra Gehring, Traum und Wirklichkeit: Zur Geschichte einer Unterscheidung, Frankfurt am Main/New York 2008 참조.

21 디폴트 모드 네트워크에 대해 지난 30년 동안 연구한 내용 요약을 R. L. Buckner/ J. R. Andrews-Hanna/ D. L. Schacter, »The Brain's DefaultNetwork«, in: Annals of the New York Academy of Sciences 1124, (2008) pp. 1~38에서 읽을 수 있다. 밤 꿈과 낮 꿈의 유사성을 강조하는 논문으로 K. C. R. Fox/ S. Nijeboer/ E. Solomonova/ G. W. Domhoff/K. Christoff, »Dreaming as mind wandering: evidence from functional neuroimaging and first-person content reports«, in: Frontiers in Human Neuroscience, (7) 412, (2013), pp. 1~18이 있다.

22 A. Horn/ D. Ostwald/ M. Reisert/ F. Blankenburg, »The structural-functional connectome and the default mode network of the human brain«, in: NeuroImage 15 (2014), pp. 142~151.

23 A. E. Cavanna, »The precuneus and consciousness«, in: CNS Spectrums 12 (7) (2007), pp. 545~552.

24 P. Maquet/ P. Ruby/ A. Maudoux/ G. Albouy/ V. Sterpenich/ T. Dang-Vu/ M. Desseilles/ M. Boly/ F. Perrin/ P. Peigneux/ S. Laureys, »Human cognition during REM sleep and the activity profile within frontal and parietal cortices: a reappraisal of functional neuroimaging data«, in: Progress in Brain Research, 150 (2005), pp. 219~227, 특히 p. 225.

25 J. Panksepp, Affective Neuroscience: The Foundations of Human and Animal Emotions, New York 1998.

26 J. A. Hobson/ R.W. McCarley, »The brain as a dream state generator: An activationsynthesis hypothesis of the dream process«, in: America Journal of Psychiatry, 134 (12) (1977), pp. 1335~1348; J. A. Hobson, The dreaming brain, New York 1988 und ders., Sleep, San Francisco 1989 참조.

27 S. R. Palombo, Dreaming and memory: A new information processing model, New York 1978, und ders., »Can a computer dream?«, in: Journal of the American Academy of Psychoanalysis, 13 (1985), pp. 453~466 참조.

28 F. Crick/ G. Mitchison, »The function of dream sleep«, in: Nature 304 (1983), pp. 111~114.

29 »REM sleep and neural jets«, in: Journal of Mind and Behaviour 7 (1986), pp. 229~249 참조.

3장

1 U. Voss/ A. Hobson, »What is the State-of-the-Art on Lucid Dreaming? Recent Advances and Questions for Future Research«, in: Th. Metzinger/ J. M. Windt (Hg.), Open MIND, (38) (2015), Frankfurt am Main, pp. 1~20, 인용 p. 17. Weitere grundlegende Literatur findet sich bei St. LaBerge, Lucid Dreaming, Los Angeles 1985; P. Tholey, Empirische Untersuchungen über Klarträume, in: Gestalt Theory 3 (1981), pp. 21~62; B. Holzinger, »Lucid dreaming – dreams of clarity«, in: Contemporary Hypnosis 26 (4) (2009), pp. 216~224.

2 U. Voss/ C. Frenzel/ J. Koppehele-Gossel/ A. Hobson, »Lucid dreaming: an age-dependent brain dissociation«, in: J Sleep Res. 21 (2012), pp. 634~642.

3 그러나 자각몽을 꾸는 사람과 소통할 때와 달리 락트-인 증후군 환자와 소통할 때는 눈을 위에서 아래로 움직이는 신호를 사용한다.

4 U. Voss/ R. Holzmann/ A. Hobson/ W. Paulus/ J. Koppehele-Gossel/ A. Klimke/ M. A. Nitsche, »Induction of self awareness in dreams through frontal low current stimulation of gamma activity«, in: Nat. Neurosci. 17 (2014), pp. 810~812.

5 Bericht in der FAZ vom 13.12.2010: »Trainingswissenschaft-Stabhochsprung im Schlaf«, zugänglich im Internet: http://www.faz.net/aktuell/sport/mehr-sport/trainingswissenschaft-stabhochsprung-im-schlaf-11085668/daniel-erlacher-hat-sich-der-11087806.html, abgerufen am 19.04.2015; M. Schredl/ D. Erlacher, »Lucid dreaming frequency and personality«, in: Personality and Individual Differences (37) (2004), pp. 1463~1473 참조.

6 Voss/ Hobson, a.a.O., p. 16 참조.

7 F. Nietzsche, Vom Nutzen und Nachtheil der Historie für das Leben, in: ders., Kritische Studienausgabe, hg. G. Molli/ M. Mollinari, München 1980, Bd. 1, p. 249.

8 H. Plessner, Die Stufen des Organischen und der Mensch. Einleitung in die philosophische Anthropologie, Berlin 1975, pp. 364ff.

9 M. Heidegger, Sein und Zeit, Tübingen 1984 (im Original 1927), p. 267.

10 V. Sommer, Lob der Lüge. Täuschung und Selbstbetrug bei Tier und Mensch. München 1992 참조.

11 K. McGregor Hall, »Chimpanzee (Pan troglodytes) gaze following in the informed forager paradigm: analysis with cross correlations«, in: Psychology & Neuroscience Thesis, St. Andrews 2012; R. W. Byrne, »Deception: Competition by Misleading Behavior«, in: M. D. Breed/ J. Moore (eds.), Encyclopedia of Animal Behavior, volume I, Oxford (2010), pp. 461~465, hier pp. 463 ff. und zuletzt: J. Call/ M. Tomasello, »Does the chimpanzee have a theory of mind? 30 years later«, in: Trends in Cognitive Sciences 12 (5) (2008) pp. 187~192 참조.

12 Noch einmal den Bericht in der FAZ vom 13.12.2010.

4장

1. D. L. Schacter/ K. A. Norman/ W. Koutstaal, »The cognitive neuroscience of constructive memory«, in: Annu. Rev. Psychol. 49 (1998), pp. 289~318.
2. B. Zhu et al., »Individual differences in false memory from misinformation: Cognitive factors«, in: Memory 18 (5) (2010), pp. 543~555.
3. B. Melo/ Gordon Winocur/ M. Moscovitch, »False recall and false recognition: An examination of the effects of selective and combined lesions to the medial temporal lobe/diencephalon and frontal lobe structures«, in: Cognitive Neuropsychology 16 (3–5) (1999), pp. 343~359.
4. I. M. Cordón/ M. E. Pipe/ L. Sayfan/ A. Melinder/ G. S. Goodman, »Memory for traumatic experiences in early childhood«, in: Developmental Review 24 (1) (2004), pp. 101~132 참조.
5. E. Tulving, »Episodic Memory: From Mind to Brain«, in: Annual Review of Psychology (53) (2002), pp. 1~25, p. 4. An der zitierten Stelle auch Verweise auf weiterführende Literatur.
6. E. Loftus, »Planting misinformation in the human mind: A 30 year investigation of the malleability of memory«, in: Learning & Memory, 12 (4) (2005), pp. 361~366.
7. J. S. Simons/ H. J. Spiers, »Prefrontal and medial temporal lobe interactions in long-term memory«, in: Nature Reviews Neuroscience 4 (2003), pp. 637~648.
8. K. A. Braun/ Rh. Ellis/ E. L. Loftus, »Make My Memory: How Advertising Can Change Our Memories of the Past«, in: Psychology & Marketing 19 (1) (2002), pp. 1~23 참조.
9. P. L. St Jacques/ D. L. Schacter, »Selectively enhancing and updating personal memories for a museum tour by reactivating them«, in: Psychol. Sci. 24 (4) (2013), pp. 537~543.
10. R. L. Buckner/ D. C. Carroll, »Self-projection and the brain. Trends«, in: Cognitive Science (11) (2007), pp. 49~57; D. Hassabis/ E. A. Maguire, »The construction

system of the brain«, in: Philos. Trans. R. Soc. B. Biol. Sci. (364) (2009), pp. 1263~1271.

11 J. Okuda/ T. Fujii/ H. Ontake/ T. Tsukiura/ K. Tanji/ K. Suzuki/ R. Kawashima/ H. Fukuda/ M. Itoh/ A. Yamadori, »Thinking of the future and past : the roles of the frontal pole and the medial temporal lobes«, in: Neuroimage (19) (2003), pp. 1369~1380 참조.

12 D. R. Addis/ D. L. Schacter, »Constructive episodic simulation: temporal distance and detail of past and future events modu late hippocampal engagement«, in: Hippocampus (18) (2008), pp. 227~237.

13 D. R. Addis/ L. Pan/ M. A. Vu/ N. Laiser/ D. L. Schacter, »Constructive episodic simulation of the future and the past: distinct subsystems of a core brain network mediate imaging and remembering«, in: Neuropsychologia (47) (2009), pp. 2222~2238.

14 Y. Okada/ C. Stark, »Neural Processing Associated with True and False Memory Retrieval«, in: Cognitive, Affective, and Behavioral Neuroscience 3 (4) (2003), pp. 323~334.

15 N. A. Dennis/ C. R. Bowman/ S. N. Vandekar, »True and phantom recollection: an fMRI investigation of similar and distinct neural correlates and connectivity«, in: Neuroimage 59 (3) (2012), pp. 2982~2993.

5장

1 M. Proust, À la recherche du temps perdu, hg. von J.-Y. Tadié, Paris 1987, Gallimard, Bibliothèque de la Pléiade, Bd. 1, pp. 49 ff.

2 D. A. Wilson/ R. J. Stevenson, »The fundamental role of memory in olfactory perception«, in: Trends in Neurosciences, 26 (5) (2003), pp. 243~247.

3 J. Willander/ M. Larsson, »Smell your way back to childhood: Autobiographical odor

memory«, in: Psychonomic Bulletin & Review 13 (2) (2006), pp. 240~244.

4 Y. Yeshurun/ H. Lapid/ Y. Dudai/ N. Sobel, »The Privileged Brain Representations of First Olfactory Associations«, in: Current Biology 19 (2009), pp. 1869~1874.

5 L. Cahill/ J. L. McGaugh, »Mechanisms of emotional arousal and lasting declarartive memory«, in: TINS 21 (1998), pp. 294~299.

6 H. Eichenbaum/ T. H. Morton/ H. Potter/ S. Corkin, »Selective olfactory deficits in case H.M.«, in: Brain 106 (1983), pp. 459~472.

7 특히 R. S. Herz/ J. Eliassen/ S. Beland/ T. Souza, »Neuroimaging evidence for the emotional potency of odor-evoked memory«, in: Neuropsychologia (42) (2004), pp. 371~378 참조.

8 R. S. Herz/ T. Engen, »Odor memory: Review and analysis«, in: Psychonomic Bulletin & Review (3) (1996), pp. 300~313 참조.

9 G. M. Zucco, »Anomalies in cognition: olfactory memory«, in: Europ. Psychol. 8 (2007), pp. 77~86.

10 J. A. Mennella/ C. P. Jagnow/ G. K. Beauchamp, »Prenatal and postnatal flavor learning in human infants«, in: Pediatrics 107 (2001), pp. 1~6. R. Haller, »The influence of early experience with vanillin on food preference later in life«, in: Chem. Senses 24 (1999), pp. 465~467 참조.

11 H. Lawless/ T. Engen, »Associations to olders: interference, mnemonics and verbal labeling«, in: J. Experimental. Psychol. Hum. Learn. and Mem. 3 (1977), pp. 52~59 참조.

12 W. Benjamin, Kleine Geschichte der Photographie (1931), in: ders., Gesammelte Schriften, Bd. II, Frankfurt am Main 1977, p. 378.

13 S. Maren, »Neurobiology of Pavlovian Fear Conditioning«, in: Annu. Rev. Neurosc. 24 (2001), pp. 897~931.

14 C. M. McDermott/ G. J. LaHoste/ C. Chen/ A. Musto/ N. G. Bazan/ J. C. Magee, »Sleep deprivation causes behavioral, synaptic and membrane excitability alterations, operations in hippocampal neurons«, in: J. Neurosc. 23 (2003), pp. 9687~9695.

15 J. E. Dunsmoor/ V. P. Murty/ L. Davachi/ E. A. Phelps, »Emotional learning selectively and retroactively strengthens memories for related events«, in: Nature (21) (2015), pp. 1~13.

16 K. Nader/ G. E. Schafe/ J. E. LeDoux, »Fear memory requires protein synthesis in the Amygdala for reconsolidation after retrieval«, in: Nature 406 (2000), pp. 722~726.

17 D. Schiller/ M.-H. Monfils/ C. M. Raio/ D. C. Johnson/ J. E. LeDoux/ E. A. Phelps, »Preventing the return of fear in humans using reconsolidattion update mechanism«, in: Nature (463) (2010), pp. 49~53, hier p. 50 참조.

18 Y. -X. Xue/ Y.- X. Luo/ P. Wu/ H. -S. Shi/ Li-Fen Xue/ C. Chen/ W. L. Zhu/ Z. -B. Ding/ Y. P. Bao/ J. Shi/ D. H. Epstein/ Y. Shaham/ L. Lu, »A Memory Retrieval-Extinction Procedure to Prevent Drug Craving and Relapse«, in: Science 336 (2012), pp. 241~245.

6장

1 M. Korte, Jung im Kopf. Erstaunliche Einsichten der Gehirnforschung in das Älterwerden, München 2013, 3. Auflage, p. 42.

2 E. Goldberg, The New Executive Brain: Frontal Lobes in a Complex World, Oxford 2009, Kapitel 6.

3 좌뇌와 우뇌가 다르게 노화하는 것에 대해서는 다음을 참조하라. E. Goldberg D. Roediger/ N. E Kucukboyaci/ C. Carlson/ O. Devinsky/ R. Kuzniecky/ E. Halgren/ T. Thesen, »Hemispheric asymmetries of cortical volume in the human brain«, in: Cortex 49 (1), (2013), pp. 200~210, F. Dolcos/ H. J. Rice/ R. Cabeza, »Hemispheric asymmetry and aging: right hemisphere decline or asymmetric reduction«, in: Neuroscience & Biobehavioral Reviews 26 (7) (2002), pp. 819~825; G. Goldstein/C. Shelly, »Does the right hemisphere age more rapidly than the left?«,

in: Journal of Clinical Neuropsychology 3 (1) (1981), pp. 65~78.

4 E. Goldberg/ O. Sacks/ A. Viala, Die Regie im Gehirn: Wo wir Pläne schmieden und Entscheidungen treffen, Kirchzarten bei Freiburg 2002 참조.

5 좌뇌와 우뇌의 해부학적·기능적 차이에 대한 논의는 종종 논쟁으로 달아오른다. 해부학적 차이에 대해서는 다음을 참조하라. J. A Nielsen Nielsen/ B. A. Zielinski/M. A. Ferguson/ J. E. Lainhart/ J. S. Anderson, »An Evaluation of the Left-Brain vs. Right-Brain Hypothesis with Resting State Functional Connectivity Magnetic ResonanceImaging«, in: PLOS ONE 8 (8) (2013); 기능적 차이에 대해서는 다음을 참조하라. E. Nikolaeva/ V. Leutin, Functional brain asymmetry: myth and reality: Psychophysiological analysis of the contradictory hypotheses in functional brain asymmetry, Saarbrücken 2011.

6 S. Ballesteros/ G. N. Bischof/ J. O. Goh/ D. C. Park, »Neurocorrelates of conceptual object priming in young and older adults: An eventrelated functional magnetic resonance imaging study«, in: Neurobiol. Aging 34, (2013) pp. 1254~1264.

7 A. Osorio/ S. Ballesteros/ F. Fay/ V. Pouthas, »The effect of age on word-stem cued recall: a behavioral and electrophysiological study«, in: Brain Research 1289 (2009), pp. 56~68. M. Sebastian/ J. M. Reales/ S. Ballesteros, »Aging effect event-related potentials and brain oscillations: A behavioral and electrophysiological study using haptic recognition memory task«, in Neuropsychologia 49 (2011), pp. 3967~3980 참조.

8 D. Draaisma, Die Heimwehfabrik. Wie das Gedächtnis im Alter funktioniert, Berlin 2009 참조.

9 H. Hesse, Gedichte, Gesammelte Werke Bd. 1, Frankfurt am Main 1987, p. 119.

10 F. Nottebohm, »Neuronal replacement in the adult brain«, in: Brain Research Bulletin 57 (2002), pp. 737~749. Der Arbeit von Nottebohm gingen Studien von Joseph Altman voran, die bereits 1962 von einer Neurogenese bei Nagern ausgingen. Seinerzeit wurden diese Studien aber noch kontrovers diskutiert.

11 P. S. Erikson/ K. Perfilieva/ T. Björk-Eriksson/ A. -M. Alborn/ C. Nordborg/ D. A.

Peterson/ F. H. Gag, »Neurogenesis in the adult human hippocampus«, in: Nat. Med. 4 (1998), pp. 1313~1317.

12 H. Van Paarg/ G. Kempermann/ F. H. Gage, »Running increases cell proliferation and neurogenesis in the adult mouse dentate gyrus«, in: Nat. Neurosci. 2 (1999), pp. 266~270.

13 T. Ngandu/ J. Lehtisalo/ A. Solomon/ E. Levälahti/ S. Ahtiluoto/ R. Antikainen/ L. Bäckmann/ T. Hänninen/ A. Jula/ T. Laatikainen/ J. Lindström/ F. Mangialasche/ T. Paajanen/ S. Pajala/ M. Peltonen/ R. Rauramaa/ A. Stigsdotter-Neely/ T. Strandberg/ J. Tuomilehto/ H. Soininen/ H. Kivipelto, »A 2 year multidomain intervention of diet, exercise, cognitive training, and vascular risk monitoring versus control to prevent cognitive decline in at-risk elderly people (FINGER): a randomised controlled trial«, in: The Lancet 385, No. 9984 (2015) pp. 2255~2263.

14 M. P. Mattson, »Lifelong brain health is a lifelong challenge: From evolutionary principles to empirical evidence«, in: Aging Research Reviews, 20 (2015), pp. 37~45.

15 M. W. Voss/ C. Vivar/ A. F. Kramer/ H. van Praag, »Bridging animal and human models of excercise-use brain plasticity«, Trends Cogn. Sci. 17 (2013), pp. 525~544.

16 J. Lee/ W. Duan/ M. P. Mattson, »Evidence that brain derived-neurotrophic factor is required for basal neurogenesis and mediate, in part, the enhancement of neurogenesis by dietry restriction in the hippocampus of adult mice«, in: J. Neurochem. 82 (2002), pp. 1367~1375.

17 규칙적인 운동과 학습은 기억 능력 회복에 필수적인 한 가지 물질의 분비를 촉진한다는 사실을 언급할 필요가 있다. 그 물질은 '뇌유래신경영양인자brain derivated neurotrophic factor, BDNF'라는 단백질이다. BDNF는 뇌(기억에 중요한 해마 포함)에서 신경의 성장을 유발한다. BDNF는 한스 퇴넨Hans Thonen과 이브스 알랭 바르드Yves-Alain Barde가 발견했다.

18 엘코넌 골드버그는《늙어가면서 새로운 정신적 힘을 얻는 법Wie Sie neue Geisteskraft gewinnen, wenn Sie älter werden》(Reinbek bei Hamburg, 2007)의 〈노화와 역사 속의 영리한 두뇌들Altern und kluge Köpfe in der Geschichte〉이라는 장(pp. 65~91)에서 '늦깎이

천재들'을 조망한다.

19 D. Kehlmann, Die Vermessung der Welt, Reinbek bei Hamburg 2005, pp. 96f.

20 G. Strobel, »In Revival of Parabiosis, Young Blood Rejuvenates Aging Microglia, Cognition«, in: Alzforum 5. Mai 2014, zugänglich unter: http://www.alzforum.org/news/conference-coverage/revival-parabiosis-young-blood-rejuvenates-aging-microglia-cognition.

21 T. Wyss-Coray et al., »The ageing systemic milieu negatively regulates neurogenesis and cognitive function«, in: Nature 477 (2011), pp. 90~94; A. Bitto/ M. Kaeberlein, »Rejuvenation: It's in Our Blood«, in: Cell Metab. 20 (1) (2014), pp. 2~4; A. Laviano, »Young Blood«, in: The New England Journal of Medicine 371 (2014), pp. 573~575.

22 C. Haas / A. Y. Hung/ M. Citron/ D. B. Teplow/ D. J. Selkoe, »beta-Amyloid, protein processing and Alzheimer's disease«, in: Arzneimittelforschung 45 (3A) (1995), pp. 398~402; H. V. Vinters, »Emerging concepts in Alzheimer's disease«, in: Annu. Rev. Pathol. 10 (2015), pp. 291~319; H. Zempel/ E. Mandelkow, »Lost after translation: missorting of Tau protein and consequences for Alzheimer disease«, in: Trends Neurosci. 37 (12) (2014), pp. 721~732 참조. 위험 인자에 대한 최신 연구는 다음을 참조하라. D. M. Michaelson, »APOE ε4: the most prevalent yet understudied risk factor for Alzheimer's disease.«, in: Alzheimers Dement. Nov; 10 (06) (2014), pp. 861~868.

7장

1 Th. Nagel, »What is it like to be a Bat?«, in: The Philosophical Review 83 (4) (1974). pp. 435~445.

2 C. Grau/ R. Ginhoux/ A. Riera/ T. L. Nguyen/ H. Chauvat/ M. Berg/ J. L. Amengual/ A. Pascual-Leone/ G. Ruffini, »Conscious Brain-to-Brain

Communication in Humans Using Non-Invasive Technologies«, in: PLOS ONE, 19 (2014), zugänglich unter: http://journals.plos.org/plosone/article?id=10.1371/journal. pone.0105225

3 U. Kummer, »Die Melodie macht die Musik. Um das Konzert des Lebens zu verstehen, muss sich die wissenschaftliche Denkweise ändern«, zugänglich unter der Webadresse: http://www.uni-heidelberg.de/presse/ruca/ruca08 -2/die.html.

4 St. L. Bressler/ V. Menon, »Large-scale brain networks in cognition: emerging methods and principles«, in: Trends in Cognitive Sciences 14 (6) (2010), pp. 277~290.

5 예를 들어 시각과 후각에 대해서는 다음을 참조하라.: A. Menini (Hg.), The Neurobiology of Olfaction, Boca Raton 2010, Kapitel 12.

6 M. Halbwachs, La mémoire collective, Paris 1997, Albin Michel.

7 Eine sehr umfassende Zusammenstellung von Entwicklungen und Tendenzen findet sich in: J. K. Olick/ V. Vinitzky-Seroussi/ D. Levy (Hg.), The Collective Memory Reader, Oxford 2011.

8 H. Welzer, Das kommunikative Gedächtnis. Eine Theorie der Erinnerung, 3. Auflage, München 2011.

9 J. Assmann, Das kulturelle Gedächtnis: Schrift, Erinnerung und politische Identität in den frühen Hochkulturen, München 2013 참조.

10 P. Nora (Hg.), Les Lieux de mémoire, Paris 1997, Gallimard, 3 Bde.

8장

1 Süddeutsche Zeitung vom 2.5.2015, p. 33 참조.

2 G. W. Leibniz, Monadologie § 17. Bei Leibniz geht es in seinem Mühlen beispiel um Fragen der Wahrnehmung 참조.

나가는 말

1 R. Kurzweil, The Singularity Is Near: When Humans Transcend Biology, London 2006.

옮긴이의 말

기억을 이야기한다는 것

기억을 이야기한다는 것은 모든 것을 이야기한다는 것과 다르지 않을 가능성이 높다. 상식적으로도 기억은 시간과 직결된다는 점을 상기하라. 철학에서 시간보다 더 큰 주제는 거의 없다고 할 만하다. 기억을 논한다는 것은 시간을 논한다는 것, 그리하여 거의 모든 것을 논한다는 것이다. 특히 '사람다움'이 무엇인지 탐구하고자 하는 사람은 시간과 기억을 이해하는 작업에 가장 많은 역량을 투입해야 한다. 적어도 요새 나는 그렇게 믿는다.

처음에 번역 일거리를 제안 받았을 때 한나 모니어라는 저자의 이름이 초강력 자석처럼 나를 끌어당겼다. 내 기억에 강렬하게 남아 있는 인물이다. 어떤 책을 번역하다가 그의 사연을 접했다. '트란실바니안 색슨Transylvanian Saxon' 족이라는 생소한 독일계 소수민족으로 루마니아에서 태어나 독재 정권 아래에서 최고의 우등생으로 성장한 그는 겨우 열일곱 살 때 가족에게도 알리지 않고 여행을 빙자하여 독일로 망명해버린다. 그 후 정신과 의사가 되고, 우연한 기회에 연구자로 전향하여 공간 기억에 관한 세계적 전문가로 우뚝 선다. 그야말로 멋진 여장부다.

그런데 더욱 흥미로운 것은 그의 박사논문 주제였다. 프루스트의 《잃어버린 시간을 찾아서》에 나오는 질투에 대한 연구로 박사학위를 받았다. 소설을 분석해서 과학적 성과를 냈다고? 한마디로, 부러워서 미칠 지경이었다. 물론 그를 세계적인 과학자로 만든 것은 그 논문이 아니라 더 나중에 이뤄낸 세포생물학적 성과다. 하지만 내 기억에 강렬하게 새겨진 것은《잃어버린 시간을 찾아서》에 나오는 질투였다. 한나 모니어라는 이름을 듣는 순간, 그 질투가 내 안에서 불꽃놀이를 일으켰다. 당장 책을 보내라고 했다. 낚시꾼의 표현을 빌리면, 대물의 입질이 왔다고 느꼈다.

아마 편집자도 알았겠지만, 기억이라는 주제는 나에게 낯설지 않았다. 한때 후설과 하이데거를 조금 공부한 적이 있는데, 이들의 철학은 시간에 대한 논의가 전부라고 해도 크게 틀리지 않는다. 그리고 이미 말한 대로, 시간은 기억과 직결된다. 게다가 번역 일을 하다 보니 공교롭게도 기억에 관한 책을 두 권이나 번역한 경험이 있다. 물리학과 철학을 배운 것이 전부인 나에게는 벅찬 일이었지만 그만큼 신선했다. 두 권 모두 이 책에도 등장하는 기억 연구의 개척자 에릭 캔들의 저서였고(한 권은 캔들과 래리 스콰이어의 공저) 분야를 세분하면 세포생물학과 분자생물학에 중점을 둔 책이었다. 출판계에서 뇌과학의 유행은 일반적인 현상이지만, 하필 기억이라는 주제가 나를 찾아온 것은 참으로 고마운 행운이다.

덕분에 나는 한동안 잃었던 시간에 대한 철학적 입맛을 되찾았다. 그러면서 캔들의 연구에서 어떤 아쉬움을 느꼈다. 간단히 설명하기는 어렵지만, 그의 연구는 탄탄한 대신에 그만큼 협소했다. 세포를 들여다보고 단백질들을 식별하는 작업의 엄밀함은 가히 경이로웠지만, 바다 달팽이의 조건반사 학습을 이해하는 것을 첫걸음으로 뚜벅뚜벅 나아가 인간의 자서전적 기억이나 시간 의식에 대한 이해에 이르겠다는 것은 그야말로 걸어서 안드로메다은하에 가겠다는 얘기처럼 들렸다. 과학자의 눈으로 보면 정말 노벨상을 받아야 마땅한(실제로 캔들은 노벨상을 받았다) 업적이 철학자의 입맛에는 그냥 밍밍할 뿐이었다. 더 큰 얘기를 해줄 사람은 없을까? 기억과 자아의 통일성, 인생의 일관성, 시간 의식, 목적의식 등을 두루 모아서 큰 그림을 그려줄 사람은 없을까? 캔들의 저서 한 권에 공저자로 참여한 래리 스콰이어가 정신과 의사답게 인간의 기억에 대한 이야기를 들려주긴 했지만, 거기에서도 철학적 과감성 같은 것은 전혀 찾아볼 수 없었다.

어쩌면 영어권 과학의 전통 때문일 것이다. 이른바 논리실증주의에 뿌리를 내린 과학자라면 철학적 모험을 경계해야 마땅하다. 뇌 시스템 전체를 알고 싶고, 수많은 뇌들이 연결되어 이룬 시스템까지 알고 싶더라도, '한 번에 세포 하나씩'이라는 구호를 되뇌며 뚜벅뚜벅 걸어가야 마땅하다. 하지만 그것이 과학의 유일한 모범일까? 더구나 인간을 이해하려 할 때, 그런 환원주의가 과연 유효할까? 흥미롭게도 독일어권 과학의 전통은 사뭇 다르다. 그쪽에서는 부분을 떼어내지 말고 전체를 전체로서(부분조차도 전체의 일부로서) 탐구해야만 진실에 이를 수 있다는 믿음이 상당히 강하다. 그래서 입자보다 파동을, 개체보다 분포와 시스템을 더 중시하는 경향이 있다. 실제로 뇌과학에서도 '뇌 기능의 국소화'에 대한 견해가 영어권과 독일어권 사이에서 미묘하게 엇갈린다. 뇌 기능의 국소화란 뇌의 특정 부분이 특정 기능을 담당한다는 생각인데, 영어권은 이 생각을 굳게 믿는 반면, 독일어권은 그다지 신뢰하지 않는 듯하다. 어떤 기능이든지, 충분히 복잡한 기능이라면, 뇌 전체가 그 기능의 담당자라는 것이 독일어권 뇌과학의 원리에 가깝다. 하지만 이 차이는 대단히 미세하며, 엄밀히 따지면 주관적 인상일 뿐이라는 점을 강조하고 싶다. 예나 지금이나 과학계의 통일성은 철학계의 통일성과 비교할 수 없을 만큼 높다. 그래도 독일어권 뇌과학 책을 한번 번역해보고 싶었다. 어쩌면 철학적 아쉬움을 조금이나마 채울 수 있으리라는 기대 때문이었다.

편집자가 보낸 책을 받아보니 놀랍게도 저자가 두 명이었다. 우리의 여장부 한나 모니어 외에 마르틴 게스만이라는 낯선 인물이 공저자로 끼어 있었다. 게다가 그는 철학자였다! 내 안에서 기대감과 불안감이 함께 급상승하는 것을 느끼며 속으로 외쳤다. 오호, 대물 정도가 아니라 아예 임자를 만났구나! 헤밍웨이의《노인과 바다》가 떠오를 지경이었다. 이 책을 나에게 맡긴 편집자에게 경의를 표한다.

책의 첫머리에서 저자들은 철학자와 신경생물학자의 협업을 새와 물고기의 동거에 비유한다. 당연히 어려운 결합이지만 잘 살아보겠다고 다짐한다. 그들의 다짐에 뜨거운 박수를 보냈다. 내가 기대한 것이 바로 그 결합이었으니까. 번역 일을 마친 지금, 나는 다시 한 번 열렬한 박수를 보낸다. 그 결합이 매끄럽고 우아해서도 아니고, 그 결합을 우리말로 받아내는 작업이 산책처럼 흥겨웠기 때문도 아니다. 기억을 연구한다는 기획 자체가 새와 물고기의 동거를 요구한다는 사실, 그들을 공동저술로 이끈 그 사실에 전적으로 동의하기 때문이다. 그 사실이 불러오는 어려움과 환희가 '사람다움'의 참뜻과 닿아 있다고 느끼기 때문이다.

그래서 이 책은 과학책일까, 철학책일까? 성실한 독자로서 다짐하건대, 틀림없는 과학책이다. 다만, 신경세포의 활동을 들여다보는 식의 과학에만 익숙한 독자에게 이 책은 무척 특이할 것이다. 이 책은 기억이라는 뇌 기능을 단서로 붙들고 곧장 '사람다움'의 의미를 향해 돌진한다. 이런 과학책을 본 적 있는가? 적어도 나는 이 정도로 과감하고 흥미롭고 의미심장한 과학책을 본 적이 드물다. 과연 특이한 과학책이다. 막바지에 유럽의 '인간 뇌 프로젝트'를 언급하면서 저자들은 이렇게 단언한다. "정신의 비밀이나 의식의 본질 등에 관한 인류사의 거대한 질문들이 그 프로젝트의 도움으로 해결될 가망은 전혀 없다. 그 이유는 간단하다. 그런 질문들을 실험적으로 해결하는 것은 단적으로 불가능하기 때문이다." 이것은 전형적인 철학자의 태도가 아닌가! 애당초 저자들이 다짐한 대로, 이 책은 새와 물고기가 동거하는 보금자리다.

저자들이 기억에 대해서 주장하는 바는 책의 첫머리에 인용된 폴 발레리의 문장으로 요약된다. "기억은 과거의 미래다." 이 역설적인 문장이 기억의 (또한 어쩌면 시간의) 본질을 정확히 꿰뚫는 과학적 통찰이라는 점을 수긍하게 된다면, 당신은 이 책의 핵심을 파악한 것이다. 저자들이 누누이 강조하는 단 하나의 진실은, 기억이 과거를 보존하는 능력이 아니라 미래를 계획하는 능력이라는 것이다. 기억은 우리가 살아갈 미래를 말없이 함께 개척하는 고마운 동반자다.

또한 꿈이 중요하게 다뤄지는데, 저자들에 따르면 꿈은 기억의 밤-측면이다. 기억의 작동은 낮보다 밤에 더 선명하게, 꿈의 형태로 나타난다. 꿈에 대한 저자들의 이야기 중에서 나를 거의 멍한 상태에 빠뜨릴 정도로 강렬하게 다가온 대목은 이것이다. "때때로 우리는 다음과 같은 중대한 질문을 품은 채로 깨어난다. '내가 반드시 해야 한다고 스스로 믿는 그것을 나는 정말로 원할까?' 삶에서 이런저런 목표에 도달해야 한다는 강요에 맞서서, 꿈은 도저히 상상할 수 없는 것을 최소한 한 번은 상상하고 그 결과를 살펴보라고 강요한다."

개인적으로 가장 큰 소득은 일화 기억의 중대한 의미를 알게 된 것이다. '사람다움'의 의미와 직결될 정도로 중요하다고 판단하므로, 약간 긴 대목을 그대로 인용한다.

"일화 기억은 길 찾기 능력과 더불어 도약적으로 발전했다. 그런데 일화 기억은 한 경로를 정신에 새겨두는 순수한 기억 능력 그 이상이다. 왜냐하면 일화 기억은 사건에 대한 가치 평가를 추가로 요구하기 때문이다. 또한 가치 평가는 비교가 이루어져야 함을 의미한다…… 요컨대 우리는 동일한 목표 지점에 도달하는 대안적인 시나리오들을 떠올려야 한다. 이렇게 어떤 의미에서 역설적으로 작동하는 것이 일화 기억의 특징인 것으로 보인다. 다시 말해 일화 기억은 한편으로 무언가—목표에 이르는 길 위의 사건들—를 붙들지만 다른 한편으로 즉시 대안들을 고려함으로써 그 무언가를 목표 도달 경로의 최종 버전으로 고수하지 않는다. 이처럼 일화 기억은 내용들을 다루면서 한 통찰을 붙듦과 동시에 그 통찰에 반발하기 시작한다. 일화 기억에 한 내용이 기입될 때마다 곧바로 그 내용과 경쟁하는 다른 구상들이 떠오른다."

사람답다는 것은 늘 대안을 떠올린다는 뜻이 아닐까? 책의 첫머리에서 새와 물고기의 동거 가능성에 회의를 표했다고 언급된 익명의 동료에게 나는 새와 물고기와 개의 동거는 어떻겠냐고 묻고 싶다. 저자들이 새와 물고기라면, 나는 기꺼이 개가 되련다. 동료는 묻겠지. '아니, 그런 이상한 가족이 어디에 보금자리를 마련해?' 만공 스님의 법어 '세계일화世界一花'를 그 동료가 알 리 없겠지만, 나는 이렇게 대답하련다. '온 세상에!'

거듭 말하지만, 기억을 이야기한다는 것은 모든 것을 이야기한다는 것과 다르지 않을 가능성이 높다. 우리의 기억은, 우리의 미래다. 공교롭게도 어제는 5월 18일이었다. 그날의 기억이 우리 과학자와 철학자와 시인의 곁에 늘 함께하기를.

2017년 5월
전대호

옮긴이 **전대호**

서울대학교 물리학과와 동 대학원 철학과에서 박사과정을 수료했으며, 독일 쾰른 대학교에서 철학을 공부했다. 1993년 조선일보 신춘문예 시 부문에 당선되어 등단했으며, 현재 과학 및 철학 분야의 전문 번역가로 활동 중이다. 저서로는《정신현상학 강독 1》,《철학은 뿔이다》, 시집《가끔 중세를 꿈꾼다》,《성찰》등이 있으며, 번역서로는《기억의 비밀》,《로지코믹스》,《신은 주사위 놀이를 하지 않는다》,《인생의 모든 의미》,《인터스텔라의 과학》,《기억을 찾아서》,《수학의 언어》,《산을 오른 조개껍질》,《아인슈타인의 베일》,《푸앵카레의 추측》,《초월적 관념론 체계》,《유클리드의 창》등이 있다.

기억은 미래를 향한다
뇌과학과 철학으로 보는 기억에 대한 새로운 이야기

1판 1쇄 발행 2017년 6월 20일
1판 4쇄 발행 2024년 6월 1일

지은이 한나 모니어·마르틴 게스만 | **옮긴이** 전대호
펴낸곳 (주)문예출판사 | **펴낸이** 전준배
출판등록 1966. 12. 2. 제 1-134호
주 소 04001 서울시 마포구 월드컵북로 21
전 화 393-5681 | **팩 스** 393-5685
홈페이지 www.moonye.com | **블로그** blog.naver.com/imoonye
페이스북 www.facebook.com/moonyepublishing | **이메일** info@moonye.com

ISBN 978-89-310-1056-5 03400

이 도서의 국립중앙도서관 출판시도서목록(CIP)은 서지정보유통지원시스템
(http://seoji.nl.go.kr)과 국가자료공동목록시스템(http://www.nl.go.kr/kolisnet)에서
이용하실 수 있습니다. (CIP제어번호 CIP2017013343)